21世纪**应用型本科院校系列教材**

金工实习

（第四版）

主　编　顾　荣　洪　超

副主编　陈宏凯　刘　岩　司马华

　　　　杨柳华　赵荣强

主　审　李滨城

扫码加入读者圈，轻松解决重难点

　南京大学出版社

图书在版编目（CIP）数据

金工实习 / 顾荣，洪超主编. — 4 版. — 南京：
南京大学出版社，2021.12（2024.1 重印）
ISBN 978 - 7 - 305 - 24185 - 7

Ⅰ. ①金… Ⅱ. ①顾… ②洪… Ⅲ. ①金属加工—实
习—高等学校—教材 Ⅳ. ①TG—45

中国版本图书馆 CIP 数据核字（2021）第 023486 号

出版发行 南京大学出版社
社　　址　南京市汉口路 22 号　　　　　邮　　编　210093
书　　名　**金工实习**
　　　　　JINGONG SHIXI
主　　编　顾　荣　洪　超
责任编辑　吴　华　　　　　　　　编辑热线　025 - 83596997
照　　排　南京开卷文化传媒有限公司
印　　刷　南通印刷总厂有限公司
开　　本　787×1092　1/16　印张 18.75　字数 480 千
版　　次　2021 年 12 月第 4 版　　2024 年 1 月第 3 次印刷
印　　数　6001～9600
ISBN　978 - 7 - 305 - 24185 - 7
定　　价　49.00 元（含实训报告）

网　　址：http://www.njupco.com
官方微博：http://weibo.com/njupco
微信服务号：njuyuexue
销售咨询热线：(025)83594756

扫码教师可
免费获取教学资源

前　　言

　　金工实习是高等工科院校教学中的一门重要的实践性的技术基础课。它将为学习工程材料、机械制造基础以及其他相关的专业技术课、毕业设计和今后从事实际工作打下重要的基础。为此,各高等工科院校都普遍重视金工实习这门课程。

　　近年来,随着社会各界对提高工科院校在校大学生的工程实践能力和创新能力方面有了新的认识和要求。随着科学技术的飞速发展,"新材料、新设备、新技术、新工艺"层出不穷,为金工教学提供了新的教学内容,也提出了新的教学要求。我国要从制造大国转变为制造强国,作为工科院校的一门重要的实践性的技术基础课,金工实习要紧密适应科技发展的形势和需要,要培养出一大批高素质的、掌握先进制造技术的应用性人才,特别要注重大学生的创新能力和创新精神的培养。

　　本书编写过程中,在认真总结金工实习教学改革经验的基础上,对实习内容做了较大幅度的更新和优化。根据"增新删旧"的原则,本书中的部分内容和插图利用二维码技术进行压缩。考虑到数控加工技术的日益发展,编写中更新了内容,并利用二维码技术引入了软件和机床操作视频。同时,在编写过程中力求取材新颖、联系实际、结构紧凑、文字简练,做到基本概念清晰,重点突出,有利于提高学生的工程素质和培养其工程实践能力,有利于加强学生的创新思维能力,培养其获取知识的能力和分析问题、解决问题的能力。

　　本书由江苏科技大学长期从事金工实习教学和指导金工实习教学的老师和工程技术人员编写。参加编写的人员有洪超、顾荣、刘岩、陈宏凯、杨柳华、赵荣强等。由顾荣、洪超任主编,陈宏凯、刘岩、司马华、杨柳华、赵荣强任副主编。

本书承江苏科技大学李滨城教授主审。

在本书的编写、定稿过程中,江苏科技大学的朱晔、刘红铸、史晓龙、毛俊仙、方颖、朱振宏、笪月君、徐芬兰、张岳等同志给予了大力支持和帮助,并为本书的出版做了大量工作,特此致谢。本书的编写是加强实践教学、提高金工实习教学质量的初步尝试,由于编者水平所限,书中难免有不妥和错误之处,诚请广大读者批评指正。

编　者

2021 年 6 月

目　　　录

第 1 篇　金工实习基本知识

第 1 章　《金工实习》课程简介

金工实习是一门传授机械制造工艺知识的实践性技术基础课。它是工科机械类学生学习工程材料及机械制造基础系列课程必不可少的先修课。该课程也是高等工科院校培养学生工程实践能力、进行工程训练的主要环节和办学特色之一,是工科类各专业学生的一门必修课。

1.1　金工实习的内容、目的、意义及要求

1.1.1　金工实习的内容

金工实习是金属工艺学实习的简称。因为传统上的机械都是用金属材料加工制造的,所以人们将有关机械制造的基础知识叫做金属工艺学。但是,随着科学和生产技术的发展,机械制造所用的材料已扩展到包括金属、非金属和复合材料在内的各种工程材料,机械制造的工艺技术也已越来越先进,因此金工实习的内容也就不再局限于传统意义上的金属加工的范围。现在,金工实习的主要内容是包括铸造、锻压、焊接、塑料成型、钳工、车工、铣工、刨工、磨工、数控加工、特种加工、零件的热处理及表面处理等一系列工种的实习教学,从而使学生能从中了解到,机械产品是用什么材料制造的,机械产品是怎样制造出来的。

1.1.2　金工实习的目的

1) 学习机械制造工艺知识,进行工程师的基本训练

该课程以实习教学的方式对学生传授关于机械制造生产的基本知识和进行工程实践的基本训练。但从更完整的意义上来看,金工实习不仅包括学习机械制造方面的各种加工工艺技术,而且还提供了生产管理和环境保护等方面的综合工程背景。由于大多数工科专业的同学在进入大学之前的学习阶段中,较少接触制造工程环境,缺乏对工业生产实际的了解,因此,他们在金工实习过程中,参加有教学要求的工程实践训练,可弥补过去在实践知识上的不足,增加在大学学习阶段和今后的工作中所需要的工艺技术知识与技能。

(1) 学习机械制造的加工方法,机床设备的结构原理、使用操作方法等。

(2) 学会使用各种工、夹、量具。

(3) 熟悉工艺文件、图纸和安全技术。

　　（4）熟悉工程用语，不讲外行话。

　　2）通过金工实习，进行思想作风教育

　　通过在生产劳动中接触工人、工程技术人员和生产管理人员，受到工程实际环境的熏陶，初步树立起工程意识，增强劳动观念、集体观念、组织纪律性和敬业爱岗精神，提高综合素质。

　　（1）培养吃苦耐劳、对工作认真负责的精神。

　　（2）增强劳动观念、遵守劳动纪律。

　　（3）爱护国家财产，建立经济观点和质量意识。

　　（4）培养理论联系实际和一丝不苟的科学作风。

　　总之，金工实习是工科专业学生在大学学习阶段中一次较集中较系统的全方位的工程实践训练，是加强实践能力培养和开展素质教育的良好课堂，它在造就适应新世纪要求的高素质的工程技术人才的过程中，起到的作用是其他课程难以替代的。

1.1.3　金工实习的教学要求

　　1）使学生了解现代机械制造的一般过程和基本知识，熟悉机械零件的常用加工方法及其所用的主要设备和工具；了解新工艺、新技术、新材料在现代机械制造中的应用。

　　2）使学生对简单零件初步具有选择加工方法和进行工艺分析的能力，在主要工种方面应能独立完成简单零件的加工制造，并培养一定的工艺实验和工艺实践的能力。

　　3）培养学生的生产质量和经济观念，理论联系实际、认真细致的科学作风，以及热爱劳动、爱护公物等的基本素质。

1.2　金工实习的学习方法

　　金工实习强调以实践教学为主，学生应在教师的指导下通过独立的实践操作，将有关机械制造的基本工艺理论、基本工艺知识和基本工艺实践有机地结合起来，进行工程实践综合能力的训练。除了实践操作之外，金工实习的教学方法还有操作示范、现场教学、专题讲座、电化教学、参观、实验、综合训练、编写实习报告等。由于金工实习的教学特点与同学们长期以来习惯了的课堂理论教学有很大的不同，因而在学习方法上应当进行适当的调整，以求获得良好的学习效果。对此提出如下建议：

　　1）充分发挥自身的主体作用

　　金工实习教学与课堂理论教学的显著区别之一，就是学生的实践操作成为了主要的学习方式，这就更加突出了学生在教学过程中的主体地位。因此，适当地摆脱对教师和书本的依赖性，学会在实践中积极自主地学习是十分重要的。在实习之前，要自觉地、有计划地预习有关的实习内容，做到心中有数；在实习中，要始终保持高度的学习热情和求知欲望，敢于动手，勤于动手；遇到问题时，要主动向指导教师请教或与同学交流探讨。要充分利用实习时间，争取得到最大的收获。

　　2）贯彻理论联系实际的方法

　　在实习过程中，首先要充分树立实践第一的观点，坚决摒弃"重理论，轻实践"的错误思想。随着实习进程的深入和感性知识的丰富，在实践操作的过程中，又要勤于动脑，使形象思维与逻辑思维相结合。要善于用学到的工艺理论知识来解决实践中遇到的各种具体问题，而不是仅仅满足于完成了实习零件的加工任务。在实习的末期或结束时，要认真做好总结，努力使在实习中获得的感性认识更加系统化和条理化。这样，用理论指导实践，以实践验证和充实理论,就不仅可以使理论知识掌握得更牢固,而且也能使实践能力得到进一步的提高。

3) 学会综合地看问题和解决问题的方法

金工实习是由一系列的单工种实习组合而成,这就容易造成学生往往只从所实习的工种出发去看待和解决问题,从而限制了自己的思路,所以要注意防止这一现象。一般说来,一件产品是不会只用一种加工方法制造出来的,因此要学会综合地把握各个实习工种的特点,学会从机械产品生产制造的全过程来看各个工种的作用和相互联系。这样,在分析和解决实际问题的时候,就能够做到触类旁通,举一反三,使所学的知识和技能能够融会贯通地加以应用。

4) 注意培养创新意识和创新能力

金工实习是同学们第一次全身心投入的生产技术实践活动,在这个过程中,经常会遇到新鲜事物,时常会产生新奇想法,要善于把这些新鲜感与好奇心转变为提出问题和解决问题的动力,从中感悟出学习、创造的方法。实践是创新的唯一源泉,要善于在实践中发现问题,勤奋钻研,使自己的创新意识和创新能力不断得到发展。

1.3 金工实习与其他课程的关系

金工实习是一门技术基础课,它与工科机械类和非机械类专业所开设的许多课程都有着密切的联系。

1) 金工实习与工程制图课程的关系

工程制图课程是金工实习的先修课或平行课。金工实习时,学生必须已具有一定的识图能力,从而能够看懂所实习加工工件的零件图。学生从实习中获得的对机器结构和零件的了解,将会对其后继续深入学习工程制图课程和巩固已有的工程制图知识提供极大的帮助。

2) 金工实习与金工理论教学课程的关系

金工实习是金工理论教学课程(机械工程材料、材料成形技术基础、机械加工工艺基础)必不可少的先修课。金工实习是让学生熟悉机械制造的常用加工方法和常用设备,具有一定的工艺操作和工艺分析技能,培养工程意识和素质,从而为进一步学习好金工理论课程的内容打下坚实的实践基础。金工理论教学则是在金工实习的基础上,更深入地讲授各种加工方法的工艺原理和工艺特点以及有关的新材料、新工艺、新技术的知识,使学生具有能够分析零件的结构工艺性并能够正确选择零件的材料、毛坯种类和加工方法的能力。

3) 金工实习与机械设计及制造系列课程的关系

金工实习也是机械设计及制造系列课程(机械原理、机械设计、机械制造技术、机械制造设备、机械制造自动化技术、数控技术等)的十分重要的先修课。认真完成金工实习,必将为这些后继的重要的专业课学习提供丰富的机械制造方面的感性认识,从而使同学们在学到这些专业课乃至于将来进行毕业设计或从事实际工作时,依然能够从中受益匪浅。

1.4 教学基本要求

1.4.1 铸造实习要求

1) 基本知识

(1) 熟悉铸造生产工艺过程、特点和应用;

（2）了解型砂、芯砂、造型、造芯、合型、熔炼、浇注、落砂、清理及常见的铸造缺陷，熟悉铸件分型面的选择，掌握手工两箱造型（整模、分模、挖砂、活块等）的特点及应用，了解三箱造型及刮板造型的特点和应用，了解机器造型的特点和应用；

（3）了解常用特种铸造方法的特点和应用；

（4）了解铸造生产安全技术、环境保护，并能进行简单的经济分析。

2）基本技能

掌握手工两箱造型的操作技能，并能对铸件进行初步的工艺分析。

1.4.2 锻压实习要求

1）基本知识

（1）熟悉锻压生产工艺过程、特点和应用；

（2）了解坯料的加热、非合金钢的锻造温度范围和自由锻设备，掌握自由锻基本工序的特点，了解轴类和盘套类锻件自由锻工艺过程，了解锻件的冷却及常见锻造缺陷；

（3）了解胎模锻的特点和胎模结构；

（4）了解冲床、冲模和常见冲压缺陷，熟悉冲压基本工序；

（5）了解钣金工艺特点和应用；

（6）了解锻压生产安全技术、环境保护，并能进行简单的经济分析。

2）基本技能

初步掌握自由锻和板料冲压的操作技能，并能对自由锻件和冲压件进行初步的工艺分析。

1.4.3 焊接实习要求

1）基本知识

（1）熟悉焊接生产工艺过程、特点和应用；

（2）了解焊条电弧焊机的种类和主要技术参数、电焊条、焊接接头形式、坡口形式及不同空间位置的焊接特点，熟悉焊接工艺参数及其对焊接质量的影响，了解常见的焊接缺陷，了解典型焊接结构的生产工艺过程；

（3）了解气焊设备、气焊火焰、焊丝及焊剂的作用；

（4）了解其他常用焊接方法（埋弧自动焊、气体保护焊、电阻焊、钎焊等）的特点和应用；

（5）熟悉氧气切割原理、过程和金属气割条件，了解等离子弧切割的特点和应用；

（6）了解焊接生产安全技术、环境保护，并能进行简单的经济分析。能正确选择焊接电流及调整火焰；掌握焊条电弧焊、气焊的平焊操作；

2）基本技能

能正确选择焊接电流及调整火焰，掌握焊条电弧焊、气焊的平焊操作。

1.4.4 热处理实习要求

了解钢的热处理原理、作用及常用热处理方法、设备。

1.4.5 机械加工实习要求

1）基本知识

（1）了解金属切削加工的基本知识；

（2）了解车床的型号，熟悉卧式车床的组成、运动、传动系统及用途；

（3）熟悉常用车刀的组成和结构、车刀的主要角度及其作用，了解各刀具材料的性能要求和常用刀具材料；

（4）了解轴类、盘套类零件装夹方法的特点及常用附件的大致结构和用途；

（5）掌握车外圆、车端面、钻孔和车孔的方法；

（6）了解车槽、车断和锥面、成型面、螺纹的车削方法；

（7）了解常用铣床、刨床和磨床的组成、运动和用途，了解其常用刀具和附件的大致结构、用途及简单分度的方法；

（8）熟悉铣削、磨削的加工方法，了解刨削和常用齿形加工方法；

（9）了解常用特种加工方法的特点和应用；

（10）熟悉数控机床的组成、加工特点和应用；

（11）了解切削加工常用方法所能达到的尺寸公差等级、表面粗糙度 R_a 值的范围及其测量方法；

（12）了解机械加工安全技术，并能进行简单的经济分析。

2）基本技能

（1）掌握卧式车床的操作技能，能按零件的加工要求正确使用刀、夹、量具，独立完成简单零件的车削加工；

（2）熟悉铣床和磨床的操作方法；

（3）掌握电火花线切割的基本原理，能进行数控线切割机床和数控车床的编程和操作；

（4）能对简单的机械加工工件进行初步的工艺分析。

1.4.6　钳工实习要求

1）基本知识

（1）熟悉钳工工作在机械制造及维修中的作用；

（2）掌握划线、锯削、锉削、钻孔、攻螺纹和套螺纹的方法和应用；

（3）了解刮削的方法和应用；

（4）了解钻床的组成、运动和用途，了解扩孔、铰孔和锪孔的方法；

（5）了解机械部件装配的基本知识。

2）基本技能

（1）掌握钳工常用工具、量具的使用方法，能独立完成钳工作业件；

（2）具有装拆简单部件的技能。

1.4.7　数控机床实习要求

1）基本知识

（1）了解数控机床概述、数控机床分类和加工特点；

（2）了解数控车床大致结构及用途；

（3）学会简单编程语言，学会数控车床的手工编程；

（4）了解数控铣床和加工中心机床；

（5）了解特种加工、数控电火花加工原理；

（6）了解 CAD/CAM 软件的使用，并会简单建模造型；

（7）了解安全技术。

2）基本技能

（1）能进行数控车床的手工编程，加工具有锥面、圆弧曲线的简单零件；

（2）用 YH 软件扫描并修型，独立在电火花线切割机床上加工；

（3）使用 CAD/CAM 软件设计并建模造型，加工简单印章。

1.5　建议与说明

1）建议金工实习时间的比例为：铸造、锻压、焊接实习时间占 1/8；车工实习时间占 1/4；铣工、刨工、磨工实习时间占 1/8；钳工实习时间占 1/4；数控机床实习时间占 1/4。各院校可根据专业需要在满足教学基本要求的前提下对时间分配作适当调整，逐步增加对新技术和新工艺的实习。

2）健全金工实习的组织机构，配备适当数量的、素质较高的人员辅导实习，教师在金工实习中应发挥主导作用。

3）有条件的院校，在金工实习中可开设电工、电子和气动、液压、钣金等实习项目。

4）应积极创造条件，充实新工艺、新技术的教学内容。要具备基本的数控车、数控铣、数控线切割和电火花成形加工以及其他新技术、新工艺的工艺装备，逐步减少常规工艺实习内容，充分利用现有条件，积极开展创新实习。

5）在金工实习过程中，可运用实际操作、现场教学、专题讲座、多媒体教学、电化教学、综合训练、实验、参观、演示、课堂讨论、实习报告、写小论文或作业以及考核等多种方式和手段，丰富教学内容，完成实践教学任务，培养学生分析和解决问题的能力及创新精神。

6）在教学基本要求中有关认知层次提法的说明：

了解：指对知识有初步和一般的认识；

熟悉：指对知识有较深入的认识，具有初步运用的能力；

掌握：指对知识有具体和深入的认识，具有一定的分析和运用能力。

各院校可根据自己的特点，形成特色，在某些教学内容上提出比基本要求更高的要求，努力提高课程的教学水平。

1.6　金工实习守则

学生在金工实习时应做到四好：

1）劳动态度好

（1）服从分配，不怕脏、不怕累；

（2）培养劳动观点，珍惜劳动成果。

2）组织纪律好

（1）遵守车间各项规章制度及安全操作规程；

（2）不迟到，不早退，有事请假。

3）学习态度好

（1）尊敬指导人员和教师，虚心学习；

（2）认真听课，刻苦训练，独立按时完成实习报告。

4）科学作风好

（1）要学习、发扬工程技术人员应有的严谨的科学作风；

（2）实习操作严肃认真，一丝不苟，注意产品质量，出了废品不得掩盖。

1.7 金工实习工作的有关规定

1）关于考勤的规定

（1）实习人员须按工厂规定的时间上、下班。凡迟到、早退及中途擅离岗位满三次，则作为旷课，旷课者按实习成绩不及格处理；

（2）实习中不得请假、会客，如有特殊情况需经批准。半天由带班老师批准，半天以上由教务处批准；

（3）实习中需请病假，必须有医生证明，到医院看病需指导人员批准；

（4）实习中某工种实习因故请假达 1/3，成绩按不及格处理，应补实习或重修。

2）关于遵守实习纪律

（1）应虚心听从指导人员的指导，注意听课及示范；

（2）按指定地点工作，不得随便离岗走动、高声喧哗和打闹嬉戏；

（3）实习中，要尊敬实习指导人员，虚心请教，热情礼貌，如有意见可按级反映，对无礼取闹者，可暂停实习；

（4）不带与实习无关的书报、随身听、MP3 等进厂，不穿拖鞋、凉鞋、高跟鞋进厂。

3）关于操作机器设备的规定

（1）一切机器设备，未经许可，不准擅自动手，否则所发生事故，由本人自负并酌情赔偿；

（2）操作机器须绝对遵守安全操作规程，个别工种因机床有限、实习人员多、要轮换操作时，严禁两个人同时操作一台机床；

（3）实习时，应注意保养和爱护机器、工具，防止损坏，每次实习完毕应按规定做好清洁和整理工作，如不符合要求者，指导人员可令其重做，否则本次实习可视为不合格。

4）其他

（1）实习时按规定穿戴好劳动防护用品，自觉遵守各车间的安全规则；

（2）工作休息时，不得在厂区乱串，不得踢球、哄闹，防止损坏门窗、花木；

（3）自行车按指定位置停放在车棚中。

第 2 章 机械制造工程基本知识

2.1 机械制造过程概述

任何机器或设备,例如汽车或机床,都是由相应的零件装配而组成的。只有制造出合乎要求的零件,才能装配出合格的机器设备。零件可以直接用型材经机械加工制成,如某些尺寸不大的轴、销、套类零件。一般情况下,要将原材料经铸造、锻造、冲压、焊接等方法制成毛坯,然后由毛坯经机械加工制成。有的零件还需在毛坯制造和加工过程中穿插不同的热处理工艺。

因此,一般的机械生产过程可简要归纳为:

毛坯制造→机械加工→装配和调试

2.1.1 毛坯制造

常用的毛坯制造方法有:

铸造 即将金属熔化后浇注到具有一定形状和尺寸的铸型中,冷却凝固后得到所需毛坯(铸件)的方法。

锻造 即将坯料加热后,在锻锤或压力机上进行锻压,使金属产生塑性变形,而成为具有一定形状和尺寸的毛坯(锻件)的方法。

冲压 即在压力机上利用冲模对板料施加压力,使其产生分离或变形,从而获得一定形状、尺寸的产品(冲压件)的方法。冲压产品具有足够的精度和表面质量,只需要进行很少的(甚至无需)机械加工即可直接使用。

焊接 即通过加热或加压或两者兼有,使分离的两部分金属在原子或分子间建立联系而实现结合的加工方法。

毛坯的外形与零件近似,其需要加工部分的外部尺寸大于零件的相应尺寸,而孔腔尺寸则小于零件的相应尺寸。毛坯尺寸与零件尺寸之差即为毛坯的加工余量。

采用先进的铸造、锻造方法亦可直接生产零件。

2.1.2 机械加工

切削加工 切削加工是用切削刀具从毛坯或工件上切除多余的材料,以获得所要求的几何形状、尺寸和表面质量的加工方法,主要有车削、铣削、刨削、钻削、镗削、磨削等机械加工和钳工加工两大类。其中,机械加工目前占有最重要的地位。对于一些难以适应切削加工的零件,如硬度过高的零件、形状过于复杂的零件或刚度较差的零件等,则可以使用特种加工方法来进行加工。一般,毛坯要经过若干道机械加工工序才能成为成品零件。由于工艺的需要,这些工序又可分为粗加工、半精加工与精加工等。在毛坯制造及机械加工过程中,为了便于切削和保证零件的力学性能,还需在某些工序之前(或之后)对工件进行热处理。热处理之后,工件可能有少量变形或表面氧化,所以精加工(如磨削)常安排在最终热处理之后进行。

2.1.3 装配与调试

加工完毕并检验合格的各零件,按机械产品的技术要求,用钳工或钳工与机械相结合的方法,按一定的顺序组合、连接、固定起来,成为整台机器,这一过程称为装配。装配是机械制造的最后一道工序,也是保证机械达到各项技术要求的关键工序之一。

装配好的机器,还要经过试运转,以观察其在工作条件下的效能和整机质量。只有在检验、试车合格后,才能装箱出厂。

2.2 工程材料基本知识

机械制造过程中的主要工作,就是利用各种工艺和设备将原材料加工成零件或产品。因此,金工实习的过程也是一个与各种工程材料打交道的过程。例如,实习中所加工的各种实习件,实习中所使用的刀具、量具和其他工具,所操作的机床等,都是由各种各样的工程材料制造出来的。由此可见,我们有必要对工程材料的基本知识有所了解。

2.2.1 工程材料的分类

工程材料是指在各种工程领域中所应用的材料,按照化学组成,可对其做如下的分类:

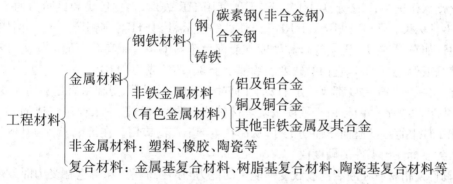

其中,金属材料是应用最广的主要工程材料,但随着科技与生产的发展,非金属材料和复合材料的应用也得到了迅速发展。非金属材料和复合材料不但能替代部分金属材料,而且因其具有某些金属材料所没有的特性而在工程上占有重要的独特地位。例如。橡胶是一种在室温下具有高弹性的有机非金属材料,并具有良好的吸振性、耐磨性、绝缘性和耐蚀性等,被用于制作轮胎、密封元件、减震元件和绝缘材料等。陶瓷是无机非金属材料,它具有高硬度、高耐磨性、高熔点、高抗氧化性和耐蚀性等,可用于制作刀具、模具、坩埚、耐高温零件以及多种功能原件等。复合材料则是由两种或两种以上不同性质的材料组合而成的人工合成固体材料,它不仅能保持各组成材料的优点,而且还可获得单一材料无法具备的优越的综合性能,钢筋混凝土、玻璃钢(玻璃纤维树脂复合材料)等都是复合材料的例子。

在金工实习中,我们遇到的大多是金属材料,而且主要是钢铁材料。

2.2.2 金属材料的性能

金属材料的性能一般分为使用性能和工艺性能。使用性能是指金属材料为满足产品的使用要求而必须具备的性能,包括物理性能、化学性能和力学性能;工艺性能是指金属材料在加工过程中对所用加工方法的适应性,它的好坏决定了材料加工的难易程度。

　　1) 金属材料的物理性能和化学性能

　　金属材料的物理性能包括:密度、熔点、热膨胀性、导热性、导电性和磁性等。金属材料的化学性能是指它们抵抗各种介质侵蚀的能力,通常分为抗氧化性和耐蚀性。

　　2) 金属材料的力学性能

　　力学性能是指材料在受外力作用时所表现出来的各种性能。由于机械零件大多是在受力的条件下工作,因而所用材料的力学性能就显得格外重要。力学性能主要有:强度、塑性、硬度、韧性等。

　　强度　强度是指材料在外力作用下抵抗永久变形(塑性变形)和断裂的能力。金属强度的指标主要是屈服点和抗拉强度。屈服点用符号 σ_s 表示,它反映金属对明显塑性变形的抵抗能力;抗拉强度用符号 σ_b 表示,它反映金属在拉伸过程中抵抗断裂的能力。

　　塑性　金属材料在外力作用下发生不可逆永久变形的能力称为塑性。塑性指标一般用金属受力而发生断裂前所达到的最大塑性变形量来表示。常用的塑性指标是伸长率 δ 和断面收缩率 ψ,二者的值越大,表明材料的塑性越好。

　　硬度　硬度是材料抵抗局部变形,特别是塑性变形、压痕或划痕的能力。目前,硬度试验普遍采用压入法。常用的硬度试验指标有布氏硬度和洛氏硬度,它们分别是根据硬度试验机上的压头压入材料后形成的压痕的面积或深度的大小来判定材料硬度的。布氏硬度用 HB 表示,当用淬火钢球作压头时,表示为 HBS。洛氏硬度用 HR 表示,根据压头和试验力的不同,洛氏硬度有多种标尺,分别用 HRA、HRB 和 HRC 等表示,其中 HRC 应用最广泛。例如,常用的切削工具(如车刀、铣刀、锯条等),其硬度一般都大于 60HRC;而实习中加工的实习零件(材质为灰铸铁或低、中碳钢),它们的硬度一般都小于 30HRC 或 300HBS。

　　大多数的机械零件对硬度都有一定的要求;而对于刀具、模具等,更要求有足够的硬度,以保证其使用性能和寿命。并且,由于硬度试验是材料的力学性能试验中最简单快捷的一种方法,一般可在工件上直接试验而不损伤工件,从而在生产上广泛应用。在机械产品设计图样的技术条件中,大多标注出零件的硬度值。

　　韧性　韧性是指材料在断裂前吸收变形能量的能力,韧性高就意味着它在受力时发生塑性变形和断裂的过程中,外力需要作较大的功。工程上最常用的韧性指标,是通过冲击试验测得的材料冲击吸收功 A_K 的大小来表示的。

　　3) 金属材料的工艺性能

　　工艺性能是材料在加工制造过程中所表现出来的性能。材料的工艺性能好,就可使加工工艺简便,并且容易保证加工质量。

　　铸造性能　金属的铸造性能通常用金属在液态时的流动性、金属在凝固冷却过程中的体积或尺寸的收缩性等加以综合评定。流动性好且收缩性小,则铸造性能好。

　　锻压性能　锻压性能主要以金属的塑性和变形抗力来衡量。塑性高,变形抗力小(即 σ_s 小),则锻压性能好。

　　焊接性能　焊接性能一般用金属在焊接加工时焊接接头对产生裂纹、气孔等缺陷的倾向以及焊接接头对使用要求的适应性来衡量。

　　切削加工性能　金属的切削加工性能可以用切削抗力的大小、工件加工后的表面质量、刀具磨损的快慢程度等来衡量。对于一般钢材来说,硬度在 200HBS 时,可具有较好的切削性能。

2.2.3　钢铁材料的使用知识

1) 钢铁材料的种类

钢铁材料是钢和铸铁的总称,它们都是以铁和碳为主要成分的铁碳合金。从化学成分上看,二者的分界线大致在碳的质量分数 ω_C 为 2% 左右,碳的质量分数 $\omega_C \leqslant 2.11\%$ 的称为钢,$\omega_C > 2.11\%$ 的称为铸铁。

钢按化学成分可分为碳素钢(非合金钢)和合金钢。碳素钢的主要成分是铁和碳。在碳素钢的基础上,冶炼时有意向钢中加入一种或几种合金元素就形成了合金钢。此外,钢中一般还存在少量的在冶炼过程中由原料、燃料等带入的杂质元素,如硅、锰、硫、磷等。其中,硫、磷通常是有害杂质,必须严格控制其含量。

碳素钢　出于生产上不同的需要,可用多种方法对碳素钢进行分类。

按化学成分(碳含量)的不同,可将碳素钢分为低碳钢、中碳钢和高碳钢。其中,低碳钢的 $\omega_C \leqslant 0.25\%$,其性能特点是,强度低,塑、韧性好,锻压性能和焊接性能好;中碳钢的 ω_C 在 0.25% ~ 0.60% 之间,这类钢具有较高的强度,同时兼有一定的塑性和韧性;高碳钢的 $\omega_C > 0.60\%$(但一般不超过 1.4%),经适当的热处理后,可达到很高的强度和硬度,但塑性、韧性较差。按主要用途可将碳素钢分为碳素结构钢和碳素工具钢。碳素结构钢主要用于制造机械零件和工程结构,它们大多是低碳钢和中碳钢;碳素工具钢主要用于制造各种刀具、模具和量具等,它们一般都是高碳钢。

按质量等级(有害杂质含量的多少),可将碳素钢分为普通质量碳素钢、优质碳素钢和特殊质量(高级优质)碳素钢。

合金钢　合金钢的分类方法与碳素钢相类似,例如:按化学成分(合金元素含量),可将其分为低合金钢、中合金钢和高合金钢;按主要用途可将其分为合金结构钢、合金工具钢和特殊性能钢(如不锈钢、耐热钢等)。

铸铁　生产上应用的铸铁有灰铸铁、球墨铸铁和可锻铸铁等,它们碳的质量分数 ω_C 通常在 2.5% ~ 4.0%,并且硅、锰、硫、磷等杂质元素的含量也比钢高。其中,最为常用的是灰铸铁,它的铸造性能很好,可以浇注出形状复杂和薄壁的零件;但灰铸铁脆性较大,不能锻压,且焊接性能也很差,因此它主要用于生产铸件。灰铸铁的抗拉强度、塑性和韧性都远低于钢,但它的抗压性能较好,还具有良好的减振性、耐磨性和切削加工性等,并且生产方便,成本低廉。

2) 常用钢铁材料的牌号与用途

普通质量碳素结构钢的牌号,主要由表示屈服点"屈"字的汉语拼音字首"Q"和屈服点数值(以 MPa 为单位)构成。常用钢种有 Q195、Q195 等,它们可用于制造铆钉、螺钉、螺母、垫圈、冲压零件和焊接构件等。

优质碳素结构钢的牌号,用代表钢中平均碳含量的万分数的两位数字来表示。常用钢种有 08、45、65 等,其中 08 钢主要用作冲压件和焊接件,45 钢可用于制造轴、连杆、齿轮等零件,65 钢多用于制作弹簧等。

碳素工具钢的牌号,由"碳"字的汉语拼音字首"T"和代表钢中以千分数表示的碳的平均质量分数的数字构成。常用钢种有 T8、T10、T12 等,T8 钢可用于制作手钳、锤子等,T10 钢可用于制作手锯条、刨刀等,T12 钢可用于制作锉刀、丝锥、车床尾座上的顶尖等。

合金钢的牌号,采用"数字 + 元素符号 + 数字"的形式来表示。钢号开头的数字表示钢中平均碳的质量分数,但合金结构钢是以万分数(两位数字)表示,而合金工具钢则以千分数

（一位数字）表示。此外,当合金工具钢的碳的质量分数 ≥1% 时不予标出,高速工具钢的碳的质量分数也不在钢号中标出。钢中加入的合金元素用其化学元素符号表示,其后的数字表示该合金元素的质量分数（以百分数表示,若质量分数<1.5%则不标出）。例如,40Cr 是合金结构钢,9SiCr 是合金工具钢,W6Mo5Cr4V2 是高速工具钢（又称锋钢、白钢,可制作切削速度较高的刀具,并可在切削温度达到 600℃时,仍能保持刀具原有的高硬度）。

灰铸铁的牌号,由"灰铁"的汉语拼音字首"HT"和表示该灰铸铁最低抗拉强度值（MPa）的数字构成。常用的牌号有 HTl50、HT200 等,可用于制作带轮、机床床身、底座、齿轮箱、刀架等。球墨铸铁的牌号,用"球铁"的汉语拼音字首"QT",后跟表示其最低抗拉强度值（MPa）与最小伸长率（%）的两组数字构成,例如 QT400-15、QT600-3 等。

3）钢材的管理和鉴别

（1）常用钢材的种类与规格

常用钢材的种类有型钢、钢板、钢管和钢丝等。型钢的种类很多,常见的有圆钢、方钢、扁钢、六角钢、八角钢、工字钢、槽钢、角钢、异型钢、盘条等。每种型钢的规格都有一定的表示方法。圆钢的规格以直径表示,例如圆钢 ϕ 120 mm;方钢的规格以"边长×边长"表示,例如方钢 30 mm×30 mm;扁钢的规格以"边宽×边厚"表示,例如扁钢 20 mm×10 mm;工字钢和槽钢的规格以"高×腿宽×腰厚"来表示,例如工字钢 100 mm×55 mm×4.5 mm,槽钢 200 mm×75 mm×9 mm。角钢分为等边角钢和不等边角钢两种,等边角钢的规格以"边宽×边宽×边厚"表示;不等边角钢的规格以"长边宽×短边宽×边厚"表示,例如角钢 80 mm×50 mm×6 mm。

钢板通常按厚度分为薄板（厚度≤4 mm）、厚板（厚度>4 mm）和钢带。厚板经热轧制成,薄板则有热轧和冷轧两种。薄板经热镀锌、电镀锡等处理,制成镀锌薄钢板（俗称白铁皮）、镀锡薄钢板（俗称马口铁）等,可提高耐蚀性。带钢是厚度较薄、宽度较窄、长度很长的钢板,也分热轧和冷轧两种,大多为成卷供应。

钢管分为无缝钢管和焊接钢管两类,断面形状多为圆形,也有异型钢管。无缝钢管的规格以"外径×壁厚×长度"表示,若无长度要求,则只写"外径×壁厚"。

钢丝的种类很多,常见的有一般用途钢丝、弹簧钢丝、钢绳等,其规格以直径表示。

（2）钢材的管理和鉴别

购入钢材后,一般应复验其化学成分并核对交货状态。交货状态是指交货钢材的最终塑性变形加工或最终热处理的状态。不经过热处理交货的有热轧（锻）及冷轧（拉）状态;经正火、退火、高温回火、调质和固熔处理等的均称为热处理状态交货。应将钢材按种类和规格分类入库存放,并由专人负责管理。

生产中为了区别钢材的牌号、规格、质量等级等,通常在材料上做有一定的标记,常用的标记方法有涂色（涂在材料一端的端面或端部）、打（盖）印、挂牌等。例如,Q235 钢涂红色,45 钢涂白色加棕色等等。使用时,可依据这些标记对钢材加以鉴别。除此而外,对钢材进行现场鉴别的方法还有火花鉴别法、断口鉴别法等。如果要对钢材的化学成分或内部组织有较仔细的了解,则需进行化学分析、光谱分析或金相分析等。

2.2.4　非铁金属材料简介

工业上通常把钢铁材料以外的金属材料统称为非铁金属材料,也叫有色金属材料。其中应用最多的是铝、铜及其合金。工业用纯铝和纯铜（也称紫铜）有良好的导电性、导热性和耐蚀性,塑性好但强度低,主要用于制造电线、油管、日用器皿等。

铝合金分为变形铝合金和铸造铝合金两类。变形铝合金的塑性较好,常制成各种型材、板材、管材等,用于制造建筑门窗、蒙皮、油箱、铆钉和飞机构件等。铸造铝合金(如 ZAlSi12)的铸造性能好,可用于制造形状复杂及有一定力学性能要求的零件,如活塞、仪表壳体等。

铜合金主要有黄铜和青铜。黄铜(如 H62)是以锌为主要添加元素的铜合金,主要用于制造弹簧、轴套和耐蚀零件等。青铜按主要添加元素的不同又分为锡青铜(如 QSn4-3)、铝青铜、铍青铜等,主要用于制造轴瓦、蜗轮、弹簧以及要求减摩、耐蚀的零件等。

铝、铜及其合金以及其他非铁金属材料的牌号说明,可查阅有关的标准或书籍。

2.3　机械产品的质量

机械产品是由若干机械零件装配而成的,机器的使用性能和寿命取决于零件的制造质量和装配质量。

2.3.1　零件的加工质量

零件的质量主要是指零件的材质、力学性能和加工质量等。(零件的材质和力学性能在下一章中将有叙述)零件的加工质量是指零件的加工精度和表面质量。加工精度是指加工后零件的尺寸、形状和表面间相互位置等几何参数与理想几何参数相符合的程度。相符合的程度越高,零件的加工精度越高。实际几何参数对理想几何参数的偏离称为加工误差。很显然,加工误差越小,加工精度越高。零件的几何参数加工得绝对准确是不可能的,也是没有必要的。在保证零件使用要求的前提下,对加工误差规定一个范围,称为公差。零件的公差越小,对加工精度的要求就越高,零件的加工就越困难。零件的精度包括尺寸精度、形状精度和位置精度,相应地存在尺寸误差、形状误差、位置误差以及尺寸公差、形状公差和位置公差;零件的表面质量是指零件的表面粗糙度、波度、表面层冷变形强化程度、表面残余应力的性质和大小以及表面层金相组织等。零件的加工质量对零件的使用有很大影响,其中我们考虑最多的是加工精度和表面粗糙度。

1) 尺寸精度

尺寸精度是指加工表面本身尺寸(如圆柱面的直径)或几何要素之间的尺寸(如两平行平面间的距离)的精确程度,即实际尺寸与理想尺寸的符合程度。尺寸精度要求的高低是用尺寸公差来体现的。"公差与配合"国家标准 GB1800-79 将确定尺寸精度的标准公差分为 20 个等级,分别用 IT01,IT0,IT1,IT2,…,IT18 表示。从前向后,精度逐渐降低。IT01 公差值最小,精度最高。IT18 公差值最大,精度最低。相同的尺寸,精度越高,对应的公差值越小。相同的公差等级,尺寸越小,对应的公差值越小。零件设计时常选用的尺寸公差等级为 IT6~IT11。IT12~IT18 为未注公差尺寸的公差等级(常称为自由公差)。

考虑到零件加工的难易程度,设计者不宜将零件的尺寸精度标准定得过高,只要满足零件的使用要求即可。表 2-1 为公差等级选用举例。

2) 形状精度和位置精度

形状精度是指零件上的几何要素线、面的实际形状相对于理想形状的准确程度。位置精度是指零件上的点、线、面要素的实际位置相对于理想位置的准确程度。形状和位置精度用形状公差和位置公差(简称形位公差)来表示。"形位公差"国家标准中规定的控制零件形位误差的项目及符号如表 2-2 所示。

　　对于一般机床加工能够保证的形位公差要求，图样上不必标出，也不作检查。对形位公差要求高的零件，应在图样上标注。形位公差等级分 1～12 级（圆度和圆柱度分为 0～12 级）。同尺寸公差一样，等级数值越大，公差值越大。

　　3) 表面粗糙度

　　零件的表面总是存在一定程度的凹凸不平，即使是看起来光滑的表面，经放大后观察，也会发现凹凸不平的波峰波谷。零件表面的这种微观不平度称为表面粗糙度。表面粗糙度是在毛坯制造或去除金属加工过程中形成的。表面粗糙度对零件表面的结合性能、密封、摩擦和磨损等有很大影响。

表 2-1　公差等级选用

应用场合		公差等级（IT）																				应用举例与说明
		01	0	1	2	3	4	5	6	7	8	9	10	11	12	13	14	15	16	17	18	
量块		■	■	■																		相当于量规 1～4 级
量规	高精度量规			■	■	■																用于检验介于 IT5 与 IT6 级之间工件的量规的尺寸公差
	低精度量规						■	■														
配合尺寸	个别特别重要的精密配合		■	■																		少数精密仪器
	特别重要的精密配合	孔				■	■															精密机床的主轴颈、主轴箱的孔与轴承的配合
		轴			■	■	■															
	精密配合	孔							■	■												机床传动轴与轴承，轴与齿轮、皮带轮，夹具上钻套与钻模板的配合等。最常用配合为孔 IT7，轴 IT6
		轴						■	■													
	中等精度配合	孔									■	■										速度不高的轴与轴承、键与键槽宽度的配合等
		轴								■	■											
	低精度配合													■	■							铆钉与孔的配合
非配合尺寸 未注公差尺寸														■	■	■					包括冲压件、铸件公差等
原材料公差										■	■	■	■	■							

表 2-2　形位公差项目及符号

分　类	项　目	符　号	分　类	项　目	符　号
形状公差	直线度	—	定向	平行度	//
	平面度	▱		垂直度	⊥
	圆度	○		倾斜度	∠
	圆柱度	⌀	定位	同轴度	◎
	线轮廓度	⌒		对称度	⯀
	面轮廓度	◠		位置度	⊕
			跳动	圆跳动	↗
				全跳动	⤢

国家标准规定了表面粗糙度的评定参数和评定参数的允许数值。最常用的就是轮廓算术平均偏差 R_a 和不平度平均高度 R_a,单位为 μm。

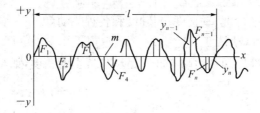

图 2-1　轮廓算术平均偏差

如图 2-1 所示,轮廓算术平均偏差 R_a 为取样长度 l 范围内,被测轮廓上各点至中线距离绝对值的算术平均值。中线的两侧轮廓线与中线之间所包含的面积相等,即

$$F_1 + F_3 + \cdots + F_{n-1} = F_2 + F_4 + \cdots + F_n,$$

$$R_a = \frac{1}{l}\int_0^l |y|\,\mathrm{d}x。$$

或近似写成

$$R_a \approx \frac{1}{n}\sum_{i=1}^n |y_i|。$$

如图 2-2,不平度平均高度就是在基本测量长度范围内,从平行于中线的任意线起,自被测量轮廓上 5 个最高点与 5 个最低点的平均距离,即

$$R_a = \frac{1}{5}\big[(h_1 + h_3 + h_5 + h_7 + h_9)$$
$$- (h_2 + h_4 + h_6 + h_8 + h_{10})\big]。$$

一般零件的工作表面粗糙度 R_a 值在 $0.4\sim3.2\ \mu m$

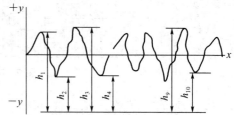

图 2-2　不平度平均高度

范围内选择。非工作表面的粗糙 R_a 值可以选得比 $3.2~\mu m$ 大一些,而一些精度要求高的重要工作表面粗糙度 R_a 值则比 $0.4~\mu m$ 小得多。一般说来,零件的精度要求越高,表面粗糙度值要求越小,配合表面的粗糙度值比非配合表面小,有相对运动的表面比无相对运动的表面粗糙度值小,接触压力大的运动表面比接触压力小的运动表面粗糙度值小。而对于一些装饰性的表面则表面粗糙度值要求很小,但精度要求却不高。

与尺寸公差一样,表面粗糙度值越小,零件表面的加工就越困难,加工成本越高。

2.3.2 装配质量

任何机器都是由若干零件、组件和部件组成的。根据规定的技术要求,将零件结合成组件和部件,并进一步将零件、组件和部件结合成机器的过程称为装配。装配是机械制造过程的最后一个阶段,合格的零件通过合理的装配和调试,就可以获得良好的装配质量,从而能保证机器进行正常的运转。

装配精度是装配质量的指标。主要有以下几项:

1) 零、部件间的尺寸精度

其中包括配合精度和距离精度。配合精度是指配合面间达到规定的间隙或过盈的要求。距离精度是指零、部件间的轴向距离、轴线间的距离等。

2) 零、部件间的位置精度

其中包括零、部件的平行度、垂直度、同轴度和各种跳动等。

3) 零、部件间的相对运动精度

指有相对运动的零、部件间在运动方向和运动位置上的精度,如车床车螺纹时刀架与主轴的相对移动精度。

4) 接触精度

接触精度是指两配合表面、接触表面和连接表面间达到规定的接触面积大小与接触点分布情况。如相互啮合的齿轮、相互接触的导轨面之间均有接触精度要求。

一个机械产品推向市场,需要经过设计、加工、装配、调试等环节。产品的质量与这些环节紧密相关,最终体现在产品的使用性能上,如图 2-3 所示。企业应从各方面来保证产品的质量。

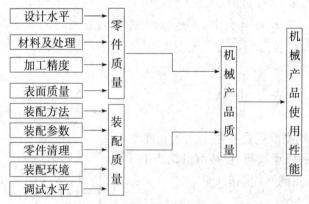

图 2-3 产品质量因果图

2.3.3 质量检测的方法

机械加工不仅要利用各种加工方法使零件达到一定的质量要求,而且要通过相应的手段来检测。检测应自始至终伴随着每一道加工工序。同一种要求可以通过一种或几种方法来检测。质量检测的方法涉及的范围和内容很多，这里作一简介。

1）金属材料的检测方法

金属材料应对其外观、尺寸、理化三个方面进行检测。外观采用目测的方法。尺寸使用样板、直尺、卡尺、钢卷尺、千分尺等量具进行检测。理化检测项目较多，下面分类叙述。

（1）化学成分分析

依据来料保证单中指定的标准规定化学成分，由专职理化人员对材料的化学成分进行定性或定量的分析。入厂材料常用的化学成分分析方法有：化学分析法、光谱分析法、火花鉴别法。化学分析法能测定金属材料各元素含量，是一种定量分析方法，也是工厂必备的常规检验手段。光谱分析法是根据物质的光谱测定物质组成的分析方法。其测量工具为台式和便携式光谱分析仪器。火花鉴别法是把钢铁材料放在砂轮上磨削，由发出的火花特征来判断它的成分的方法。

（2）金相分析

这是鉴别金属和合金的组织结构的方法，常用宏观检验和微观检验两种。

宏观检验　即低倍检验，是用目视或在低倍放大镜（不大于 10 倍的放大镜）下检查。金属材料表面或断面以确定其宏观组织的方法。常用的宏观检验法有：硫印试验、断口检验、酸蚀试验和裂纹试验。

显微检验　即高倍检验，是在光学显微镜下观察、辨认和分析金属的微观组织的金相检验方法。显微分析法可测定晶粒的形状和尺寸，鉴别金属的组织结构，显现金属内部各种缺陷，如夹杂物、微小裂纹和组织不均匀及气孔、脱碳等。

（3）力学性能试验

力学性能试验有硬度试验、拉力试验、冲击试验、疲劳试验、高温蠕变及其他试验等。力学性能试验及以下介绍的各种试验均在专用试验设备上进行。

（4）工艺性能试验

工艺性能试验有弯曲、反复弯曲、扭转、缠绕、顶锻、扩口、卷边以及淬透性试验和焊接试验等。

（5）物理性能试验

物理性能试验有电阻系数测定、磁学性能测定等。

（6）化学性能试验

化学性能试验有晶间腐蚀倾向试验等。

（7）无损探伤

无损探伤是不损坏原有材料，检查其表面和内部缺陷的方法。主要有：

磁粉探伤　利用铁磁性材料在磁场中会被磁化，而夹杂等缺陷的探伤是利用非磁性物质及裂缝使磁力线均不易通过的原理，在工件表面上施散导磁性良好的磁粉（氧化铁粉），磁粉就会被缺陷形成的局部磁极吸引，堆积其上，显出缺陷的位置和形状。磁粉探伤用于检查铁磁性金属和合金表面层的微小缺陷，如裂纹、折叠、夹杂等。

超声探伤　利用超声波传播时明显的指向性来探测工件内部的缺陷。当超声波遇到缺陷时，缺陷的声阻抗（即物质的密度和声速的乘积）同工件的声阻抗相差很大，因此大部分超声能量将被反射回来。如发射脉冲式超声波，对超声波进行接收，就可探出缺陷，且可从反射波返回时间和强度来推知缺陷所处深度和相对大小。超声探伤用于检验大型锻件、焊件或棒材的内部缺陷，如裂纹、气孔、夹渣等。

渗透探伤　在清洗过的工件表面上施加渗透剂，使它渗入到开口的缺陷中，然后将表面上的多余渗透剂除去，再施加一薄层显像剂，显像剂由于毛细管作用而将缺陷中的残存渗透剂吸出，从而显出缺陷。渗透探伤用于检验金属表面的微小缺陷，如裂纹等。

涡流探伤　将一通入交流电的线圈放入一根金属管中，管内将感应出周向的电流，即涡流。涡流的变化会使线圈的阻抗、通过电流的大小和相位发生变化。管（工件）的直径、厚度、电导率和磁导率的变化以及缺陷会影响涡流，进而影响线圈（检测探头）的阻抗。检测阻抗的变化就可以达到探伤的目的。涡流探伤用于测定材料的电导率、磁导率、薄壁管壁厚和材料缺陷。

2）尺寸的检测方法

尺寸 1 000 mm 以下，公差值大于 0.009～3.2 mm，有配合要求的工件（原则上也适用于无配合要求的工件）使用普通计量器具（千分尺、卡尺和百分表等）检测。常用量具的介绍见 2.4 节。特殊情况可使用测距仪、激光干涉仪、经纬仪、钢卷尺等测量。

3）表面粗糙度的检测方法

表面粗糙度的检测方法有样板比较法、显微镜比较法、电动轮廓仪测量法、光切显微镜测量法、干涉显微镜测量法、激光测微仪测量法等。在生产现场常用的是样板比较法。它是以表面粗糙度比较样块工作面上的粗糙度为标准，用视觉法和触觉法与被检表面进行比较，来判定被检表面是否符合规定。

4）形位误差的检测方法

根据形面及公差要求的不同，形位误差的检测方法各不相同。下面以一种检测圆跳动的方法为例来说明形位误差的检测。检测原则：使被测实际要素绕基准轴线作无轴向移动回转一周时，由位置固定的指示器在给定方向上测得的最大与最小读数之差。

检测设备　一对同轴顶尖、带指示器的测量架。

检测方法　如图 2-4，将被测零件安装在两顶尖之间。在被测零件回转一周过程中，指示器读数最大差值即为单个测量平面上的径向跳动。

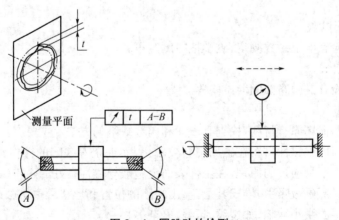

图 2-4　圆跳动的检测

按上述方法，测量若干个截面，则取各个截面上测得的跳动量中的最大值，作为该零件的径向跳动。

2.3.4　产品的生产过程

在制造过程中,人们根据机械产品的结构、质量要求和具体生产条件,选择适当的加工方法,组织产品的生产。机械产品的生产过程,是产品从原材料转变为成品的全过程。其主要过程如图 2-5 所示。

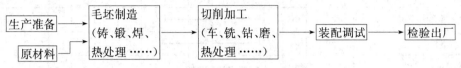

图 2-5　产品的生产过程

产品的各个零部件的生产不一定完全在一个企业内完成,可以分散在多个企业,进行生产协作。譬如,螺钉、轴承的加工常常由专业生产厂家完成。

2.3.5　产品的加工方法

机械产品的加工根据各阶段所达到的质量要求不同可分为毛坯加工和切削加工两个主要阶段,热处理工艺穿插在其间进行。

1) 毛坯加工

毛坯成形加工的主要方法有铸造、锻造和焊接。

铸造　即熔炼金属,制造铸型,并将熔融金属浇入铸型,凝固后获得一定形状和性能铸件的成形方法。如柴油机机体、车床床身等。

锻造　即对坯料施加外力使其产生塑性变形,改变尺寸、形状及改善性能,用以制造机械零件、工件或毛坯的成形方法。如航空发动机的曲轴、连杆等都是锻造成形的。

焊接　即通过加热或加压,或两者并用,并且用或不用填充材料,使焊件达到原子结合的一种加工方法。一般用于大型框架结构或一些复杂结构,如轧钢机机架、坦克的车身等。

铸造、锻造、焊接加工往往要对原材料进行加热,所以也称这些加工方法为热加工(严格说来应是在再结晶温度以上的加工)。

2) 切削加工

切削加工用来提高零件的精度和降低表面粗糙度,以达到零件的设计要求。主要的加工方法有车削、铣削、刨削、钻削、镗削、磨削等。

车削加工是应用最为广泛的切削加工之一,主要用于加工回转体零件的外圆、端面、内孔,如轴类零件、盘套类零件的加工。铣削加工也是一种应用广泛的加工形式,主要用来加工零件上的平面、沟槽等。钻削和镗削主要用于加工工件上的孔。钻削用于小孔的加工;镗削用于大孔的加工,尤其适用于箱体上轴承孔孔系的加工。刨削主要用来加工平面,由于加工效率低,一般用于单件小批量生产。

磨削通常作为精密加工,经过磨削的零件表面粗糙度数值小,精度高。因此,磨削常作为重要零件上主要表面的终加工。

表 2-3 表 2-4 分别列出各种加工方法的加工精度和表面粗糙度 R_a 值,以供参考。

表 2-3　各种加工方法的大致加工精度

加工方法	公差等级(IT)																	
	01	0	1	2	3	4	5	6	7	8	9	10	11	12	13	14	15	16
研　磨	■	■	■	■	■	■	■											
珩						■	■	■	■									
圆　磨								■	■	■								
平　磨								■	■	■								
金刚石车								■	■	■								
金刚石镗								■	■	■								
拉　削								■	■	■								
铰　孔								■	■	■	■							
车									■	■	■	■	■					
镗									■	■	■	■	■					
铣　削										■	■	■	■					
刨、插削												■	■					
钻　孔												■	■	■	■			
滚压、挤压								■	■	■								
冲　压												■	■					
压　铸													■	■				
粉末冶金成型								■	■	■								
粉末冶金烧结									■	■	■							
砂型铸造、气割																	■	■
锻　造																■	■	■

注：本表主要摘自方若愚等编的《金属机械加工工艺人员手册》，供读者进行课程作业时参考。

表 2-4　普通材料和一般生产过程所得到的典型粗糙度值

方　法	粗糙度值 $R_a/\mu m$												相当于旧国标表面光洁度
	50	25	12.5	6.3	3.2	1.6	0.8	0.4	0.2	0.1	0.05	0.025	
火焰切割		━	━										▽2～▽3
去皮磨		━	━	━									▽2～▽4
锯		━	━	━	━								▽2～▽5
刨、插削			━	━	━	━	━						▽3～▽7
钻　削				━	━	━							▽3～▽5
化学铣					━	━	━						▽4～▽6
电火花加工					━	━	━						▽5～▽6
铣　削			━	━	━	━	━						▽4～▽7

（续表）

方　法	粗糙度值 $R_a/\mu m$												相当于旧国标表面光洁度
	50	25	12.5	6.3	3.2	1.6	0.8	0.4	0.2	0.1	0.05	0.025	
拉　削						▬▬							▽5～▽7
铰　孔						▬▬							▽5～▽8
镗、车削			┄	▬▬▬									▽4～▽7
滚筒光整					┄		▬▬						▽7～▽9
电解磨削								▬					▽7～▽9
滚压抛光								▬					▽8～▽9
磨　削						▬▬▬			┄				▽6～▽10
珩　磨								▬▬					▽7～▽12
抛　光								▬▬		┄			▽8～▽13
研　磨									▬▬				▽8～▽14
超精加工										▬▬			▽9～▽13
砂型铸造		▬▬											▽2～▽3
热滚轧		▬▬											▽2～▽3
锻			┄	▬▬									▽3～▽5
永久模铸造					▬▬								▽5～▽6
熔模铸造					▬▬								▽5～▽6
挤　压				┄	▬▬								▽5～▽7
冷轧拉拔					▬▬								▽5～▽7
压　铸						▬▬							▽6～▽7

注：① 符号：粗实线为常用平均范围，虚线为不常应用范围。
　　② 表中最后一列是根据表中粗实线数据与"表面光洁度"旧国标对照后得到的大致对应关系。

2.4　常用量具

　　量具是用来测量零件线性尺寸、角度以及检测零件形位误差的工具。为保证被加工零件的各项技术参数符合设计要求，在加工前后和加工过程中，都必须用量具进行检测。选择使用量具时，应当适合于被检测零件的性质，适合于被检测零件的形状、测量范围。通常选择的量具的读数精度应小于被测量公差的 0.15 倍。

　　量具的种类很多，有钢尺、卡钳、角尺、游标卡尺、千分尺、百分表等。这里仅介绍常用的几种。

2.4.1　量具的种类

　　1）钢尺

　　钢尺的长度规格有 150 mm、300 mm、500 mm、1 000 mm 四种，常用的是 150 mm 和 300 mm 两种。

　　钢尺的使用方法，应根据零件形状灵活掌握，例如：

（1）测量矩形零件的宽度时，要使钢尺和被测零件的一边垂直，和零件的另一边平行（如图2-6(a)）；

（2）测量圆柱体的长度时，要把钢尺准确地放在圆柱体的母线上（如图2-6(b)）；

（3）测量圆柱体的外径或圆孔的内径时，要使钢尺靠着零件一面的边线来回摆动，直到获得最大的尺寸，这才是直径的尺寸。

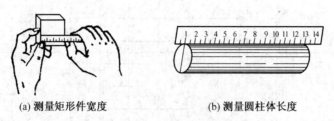

(a) 测量矩形件宽度　　　　　　　　(b) 测量圆柱体长度

图 2-6　钢直尺的使用方法

2）游标卡尺

游标卡尺是一种比较精密的量具，如图2-7，其结构简单，可以直接量出工件的内径、外径、长度和深度等。游标卡尺按测量精度可分为 0.10 mm，0.05 mm，0.02 mm 三个量级。按测量尺寸范围有 0～125 mm，0～150 mm，0～200 mm，0～300 mm 等多种规格。使用时根据零件精度要求及零件尺寸大小进行选择。

图 2-7 所示游标卡尺的读数精度为 0.02 mm，测量尺寸范围为 0～150 mm。它由主尺和副尺（游标）两部分组成。主尺上每小格为 1 mm，当两卡爪贴合（主尺与游标的零线重合）时，游标上的 50 格正好等于主尺上的 49 mm，游标上每格长度为 $49 \div 50 = 0.98$ mm，主尺与游标每格相差 0.02 mm。

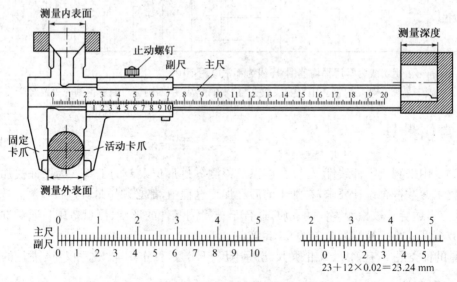

图 2-7　游标卡尺的读数方法

测量读数时，先在游标以左的主尺上读出最大的整毫米数，然后在游标上读出零线到与主尺刻度线对齐的刻度线之间的格数，将格数与 0.02 相乘得到小数，将主尺读出的整数与游标上得到的小数相加就得到测量的尺寸。

游标卡尺使用注意事项：

（1）**检查零线**　使用前应先擦净卡尺，合拢卡爪，检查主尺和游标的零线是否对齐。如不对齐，应送计量部门检修。

（2）**放正卡尺**　测量内外圆时，卡尺应垂直于工件轴线，两卡爪应处于直径处。

（3）**用力适当**　当卡爪与工件被测量面接触时，用力不能过大，否则会使卡爪变形，加速卡爪的磨损，使测量精度下降。

（4）读数时视线要对准所读刻线并垂直尺面，否则读数不准。

（5）**防止松动**　未读出读数之前游标卡尺离开工件表面，必须先将止动螺钉拧紧。

（6）不得用游标卡尺测量毛坯表面和正在运动的工件。

图 2-8 是专门用于测量深度和高度的游标尺。高度游标尺除用来测量高度外，也可用于精密划线。

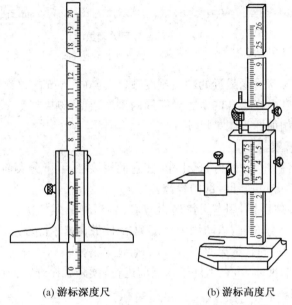

(a) 游标深度尺　　(b) 游标高度尺

图 2-8　游标深度和游标高度尺

3）百分尺（又称分厘卡）

百分尺是微分套筒读数的示值为 0.01 mm 的测量工具，百分尺的测量精度比游标卡尺高，习惯上称之为千分尺。按照用途可分为外径百分尺、内径百分尺和深度百分尺几种。

外径百分尺按其测量范围有 0~25 mm，25~50 mm，50~75 mm 等各种规格。

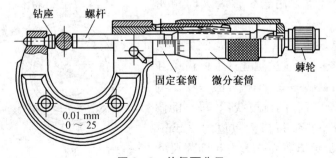

钻座　螺杆　　固定套筒　微分套筒　棘轮

0.01 mm
0~25

图 2-9　外径百分尺

图 2-9 是测量范围为 0~25 mm 的外径百分尺。弓形架在左端有固定砧座，右端的固定套筒在轴线方向刻有一条中线（基准线），上下两排刻线互相错开 0.5 mm，形成主尺。微分套

筒左端圆周上均布 50 条刻线,形成副尺。微分套筒和螺杆连在一起,当微分套筒转动一周,带动测量螺杆沿轴向移动 0.5 mm,如图 2-10 所示。因此,微分套筒转过一格,测量螺杆轴向移动的距离为 0.5÷50＝0.01 mm。当百分尺的测量螺杆与固定砧座接触时,微分套筒的边缘与轴向刻度的零线重合。同时,圆周上的零线应与中线对准。

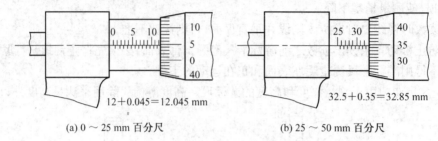

(a) 0～25 mm 百分尺　　　　　　　　(b) 25～50 mm 百分尺

图 2-10　百分尺的读数

百分尺的读数方法:

① 读出距离微分套筒边缘最近的轴向刻度数(应为 0.5 mm 的整数倍);

② 读出与轴向刻度中线重合的微分套筒周向刻度数值(刻度格数×0.01 mm);

③ 将两部分读数相加即为测量尺寸。

百分尺使用注意事项:

① 校对零点时,将砧座与螺杆擦拭干净,使它们相接触,看微分套筒圆周刻度零线与中线是否对准,如没有,将百分尺送计量部门检修。

② 测量时,左手握住弓架,用右手旋转微分套筒,当测量螺杆快接近工件时,必须使用右端棘轮(此时严禁使用微分套筒,以防用力过度测量不准或破坏百分尺)以较慢的速度与工件接触。当棘轮发出"嘎嘎"的打滑声时,表示压力合适,应停止旋转。

③ 从百分尺上读取尺寸,可在工件未取下前进行,读完后松开百分尺,亦可先将百分尺锁紧,取下工件后再读数。

④ 被测尺寸的方向必须与螺杆方向一致。

⑤ 不得用百分尺测量毛坯表面和运动中的工件。

3) 百分表

百分表的刻度值为 0.01 mm,是一种精度较高的比较测量工具。它只能读出相对的数值,不能测出绝对数值。主要用来检验零件的形状误差和位置误差,也常用于工件装夹时精密找正。

百分表的结构如图 2-11 所示,当测量头向上或向下移动 1 mm 时,通过测量杆上的齿条和几个齿轮带动大指针转一周,小指针转一格。刻度盘在圆周上有 100 等分的刻度线,其每格的读数值为 0.01 mm;小指针每格读数值为 1 mm。测量时大、小指针所示读数变化值之和即为尺寸变化量。小指针处的刻度范围就是百分表的测量范围。刻度盘可以转动,供测量时调整大指针对零位刻线之用。

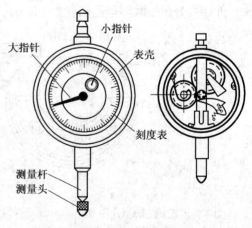

图 2-11　百分表

百分表使用时应装在专用的百分表架上,如图 2-12 所示。

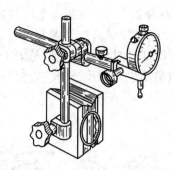

图 2-12　百分表架(磁性表座)

百分表使用注意事项:

① 使用前,应检查量杆的灵活性。具体做法是:轻轻推动测量杆,看其能否在套筒内灵活移动。每次松开手后,指针应回到原来的刻度位置。

② 测量时,百分表的测量杆要与被测表面垂直,否则将使测量杆移动不灵活,测量结果不准确。

③ 百分表用完后,应擦拭干净,放入盒内,并使测量杆处于自由状态,防止表内弹簧过早失效。

5) 内径百分表

内径百分表(如图 2-13)是百分表的一种,用来测量孔径及其形状精度,测量精度为 0.01 mm。内径百分表配有成套的可换测量插头及附件,供测量不同孔径时选用。测量范围有 6～10 mm,10～18 mm,18～35 mm 等多种。测量时百分表接管应与被测孔的轴线重合,以保证可换插头与孔壁垂直,最终保证测量精度。

6) 万能角度尺

万能角度尺是用来测量零件角度的。万能角度尺采用游标读数,可测任意角度,如图 2-14 扇形板带动游标可以沿主尺移动。角尺可用卡块紧固在扇形板上。可移动的直尺又可用卡块固定在角尺上。基尺与主尺连成一体。

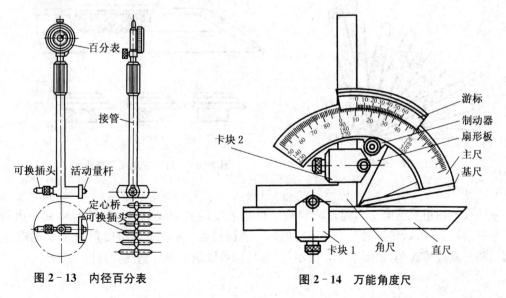

图 2-13　内径百分表　　　**图 2-14　万能角度尺**

万能角度尺的刻线原理与读数方法和游标卡尺相同。其主尺上每格一度,主尺上的 29° 与游标的 30 格相对应。游标每格为 29°÷30＝58′。主尺与游标每格相差 2′,也就是说,万能角度尺的读数精度为 2′。测量时应先校对万能角度尺的零位,其零位是当角尺与直尺均装上,且角尺的底边及基尺均与直尺无间隙接触时,主尺与游标的"0"线对齐。校零后的万能角度尺可根据工件所测角度的大致范围组合基尺、角尺、直尺的相互位置,可测量 0°～320°范围的任意角度,如图 2-15 所示。

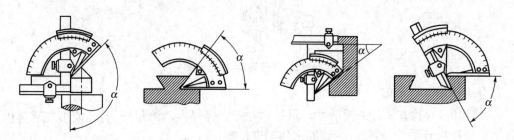

图 2-15　万能角度尺应用实例

7) 塞尺

塞尺(又称厚薄尺)是用其厚度来测量间隙大小的薄片量尺,如图 2-16 所示。它是一组厚度不等的薄钢片。钢片的厚度为 0.03～0.3 mm,印在每片钢片上。使用时根据被测间隙的大小选择厚度接近的钢片(可以用几片组合)插入被测间隙。能塞入钢片的最大厚度即为被测间隙值。

使用塞尺时必须先擦净尺面和工件,组合成某一厚度时选用的片数越少越好。另外,塞尺插入间隙不能用力太大,以免折弯尺片。

8) 刀口形直尺

刀口形直尺(简称刀口尺)是用光隙法检验直线度或平面度的量尺,图 2-17 为刀口形直尺及其应用。如果工件的表面不平,则刀口形直尺与工件表面间有间隙存在。根据光隙可以判断误差状况,也可用塞尺检验缝隙的大小。

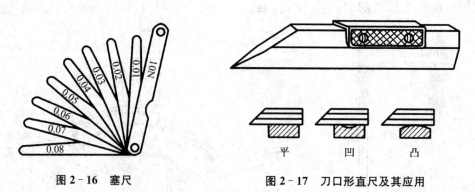

图 2-16　塞尺　　　　　　　　　　　图 2-17　刀口形直尺及其应用

9) 直角尺

直角尺的两边成精确 90°,是用来检查工件垂直度的非刻线量尺。使用时将其一边与工件的基准面贴合,然后使其另一边与工件的另一表面接触。根据光隙可以判断误差状况,也可用塞尺测量其缝隙大小,如图 2-18 所示,直角尺也可以用来保证划线垂直度。

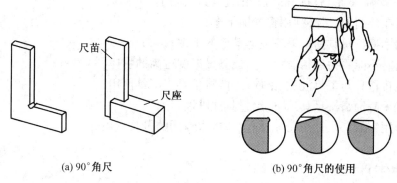

(a) 90°角尺　　　　　　　　　(b) 90°角尺的使用

图 2 - 18　90°角尺及其应用

10) 量规

量规包括塞规与卡规,是用于成批大量生产的一种定尺寸专用量具,如图 2 - 19 所示。

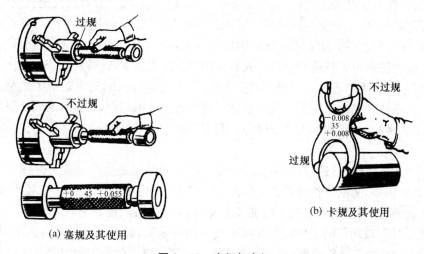

(a) 塞规及其使用　　　　　　　(b) 卡规及其使用

图 2 - 19　塞规与卡规

塞规是用来测量孔径或槽宽的。它的两端分别称为"过规"和"不过规"。过规的长较长,直径等于工件的下限尺寸(最小孔径或最小槽宽)。不过规的长度较短,直径等于工件的上限尺寸。用塞规检验工件时,当过规能进入孔(或槽)时,说明孔径(槽宽)大于最小极限尺寸;当不过规不能进入孔(或槽)时,说明孔径(或槽宽)小于最大极限尺寸。工件的尺寸只有当过规进得去,而不过规进不去时,才说明工件的实际尺寸在公差范围之内,是合格的。否则,工件尺寸不合格。

卡规是用来检验轴径或厚度的。和塞规相似,也有过规和不过规两端,使用的方法亦和塞规相同。与塞规不同的是:卡规的过规尺寸等于工件的最大极限尺寸,而不过规的尺寸等于工件的最小极限尺寸。

量规检验工件时,只能检验工件合格与否,但不能测出工件的具体尺寸。量规在使用时省去了读数的麻烦,操作极为方便。

2.4.2　量具的保养

量具的精度直接影响到检测的可靠性,因此,必须加强量具的保养。量具使用保养重点在于避免量具的破损、变形、锈蚀和磨损，因此，必须做到以下几点：

(1) 量具在使用前、后必须用棉纱擦干净；

(2) 不能用精密量具测量毛坯或运动着的工件；

(3) 测量时不能用力过猛、过大，不能测量温度过高的物体；

(4) 不能将量具与工具混放、乱放，不能将量具当工具使用；

(5) 不能用脏油清洗量具，不能给量具注脏油；

(6) 量具用完后必须擦洗干净，涂油并放入专用的量具盒内。

2.5　安全生产

做到安全生产是保证实习能够正常和顺利进行的基本前提。对于实习的安全生产，必须做到意识明确、教育到位、措施有力。意识明确，就是要使每一位同学都从思想上真正重视安全生产的问题，懂得安全为了生产，生产必须安全的道理；教育到位，就是要把安全生产教育贯穿于实习过程的始终，把安全生产教育的责任和目标落实到人，使安全生产教育收到实效；措施有力，就是安全生产的措施必须有规章制度的保证，必须有专人负责执行和检查，力求把实习中的安全事故隐患消灭在萌芽状态。人是生产中的决定因素，设备是生产的手段，没有人和设备的安全，生产就无法进行。安全生产要强调"以人为本"，人的安全是重中之重。实习中，如果实习人员不遵守工艺操作规程或者缺乏一定的安全技术知识，就很容易发生机械伤害、触电、烫伤等工伤事故，对此切不可掉以轻心。实习中的安全技术有冷、热加工安全技术和电气安全技术等。

热加工一般指铸造、锻造、焊接和热处理等工种。其特点是生产过程常伴随着高温、有害气体、粉尘和噪声等，劳动条件较恶劣。因此，在热加工工伤事故中，烫伤、喷溅和砸碰伤害等占到较高的比例，应引起高度重视。冷加工主要包括车、铣、刨、磨和钻等切削加工。其特点是使用的装夹工具和被切削的工件或刀具间不仅有相对运动，而且速度较高。如果设备防护不好，操作者不注意遵守操作规程，很容易造成人身伤害。电力的使用和电器控制在加热、电焊和各类机床及加工设备的运转等场合十分常见，实习时，必须严格遵守电气安全守则，避免触电事故。各工种的安全技术详见后续各部分、各章节。

第2篇　毛坯制造基本方法

第3章　铸　造

扫码可获取
第3章补充资源

3.1　概　述

铸造是通过制造铸型,熔炼金属,再把金属熔液注入铸型,经凝固和冷却,从而获得所需铸件的成形方法。它可以生产出外形尺寸从几毫米到几十米、质量从几克到几百吨、结构从简单到复杂的各种铸件。铸造在我国已有几千年的历史,出土文物中大量的古代生产工具和生活用品就是用铸造方法制成的。今天,铸造生产在国民经济中仍然占有很重要的地位,广泛应用于工业生产的很多领域,特别是机械工业,以及日常生活用品、公用设施、工艺品等的制造和生产。

铸造生产具有以下特点:

(1) 可以生产出结构十分复杂的铸件,尤其是可以形成具有复杂形状内腔的铸件。

(2) 铸件的尺寸、形状与零件相近,节省了大量的材料和加工费用;铸造可以利用回收的废旧材料和产品,从而节约了成本和资源。

(3) 铸造生产工艺复杂,生产周期长,劳动条件差,且常常伴随对环境的污染;铸件易产生各种缺陷且不易发现。

常用的铸造方法有砂型铸造和特种铸造两大类。其中,特种铸造中又包括熔模铸造、金属型铸造、压力铸造、低压铸造、离心铸造等多种铸造方法。砂型铸造是应用最广泛的一种铸造方法,其生产的铸件约占铸件总量的80%以上。砂型铸造的一般生产过程如图3-1所示。

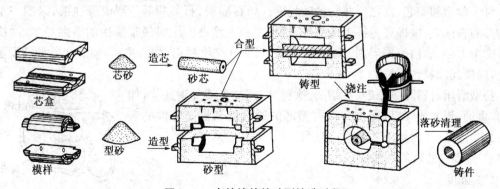

图 3-1　套筒铸件的砂型铸造过程

铸造的优点是适应性强（可制造各种合金类别、形状和尺寸的铸件），成本低廉。其缺点是生产工序多，铸件质量难以控制，铸件力学性能较差，劳动强度大。铸造主要用于形状复杂的毛坯生产，如机床床身、发动机气缸体，各种支架、箱体等。它是制造具有复杂结构的金属件的最灵活的成形方法。

3.2 造型材料与工艺装备

铸造生产中的铸型是用来容纳金属熔液，使金属液按照它的型腔形状凝固成形，从而获得与其型腔形状一致的铸件。常用的铸型，按造型材料的不同可分为砂型和金属型。砂型铸造是用型砂制成铸型并进行浇铸而生产出铸件的铸造方法。

3.2.1 型砂和芯砂

砂型铸造的造型材料由原砂、粘结剂、附加物等按一定比例和制备工艺混合而成，它具有一定的物理性能，能满足造型的需要。制造铸型的造型材料称为型砂，制造型芯的造型材料称为芯砂。型砂和芯砂性能的优劣直接关系到铸件质量的好坏和成本的高低。

1）型砂和芯砂的组成

（1）原砂

只有符合一定的技术要求的天然矿砂才能作为铸造用砂，这种天然矿砂称为原砂。天然硅砂因资源丰富，价格便宜，是铸造生产中应用最广的原砂，它含有 85％以上的 SiO_2 和少量其他物质等。原砂的粒度一般为 50 目到 140 目。

（2）粘结剂

砂粒之间是松散的，且没有粘结力，显然不能形成具有一定形状的整体。在铸造生产过程中，须用粘结剂把砂粒粘结在一起，制成砂型或型芯。铸造用粘结剂种类较多，按其组成可分为有机粘结剂（如植物油类、合脂类、合成树脂类粘结剂等）和无机粘结剂（如粘土、水玻璃、水泥等）两大类。粘土是最常用的一种粘结剂，它价廉而丰富，具有一定的粘结强度，可重复使用。用合成树脂作为粘结剂的型（芯）砂，具有硬化快、生产效率高、硬化强度高、砂型（芯）尺寸精度高、表面光洁、退让性和溃散性好等优点，但由于成本较高，应用还不普遍。用粘土作为粘结剂的型（芯）砂称为粘土砂，用其他粘结剂的型（芯）砂则分别称为水玻璃砂、油砂、合脂砂和树脂砂等。

（3）涂料

对于砂型和型芯，常把一些防粘砂材料（如石墨粉、石英粉等）制成悬浊液，涂刷在型腔或型芯的表面上，以提高铸件表面质量，这称之为上涂料。涂料最常使用的溶剂是水，而快干涂料常用煤油、酒精等作溶剂。对于湿型砂，可直接把涂料粉（如石墨粉）喷洒在砂型或型芯表面上，同样起涂料作用。

铸型所用材料除了原砂、粘结剂、涂料外，还加入某些附加物，如煤粉、重油、锯木屑等，以增加砂型或型芯的透气性和提高铸件的表面质量。图 3-2 为粘土砂结构示意图。

2）型砂和芯砂的性能要求

（1）强度

型（芯）砂抵抗外力破坏的能力称为强度。如果型（芯）砂的强

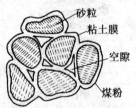

图 3-2 粘土砂结构

度不够,则在生产过程中铸型(芯)易损坏,会使铸件产生砂眼、冲砂、夹砂等缺陷。但强度过高,则会使型(芯)砂的透气性和退让性降低。型砂中粘土的含量越高,型砂的紧实度越高,砂粒越细,则强度就越高。含水量对强度也有很大影响,过多或过少均使强度降低。

(2)透气性

型(芯)砂具备让气体通过和使气体顺利逸出的能力称为透气性。型砂透气性不好,则易在铸件内形成气孔,甚至引起浇不足现象。砂粒愈粗大、均匀,且为圆形,砂粒间孔隙就愈大,透气性就愈好。随着粘土含量的增加,型砂的透气性通常会降低;但粘土含量对透气性的影响与水分的含量密切相关,只有含适量的水分时,型砂的透气性才能达到最大值。型砂紧实度增大,砂粒间孔隙就愈少,型砂透气性降低。

(3)耐火性

型砂在高温作用下不熔化、不烧结、不软化、保持原有性能的能力称为耐火性。耐火性差的型砂易被高温熔化而破坏,产生粘砂等缺陷。原砂中的 SiO_2 含量愈高,杂质愈少,则耐火性愈好。砂粒愈粗,其耐火性愈好,圆形砂粒的耐火性比较好。

(4)退让性

在铸件冷却收缩时,型砂能相应地被压缩变形,而不阻碍铸件收缩的性能称为型砂的退让性。型砂的退让性差,易使铸件产生内应力、变形或裂纹等缺陷。使用无机粘结剂的型砂,高温时发生烧结,退让性差;使用有机粘结剂的型砂退让性较好。为提高型砂的退让性,可加入少量木屑等附加物。

此外,型(芯)砂还应具有较好的可塑性、流动性、耐用性等。

芯砂在浇注后处于金属液的包围中,工作条件差,除应具有上述性能外,必须有较低的吸湿性、较小的发气性、良好的溃散性(也称落砂性)等。

3)型砂的处理和制备

铸造生产用的型砂是由新砂、旧砂、粘结剂、附加物和水按一定工艺配制而成的。在配制前,这些材料需经一定的处理。新砂中常混有水、泥土以及其他杂物,须烘干并筛去固体杂质。旧砂因浇注后会烧结成很多大块的砂团,需经破碎后才能使用。旧砂中含有铁钉、木块等杂物,需拣出或经筛分后除去。一般,生产小型铸件的型砂配比是:旧砂 90%左右,新砂 10%左右,粘土占新旧砂总和的 5%~10%,水占新旧砂总和的 3%~8%,其余附加物如木屑、煤粉占新旧砂总和的 2%~5%。

按一定比例选择好的制砂材料一定要混合得均匀,才能使型砂和芯砂具有良好的强度、透气性和可塑性等性能。一般情况下,混砂工作是在混砂机中进行。

在粘土砂混砂过程中,加料顺序是:旧砂→新砂→粘结剂→附加物→水。为使混砂均匀,混砂时间不宜太短,否则会影响型砂的使用性能。一般在加水前先干混 2~3 min,再加水湿混约 10 min。

型砂干湿度适当时　　　手放开后可看出　　　　　折断时断面没有碎裂状,
可用手攥成砂团　　　　清晰的手纹　　　　　　表明有足够的强度

图 3-3　手感法检验型砂

型（芯）砂混制处理好后，应放置一段时间，使水分分布更加均匀，这一过程叫调匀。使用型砂前，还需经过松散处理。型砂性能一般需用专门仪器检测，若没有检测仪器，也可凭手捏的感觉对某些性能作粗略的判断，如图3-3所示。

3.2.2　模样、芯盒与砂箱

模样、芯盒与砂箱是砂型铸造中造型时用到的主要工艺装备。

1）模样

模样是与铸件外形及尺寸相似并且在造型时形成铸型型腔的工艺装备。模样的结构应便于制作加工，具有足够的刚度和强度，表面光滑，尺寸精确。模样的尺寸和形状是由零件图和铸造工艺参数得出的。图3-4(a)是零件图，图3-4(b)是考虑铸造工艺参数而得出的工艺图，图3-4(c)是铸件，图3-4(d)是模样。

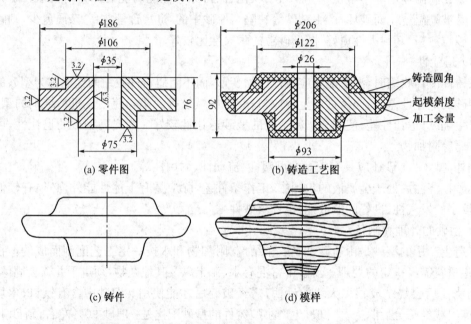

图3-4　法兰的零件图、铸造工艺图及铸件和模样

设计模样时，要考虑的铸造工艺参数主要有：

（1）收缩率

金属在铸型内凝固冷却时要收缩，因此模样的尺寸应比铸件尺寸大一些。其大小主要取决于所用铸造合金的种类。

（2）加工余量

铸件的加工表面必须留有适当的加工余量，机械加工时，切去这层加工余量，才能使零件达到图样要求的尺寸和表面质量。

（3）起模斜度

为使模样从铸型中顺利取出，在平行于起模方向的模样壁上留出的向着分型面逐渐增大的斜度称为起模斜度。

（4）铸造圆角

为了便于金属熔液充满型腔和防止铸件产生裂纹，把铸件转角处设计为过渡圆角。

（5）芯座

造型时，在型腔中留出用于安放芯头以支撑型芯的孔洞称为芯座。

根据制造模样材料的不同，常用的模样分为：

（1）木模

用木材制成的模样称为木模，木模是铸造生产中用得最广泛的一种。它具有价廉、质轻和易于加工成形等优点。其缺点是强度和硬度较低，容易变形和损坏，使用寿命短。一般适用于单件小批量生产。

（2）金属模

用金属材料制造的模样，具有强度高、刚性大、表面光洁、尺寸精确、使用寿命长等特点，适用于大批量生产。但它的制造难度大、周期长，成本也高。金属模样一般是在工艺方案确定后，并经试验成熟的情况下再进行设计和制造的。制造金属模的常用材料是铝合金、铜合金、铸铁、铸钢等。

此外，还有塑料模、石膏模等。

2）芯盒

铸件的孔及内腔是由型芯形成的，型芯又是由芯盒制成的。应以铸造工艺图、生产批量和现有设备为依据确定芯盒的材质和结构尺寸。大批量生产应选用经久耐用的金属芯盒，单件小批量生产则可选用使用寿命短的木质芯盒。

从芯盒的分型面和内腔结构来看，芯盒的常用结构形式有分开式、整体式和可拆式，如图3-5所示。整体式芯盒一般用于制作形状简单、尺寸不太大和容易脱模的型芯，它的四壁不能拆开，芯盒出口朝下即可倒出型芯。可拆式芯盒结构较复杂，它由内盒和外盒组成。起芯时，型芯和内盒从外盒倒出，然后从几个不同方向把内盒与型芯分离。这种芯盒适用于制造形状复杂的中、大型型芯。

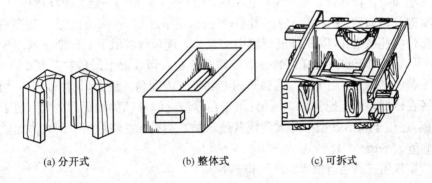

(a) 分开式　　　　　　(b) 整体式　　　　　　(c) 可拆式

图 3-5　芯盒结构形式

3）砂箱

砂箱是铸造生产常用的工装，造型时，用来容纳和支承砂型；浇注时，砂箱对砂型起固定作用。图3-6为小型砂箱和造型工具，用于浇注尺寸较小的铸件。另外，还有大型砂箱，用于浇注尺寸较大的铸件。合理选用砂箱可以提高铸件质量和劳动生产率，减轻劳动强度。

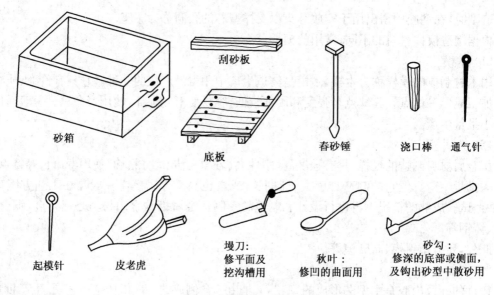

刮砂板

砂箱

底板

舂砂锤

浇口棒　通气针

起模针　　皮老虎

塌刀：
修平面及
挖沟槽用

秋叶：
修凹的曲面用

砂勾：
修深的底部或侧面，
及钩出砂型中散砂用

图 3-6　砂箱和造型工具

3.3　手工造型

3.3.1　手工造型常用工具

手工造型常用工具如图 3-6 所示。底板：大多用木材制成，用于放置模样，其大小依砂箱和模样大小而定。舂砂锤：其两端形状不同，尖圆头主要是用于舂实模样周围、靠近内壁砂箱处或狭窄部分的型砂，保证砂型内部紧实；平头板用于砂箱顶部砂的紧实。通气针：用于在砂型上适当位置扎通气孔，以便排出型腔中的气体。起模针：用于从砂型中取出模样。皮老虎（也叫手风箱）：用于吹去模样上的分型砂和散落在砂型表面上的砂粒及其余杂物，使砂型表面干净平整。半圆刀：用于修整圆弧形内壁和型腔内圆角。镘刀（又称砂刀）：用于修整砂型表面或者在砂型表面上挖沟槽。压勺：用于在砂型上修补凹的曲面。砂勾：用于修整砂型底部或侧面，也用于勾出砂型中的散砂或其他杂物。刮板：主要是用于刮去高出砂箱上平面的型砂和修整大平面。

手工造型常用工具还有铁锹、筛子、排笔等。

3.3.2　砂型的组成

图 3-7 为合型后的砂型结构简图。图中的型腔为模样取出后留下的空间，浇注后，型腔中的金属液凝固形成所需的铸件。上砂箱中的砂型称上砂型或上型，上砂型中除上部型腔之外，还有浇口杯、直浇道、横浇道、通气孔、上型芯座等。下砂箱中的砂型称为下砂型或下型，下砂型中除下部型腔之外，还有内浇道、下型芯座等。上、下砂型的

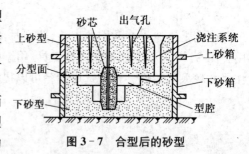

砂芯　出气孔

上砂型

分型面

下砂型

浇注系统

上砂箱

下砂箱

型腔

图 3-7　合型后的砂型

分界面称为分型面。上、下砂型的定位可用泥记号(单件、小批生产)或定位销(成批、大量生产)。

浇注时,金属液经浇口杯(外浇口)、直浇道、横浇道、内浇道进入型腔并将其充满。型腔和型砂中的气体经通气孔排出,上、下型芯座用于型芯的固定和定位。

造型方法可分为手工造型和机器造型两大类。

3.3.3 手工造型操作基本技术

1) 造型工具的准备

型砂配制好后,接着准备底板、砂箱、必要的造型工具。开始造型时,首先应确定模样在砂箱中的位置,壁之间必须留有 30~100 mm 距离,称为吃砂量,

吃砂量不宜太大,否则需填入更多的型砂,并且耗费时间,加大砂型的重量;若吃砂量过小,则砂型强度不够,在浇注时,金属液容易流出。

2) 手工造型基本过程

(1) 模样、底板、砂箱按一定空间位置放置好后,填入型砂并春紧,填砂时,应分批加入。填砂和春砂时应注意:

① 用手把模样周围的型砂压紧。因为这部分型砂形成型腔内壁,要承受金属熔液的冲击,故对它的强度要求较高。

② 每加入一次砂,这层砂都应春紧,然后才能再次加砂,依此类推,直至把砂箱填满紧实。

③ 春砂用力大小应适当,用力过大,砂型太紧,型腔内气体出不来;用力过小,砂粒之间粘结不紧,砂型太松易塌箱。此外,应注意同一砂型各处紧实度是不同的,靠近砂箱内壁应春紧,以防塌箱;靠近型腔部分型砂应较紧,使其具有一定强度;其余部分砂层不宜过紧,以利于透气。

(2) 砂型造好后,应在分型面上撒分型砂,然后再造另一个砂型,以便于两个砂型在分型面处分开。应该注意的是模样的分模面上不应有分型砂,如果有,应吹去。撒分型砂时,应均匀散落,在分型面上有均匀的一薄层即可,分型砂应是无粘结剂的干燥的细砂。

(3) 上砂型制成后,应在模样的上方用通气针扎通气孔。通气孔分布应均匀,深度不能穿透整个砂型。

(4) 用浇口棒做出直浇道,开好浇口杯(外浇口)。

(5) 做合型线,合型线是上、下砂箱合型的基准。

(6) 起模前,可在模样周围的型砂上用毛笔刷些水,以增加该处型砂的强度,防止起模时损坏砂型。起模时,应先轻轻敲击模样,使其与周围的型砂分开。起模操作要胆大心细,手不能抖动。起模方向应尽量垂直于分型面。

(7) 起模后,型腔如有损坏,可用工具修复。

(8) 合型时,应找正定位销或对准两砂箱的合型线,防止错型。

3.3.4 手工造型方法

1) 整模造型

整模造型是最简单的造型方法,它所用的模样是一个整体,型腔全部位于一个砂型中。整模造型由于只有一个模样和一个型腔,故操作简便,不会发生错型,型腔形状和尺寸精度较好。它适用于最大截面靠一端且为平面的铸件,如齿轮坯、轴承座等。

2) 分模造型

整模造型仅适用于外形较简单、变化不复杂的铸件。当铸件外形较复杂或有台阶、环状突缘(法兰边)、凸台等情况,如果用整模造型方法,就很难从砂型中取出模样或根本无法取出。这时,可将模样从最大截面处分成两部分,故称为分模造型。

3) 活块模造型

活块模造型是采用带有活块的模样造型的方法。模样上可拆卸或能活动的部分叫活块。当模样上有妨碍起模的伸出部分(如小凸台)时,常将该部分做成活块。起模时,先将模样主体取出,再将留在铸型内的活块取出。用钉子连接的活块模造型时,应注意先将活块四周的型砂塞紧,然后拔出钉子。

4) 挖砂造型

需对分型面进行挖修才能取出模样的造型方法称为挖砂造型。为了便于起模,下型分型面需要挖到模样最大截面处,分型面坡度尽量小并应修抹得平整光滑。

挖砂造型的特点是模样多为整体的;铸型的分型面是不平分型面;挖砂操作技术要求较高,生产率较低。挖砂造型适用于形状较复杂铸件的单件生产。

5) 假箱造型

假箱造型是利用预先制好的半个铸型(此即为假箱)代替底板,省去挖砂的造型方法。假箱只参与造型,不用来组成铸型。以不带浇口的上型当假箱,其上承托模样,造下型,随后造上型、合型等操作同挖砂造型。

6) 刮板造型

不用模样而用刮板操作的造型方法称为刮板造型。尺寸大于 500 mm 的旋转体铸件,如带轮、飞轮、大齿轮等单件生产时可以采用刮板造型。刮板是一块和铸件截面形状相适应的木板。

7) 地坑造型

大型铸件单件生产时,为节省下砂箱,降低铸型高度,便于浇注操作,多采用地坑造型。在地平面以下的砂床中或特制的砂床中制造下型的方法称为地坑造型。

3.3.5 分型面与浇注位置

1) 分型面

砂型铸造时,一般情况下至少有上、下两个砂型,砂型与砂型之间的分界面是分型面。由此可知,两箱造型有一个分型面,三箱造型有两个分型面。分型面是铸造工艺中的一个重要概念,分型面的选择主要应根据铸件的结构特点来确定,并尽量满足浇注位置的要求,同时还要考虑便于造型和起模、合理设置浇注系统和冒口、正确安装型芯、提高劳动生产率和保证铸件质量等各方面的因素。一个铸件确定分型面,有时有几个方案,应该根据实际需要,全面考虑,找出一个最佳方案。

2) 浇注位置

铸件的浇注位置是指浇注时铸件在砂型中的空间位置,浇注位置与前面介绍的分型面的确定一般是同时考虑的,这两者选择合理,可大大提高铸件质量和生产率。确定铸件的浇注位置,应尽量保证造型工艺和浇铸工艺的合理性,确保铸件质量符合规定要求,减少铸件清理的工作量。确定铸件浇注位置时,应尽量做到:

(1) 铸件上的重要表面和较大的平面应放置于型腔的下方,以保证其性能和表面质量。

（2）应保证金属液能顺利进入型腔并且能充满型腔，避免产生浇不足、冷隔等现象。

（3）应保证型腔中的金属液凝固顺序为自下而上，以便于补缩。

3.3.6 浇注系统、冒口与冷铁

1）浇注系统

为保证铸件质量，金属液需按一定的通道进入型腔，金属液流入型腔的通道称为浇注系统。典型的砂型铸造浇注系统包括：浇口杯、直浇道、横浇道、内浇道，如图 3-8 所示。浇注时，金属液的流向是：浇包→浇口杯→直浇道→横浇道→内浇道→型腔。如果浇注系统不合理，可能使铸件产生气孔、砂眼、缩孔、裂纹和浇不足等缺陷。浇注系统应在造型前设计好，在造型过程中做出。

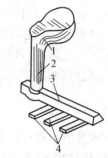

图 3-8 浇注系统的组成
注：1—浇口杯　2—直浇道
3—横浇道　4—内浇道

2）冒口

在铸件的生产过程中，进入型腔的金属液在冷却过程中要产生体积收缩，如果没有金属液及时补充这一收缩，则在铸件最后凝固部位会形成空洞，这种空洞称为缩孔。不过，通过工艺方法可以把缩孔移到冒口里面而实现补缩。冒口是砂型中与型腔相通并用来储存金属液的空腔，其中的金属液用于补充铸件冷却凝固引起的收缩，以消除缩孔。铸件形成后，它变成与铸件相连但无用的部分，清理铸件时，须将冒口除去回炉，冒口应设在铸件厚壁处，即最后凝固的部位，且应比铸件凝固得晚，冒口与铸件被补缩部位之间的通道应畅通。冒口应较易于从铸件上除去。冒口除了具有补缩作用外，还有出气和集渣作用。

3）冷铁

冷铁是为了增加铸件局部的冷却速度，而在相应部位的铸型型腔或型芯中安放的用金属制成的激冷物。它可以加快铸件厚壁处的冷却速度，调节铸件的凝固顺序。它与冒口相配合，可扩大冒口的有效补缩距离，因而可减少冒口的数量和尺寸。此外，冷铁还可用于提高铸件局部的硬度和耐磨性。常用的冷铁材料有铸铁、钢、铝合金、铜合金等。根据冷铁在铸件上的位置，常用的冷铁分为：

（1）**外冷铁**　外冷铁是在造型过程中埋入砂型中，只和铸件外表面接触，表面涂有涂料，故外冷铁与铸件表面是相互分离的，清理时与型砂一起清出。

（2）**内冷铁**　内冷铁放置在型腔内，浇注后被高温金属液包围并熔合而留在铸件中。它的激冷作用大于外冷铁，其材料要与铸件材料相同或相近，并要除去表面油污和氧化皮。

3.4 机器造型

上面介绍的手工造型方法主要适用于生产批量小、造型工艺复杂的场合。机器造型是在手工造型基础上发展起来的，与手工造型相比，机器造型的特点是：

① 生产效率高，劳动强度低，对操作者的技术水平要求不是很高；

② 砂型质量得到保证，故铸件尺寸精度和表面质量有所提高；

③ 由于设备、工装投入大，设备及工艺装备费用高，生产准备时间长，仅适用于成批、大量生产的铸件。

机器造型一般是两箱造型，采用模板和砂箱在专门的造型机上进行。模板是将铸件及浇注系统的模样与底板装配成一体，并附设有砂箱定位装置的造型工装。

按砂型的紧实方式，机器造型可分为震压式造型、高压造型、射压造型、空气冲击造型和静压造型等。

3.5　造　芯

为获得铸件的内腔或局部外形，用芯砂或其他材料制成的安放在型腔内部的组元称型芯。绝大部分型芯是用芯砂制成的，又称砂芯。由于砂芯的表面被高温金属液所包围，受到的冲刷及烘烤比砂型厉害，因此砂芯必须具有比砂型更高的强度、透气性、耐火性和退让性等，这主要依靠配制合格的芯砂及采用正确的造芯工艺来保证。

3.5.1　芯砂

芯砂种类主要有粘土砂、水玻璃砂和树脂砂等。粘土砂芯因强度低、需加热烘干、溃散性差，应用日益减少；水玻璃砂主要用在铸钢件砂芯中；有快干自硬特性、强度高、溃散性好的树脂砂则应用日益广泛，特别适用于大批量生产的复杂砂芯。少数中小砂芯还用合脂砂。为保证足够的强度、透气性，芯砂中粘土、新砂加入量要比型砂高，或全部用新砂。

3.5.2　造芯工艺

造芯工艺中应采取下列措施以保证砂芯能满足上述各项性能要求：放芯骨、开通气道、刷涂料、烘干。

3.5.3　制芯方法

砂芯一般是用芯盒制成的，芯盒的空腔形状和铸件的内腔相适应。根据芯盒的结构，手工制芯方法可以分为下列三种：对开式芯盒制芯、整体式芯盒制芯、可拆式芯盒制芯。

3.6　合　型

将上型、下型、砂芯、浇口盆等组合成一个完整铸型的操作过程称为合型，又称合箱。合型是制造铸型的最后一道工序，直接关系到铸件的质量。即使铸型和砂芯的质量很好，若合型操作不当，也会引起气孔、砂眼、错箱、偏芯、飞翅和跑火等缺陷。合型工作具体如下。

3.6.1　铸型的检验和装配

下芯前，应先清除型腔、浇注系统和砂芯表面的浮砂，并检查其形状、尺寸和排气道是否通畅。下芯应平稳、准确。然后导通砂芯和砂型的排气道；检查型腔主要尺寸；固定砂芯；在芯头与砂型芯座的间隙处填满泥条或干砂，防止浇注时金属液钻入芯头间隙而堵死排气道。最后平稳、准确地合上上型。

3.6.2　铸型的紧固

1）金属液作用于上型的抬箱力（见二维码补充内容）

2）铸型的紧固方法（见二维码补充内容）

3.7　铸造合金的熔炼与浇注

3.7.1　铸造合金种类

铸造合金的熔炼是一个比较复杂的物理化学过程。熔炼时,既要控制金属液的温度,又要控制其化学成分;在保证质量的前提下,尽量减少能源和原材料的消耗,减轻劳动强度,降低环境污染。比较常用的铸造合金是铸铁、铸钢、铸造铝合金和铸造铜合金,其中铸铁由于原材料丰富、价格便宜、铸造性能好、力学性能能满足一般要求而得到广泛应用。在一般工业生产和常用机器中,铸铁件占铸件总量的 80% 以上。工业中常用铸铁是含碳量 >2.11% 的铁、碳、硅三元合金。其中碳绝大部分以石墨形式存在,金属断口呈暗灰色,称为灰口铸铁,因其具有良好的铸造性能、减振性能和减摩性能而获得广泛应用。在不同的生产条件下,灰口铸铁中的石墨又呈现不同的形态,如片状、球状、团絮状和蠕虫状等,使铸铁产生不同特性,因而相应地形成灰铸铁、球墨铸铁、可锻铸铁和蠕墨铸铁等品种,其中石墨呈片状的灰铸铁铸造性能最好,价格较低,适于制造形状复杂的底座、箱体类铸件;石墨呈球状的球墨铸铁力学性能最好,适于制造受力较大的轴类铸件如凸轮轴和曲轴等。但是铸铁的强度较低,尤其塑性更差。制造受力大而复杂的铸件,特别是中、大型铸件往往采用铸钢。

铸钢包括碳钢(含碳量 ≤0.60% 的铁碳二元合金)和合金钢(碳钢与其他合金元素组成的多元合金)。铸钢的铸造性能差,但焊接性能好,强度较高,塑性好,有的合金钢还具有耐磨、耐腐蚀等特殊性能。铸钢一般用于受力复杂、要求强度高并且韧性好的铸件,如水轮机转子、高压阀体、大齿轮、辊子、履带板和抓斗齿等。

常用的铸造有色合金有铝合金、铜合金等,其中铸造铝合金应用最多。它密度小,具有一定的强度、塑性及耐蚀性,广泛用于制造汽车发动机的汽缸体、汽缸盖、活塞、螺旋桨及飞机起落架等。铸造铜合金耐磨性和耐蚀性良好,其应用仅次于铝合金,如制造阀体、泵体、齿轮、蜗轮、轴承套、叶轮、船舶螺旋桨等。

3.7.2　铸铁的熔炼(见二维码补充内容)

3.7.3　铸钢及其熔炼(见二维码补充内容)

3.7.4　非铁合金及其熔炼(见二维码补充内容)

3.7.5　浇注

1) 浇注工具

浇注的主要工具是浇包,按浇包容量可分为:

(1) 端包

它的容量大约 20 kg 左右,用于浇注小铸件。特点是适合一人操作,使用方便、灵活,不容易伤着操作者。

(2) 抬包

它的容量大约在 50～100 kg 左右,适用于浇注中小型铸件。至少要有两人操作,使用也比较方便,但劳动强度大。

（3）吊包

它的容量在 200 kg 以上,用吊车装运进行浇注,适用于浇注大型铸件。吊包有一个操纵装置,浇注时,能倾斜一定的角度,使金属液流出。这种浇包可减轻工人劳动强度,改善生产条件,提高劳动生产率。

2）浇注工艺

（1）浇注方法与操作

浇注是指把熔炼后符合要求的金属液注入铸型的过程。浇注过程是在造型、造芯、合型、开炉熔炼金属液后进行的,若浇注方法不当,也会引起多种铸造缺陷。浇注操作主要过程是:

① 做好准备工作。铸型应尽量靠近熔化炉并集中整齐排放,铸型之间的人行道和运输线路应保持畅通,要有足够的操作空间;注意室内通风,操作者应穿戴好劳保用具;准备好浇注工具并清理干净,浇注工具要保持干燥,以免引起金属液飞溅;估算出一个铸型所需金属液的量和一批铸型所需金属液的总量,做到心中有数。

② 浇注时,金属液流应对准浇口杯,浇包高度要适宜。要一次浇满铸型,不能断断续续浇注,以防铸件产生冷隔现象。浇注时,应保持浇口杯充满金属液,否则熔渣会进入型腔。若型腔内金属液沸腾,应立即停止浇注,用干砂盖住浇口。型腔充满金属液后,应稍等一会儿,再在浇口杯内补浇一些金属液,在上面盖上干砂以保温,防止缩孔和缩松。

③ 铸件凝固后,要及时卸除压箱铁和箱卡,以减少铸件收缩阻力,防止产生裂纹。

（2）浇注温度

金属液浇注温度的高低,应根据合金的种类、生产条件、铸造工艺、铸件技术要求而定。如果浇注温度选择不当,就会降低铸件的质量,影响其力学性能。一般而言,若浇注温度过低,金属液的流动性就差,杂质不易清除,容易产生浇不足、冷隔和夹渣等缺陷;但若金属液温度过高,会使铸件晶粒变粗,容易产生缩孔、缩松和粘砂等缺陷,甚至会使铸件化学成分发生变化。表 3-4 为常用铸造合金的浇注温度。

表 3-4　常用合金浇注温度

合金名称	浇注温度/℃		
	壁厚 22 mm 以下	壁厚 22~32 mm	壁厚 32 mm 以上
灰铸铁	1 360	1 330	1 250
铸　钢	1 475	1 460	1 445
铝合金	700	660	620

确定浇注温度应从以下几方面综合考虑:

① 一般情况下,熔点高的合金,其浇注温度就高。

② 浇注薄壁零件时,要求金属液有较好的流动性,浇注温度应适当提高。

③ 对于铝合金等非铁合金,由于它们的晶粒大小对铸件力学性能的影响较大,并容易形成裂纹和吸气等缺陷,故宜用较低的浇注温度,但也不宜过低。

（3）浇注速度

浇注速度快慢对铸件质量影响也较大。若浇注速度较快,金属液能更顺利地进入型腔,减少了金属液的氧化时间,使铸件各部分温度均匀、温差缩小,从而减少铸件的裂纹和变形,同时也提高了劳动生产率,但缺点是高速冲下来的金属液容易溅出伤人或冲坏砂型;若浇注速度较慢,铸件各部分的温差加大,容易使铸件产生裂纹和变形,也容易产生浇不足、冷隔、夹渣、砂眼等缺陷,并降低了劳动生产率。所以应根据铸件的具体情况,合理选择浇注速度。通常,浇注开始时,浇注速度应慢些,以减少金属液对型腔的冲击,有利于型腔中的气体排出;然后浇注速度应加快,以防止冷隔和浇不足;浇注要结束时,浇注速度应减慢,以防止发生抬箱现象。浇注速度由操作者根据经验而定。

浇注速度受到浇道最小截面面积的控制。在浇注系统中,内浇道截面积常常是最小的,因此以内浇道截面积为基准,根据浇注工艺的要求,按照一定的比例,可确定横浇道和直浇道截面积的大小。确定浇道截面积大小需考虑的因素较多,一般而言,合金的流动性愈差,直浇道高度愈低,铸件壁厚愈薄,浇注温度愈低,铸件质量愈大,要求浇道截面积愈大。若以 S_1、S_2、S_3 分别表示内浇道、横浇道、直浇道的截面积,当它们的关系为 $S_1 < S_2 < S_3$ 时,称其为封闭式浇注系统。对于中、小型铸件,一般为 $S_1 : S_2 : S_3 = 1.0 : 1.1 : 1.15$。

3.7.6 铸件的落砂与清理

铸件浇注完毕并凝固冷却后,还必须进行落砂和清理。

1）落砂（见二维码补充内容）

2）清理

落砂后的铸件必须经过清理工序,才能使铸件外表面达到要求。清理工作主要包括下列内容:切除浇冒口、清除砂芯、清除粘砂、铸件的修整。

3.7.7 灰铸铁件的热处理

灰铸铁件一般不需热处理,但有时为消除某些铸造缺陷,在清理后进行退火。

（1）**消除应力退火** 形状较复杂或重要的铸件,为避免因内应力过大引起变形、裂纹和降低加工后尺寸精度,都需进行消除应力退火,即把铸件加热到 550℃～600℃,保温 2～4 h 后,随炉缓慢冷却至 200℃～150℃ 出炉。

（2）**消除白口退火** 当铸件表面出现极硬的白口组织,加工困难时,可用高温退火的方法消除,即把铸件加热到 900℃～950℃,保温 2～5 h 后,随炉冷却。

3.8 特种铸造

砂型铸造因其适应性强、灵活性大、经济性好,得到了广泛的应用,但它也存在以下缺点:铸件质量不高,如铸件尺寸精度低、表面较粗糙、内在组织不够致密、不能浇铸薄壁件等;铸型只能使用一次,因此造型工作量大、生产效率低;铸造工艺过程复杂,工作条件较差。针对这些问题,人们通过改变造型材料或方法,以及改变浇注方法和凝固条件等,从而发展出了一系列的特种铸造方法。

3.9 铸造生产的质量控制与经济性分析

3.9.1 铸件的常见缺陷及检验方法

1) 铸件常见的缺陷

铸造工艺比较复杂,容易产生各种缺陷,从而降低了铸件的质量和成品率。为了防止和减少缺陷,首先应确定缺陷的种类,分析其产生的原因,然后找出解决问题的最佳方案。常见的铸件缺陷有:气孔、缩孔、缩松、砂眼、渣孔、夹砂、粘砂、冷隔、浇不足、裂纹、错型、偏芯,以及化学成分不合格、力学性能不合格、尺寸和形状不合格等。这些缺陷大多是在浇注和凝固冷却过程中产生的,主要与铸型、温度、冷却、工艺以及金属熔液本身特性等因素有关。有些缺陷是通过观察就可以发现的,有的需通过检验而查出。

2) 铸件质量检验方法

所有铸件都要经过质量检验,以分清哪些是合格品和废品,哪些能经过修复变成合格品。检验的方法取决于对铸件的质量要求,常用的铸件检验方法有以下几种。

(1) 外观检验方法

铸件的许多缺陷在其外表面,有一定经验的人可直接发现或用简单的工具和量具就可发现,例如,冷隔、浇不足、错型、粘砂、夹砂等缺陷就可直接看出;对于怀疑表皮下有缺陷的铸件,可用小锤敲击来检查,听其声音是否清脆来判定铸件是否有裂纹;用量具可检查铸件尺寸是否符合图纸要求。外观检验法简单、灵活、快速、不需很高的技术水平。

(2) 无损探伤法

无损探伤是利用声、光、电、磁等各种物理方法和相关仪器检测铸件内部及表面缺陷,用这类方法不会损坏铸件,也不影响铸件的使用性能。这种方法设备投入大,检验费用较高,一般用于重要铸件的检验。常用的无损探伤方法有:磁力探伤、超声波探伤、射线探伤等。

(3) 理化性能检验

① 化学成分检验

用来检验铸件材质是否符合要求,常用的方法是化学分析法和光谱分析法,有时也用最简单的火花鉴别法。

② 力学性能检验

根据技术要求,制取铸件试样,在专用设备上测定材料的力学性能,如强度、硬度、伸长率等。

③ 金相组织检验

铸件的金相组织是影响其力学性能的重要因素,测定铸件的金相组织就能预知铸件大概的力学性能指标。常用金相组织检验方法是制取试样,然后用金相显微镜观察,并加以分析研究。

3.9.2 铸件缺陷的修补

对于某些有缺陷的铸件,在技术上可行且不影响其使用性能的前提下,可通过对铸件缺陷的修补,使其成为合格品,以尽量减少损失。常用的铸件修补方法有:

1) 焊接修补

铸件的常见缺陷如冷隔、浇不足、气孔、砂眼、裂纹等可进行焊接修补,常用的焊补方法是气焊和电弧焊,焊补部分可达到与铸件本体相近的力学性能。

2）金属熔液修补

用高温金属液填补铸件缺损部位,使其恢复正常。

3）金属堵塞

有些零件表面孔洞缺陷不宜进行焊补,可以在缺陷处钻孔,采用过盈配合,压入经过加工的圆柱形小棒,小棒的材质与铸件相同或相近,然后进行加工修整,这种方法称为金属堵塞修补。

4）填腻修补

铸件的不重要部位及有装饰意义的部位表面上若有孔眼类缺陷,可配制腻子进行修补,比较常用的腻子由铁粉、水玻璃、水泥组成。修补时,清理干净要修补的部位,把腻子压入修平即可。

5）浸渗修补

将胶状的浸渗剂渗入铸件的孔隙,使其硬化,与铸件孔眼内壁联成一体,将其填塞起来,达到堵漏的目的。

3.9.3 铸造生产的技术经济分析

在生产过程中,技术性和经济性相辅相成,缺一不可。在保证产品质量的前提下,从经济效益方面考虑,铸造生产中,应注重以下几方面:

1）**合理选择铸造方法。** 一般来说,砂型铸造生产成本低,但产品质量不易保证;而特种铸造生产成本高,但产品质量好。所以应综合考虑平衡得失,使用最佳方法。

2）**节省材料。** 铸造生产过程要消耗大量材料,包括一些贵重材料,节约材料是降低铸造生产成本的一项重要措施:① 充分利用旧砂、合理使用新砂;② 充分利用回炉料,如浇道、冒口、铸件废品;③ 估算好金属熔液的需要量,金属液的量过多或过少都会浪费。

3）**尽量增大生产批量。** 对于小批量铸件应集中浇注,一般情况下,只有达到一定批量的铸件才值得开一次炉。

4）**降低废品率。** 要采取合理的技术和工艺措施减少铸件缺陷,某些有缺陷的铸件在不影响其使用要求的前提下可以修补,以减少废品数。

5）**缩短生产周期,提高劳动生产率。** 在铸造生产过程中,应注意减少不必要的环节,加强管理,提高工作效率,节约劳动时间,特别要避免不必要的失误和返工,提高生产用品的利用率和使用寿命。

6）**加强管理,认真进行成本核算。**

7）**严格检验每批铸件,把好质量关。** 管理好废次品,防止因其流入下道工序而引起新的经济损失。

第 4 章　锻　压

4.1　概　述

　　锻压是锻造和冲压的总称,属于金属压力加工生产方法的一部分。

　　金属压力加工,是指金属材料在外力作用下产生塑性变形,从而得到具有一定形状、尺寸和力学性能的原材料、毛坯或零件的加工方法。金属压力加工的基本方法除了锻造和冲压之外,还有轧制、挤压、拉拔等。其中,轧制主要用以生产板材、型材和无缝管材等原材料;挤压主要用于生产低碳钢、非铁金属及其合金的型材或零件;拉拔主要用于生产低碳钢、非铁金属及其合金的细线材;薄壁锻造主要用来制作力学性能要求较高的各种机器零件的毛坯或成品;冲压则主要用来制取各类薄板结构零件。

　　锻造是在加压设备及工模具的作用下,使金属坯料或铸锭产生局部或全部的塑性变形,以获得一定形状、尺寸和质量的锻件的加工方法,如图4-1所示。

　　用于锻造的金属必须具有良好的塑性,以便在锻造时容易产生永久变形而不破裂。钢、铜、铝及其合金大多具有良好的塑性,是常用的锻造材料;而铸铁的塑性很差,在外力作用下极易破裂,因此,不能进行锻造。

　　锻造后的金属组织致密、晶粒细化,还具有一定的锻造流线,从而使其力学性能得以提高。因此,凡承受重载、冲击载荷的机械零件,如机床主轴、发动机曲轴、连杆、起重机吊钩、齿轮等多以锻件为毛坯。另外,采用锻造获得的零件毛坯,可以减少切削加工量,提高生产效率和经济效益。

　　冲压又称板料冲压,它是利用外力使板料产生分离或塑性变形,以获得一定形状、尺寸和性能的制件的加工方法,如图4-2所示。

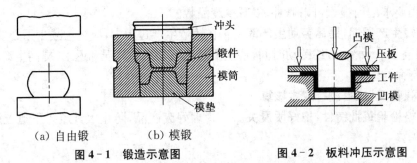

（a）自由锻　　　　（b）模锻

图 4-1　锻造示意图　　　　图 4-2　板料冲压示意图

　　用于冲压的材料一般为塑性良好的各种低碳钢板、铜板、铝板等。有些非金属板料,如木板、皮革、硬橡胶、有机玻璃板、硬纸板等也可用于冲压。

　　冲压件有自重轻,刚性大,强度好,生产率高,成本低,外形美观,互换性能好,不需机械加工等优点,主要用于大批量的零件生产和制造。

　　锻造是通过压力机、锻锤等设备或工、模具对金属施加压力实现的。锻造的基本方法有自由锻和模锻两类,以及由二者结合而派生出来的胎模锻。一般锻件生产的工艺过程为:

下料→加热→锻造→冷却→热处理→清理→检验→锻件。

冲压是通过冲床、模具等设备和工具对板料施加压力实现的。冲压的基本工序分为分离工序(如剪切、落料、冲孔等)和成形工序(如弯曲、拉深、翻边等)两大类。

冲压通常是在常温下进行的,其工艺过程为:

4.2 锻造生产过程

4.2.1 下料

下料是根据锻件的形状、尺寸和重量从选定的原材料上截取相应的坯料。中小型锻件一般以热轧圆钢或方钢为原材料。锻件坯料的下料方法主要有剪切、锯割、氧气切割等。大批量生产时,剪切可在锻锤或专用的棒料剪切机上进行,生产效率高,但坯料断口质量较差。锯割可在锯床上使用弓锯、带锯或圆盘锯进行,坯料断口整齐,但生产率低,主要适用于中小批量生产。采用砂轮锯片锯割可大大提高生产率。氧气切割设备简单,操作方便,但断口质量也较差,且金属损耗较多,只适用于单件、小批量生产的条件,特别适合于大截面钢坯和钢锭的切割。

4.2.2 坯料的加热

1) 加热的目的和要求

除少数具有良好塑性的金属可在常温下锻造外,大多数金属都应加热后锻造成形。

锻造时,将金属加热,能降低其变形抗力,提高其塑性,并使内部组织均匀,以便达到用较小的锻造力来获得较大的塑性变形而不破裂的目的。

一般来说,金属加热温度越高,金属的强度和硬度越低,塑性也就越高;但温度不能太高,温度太高会产生过热或过烧,使锻件成为废品。

金属锻造时,允许加热的最高温度,称为始锻温度。金属在锻造过程中,热量逐渐散失,温度下降。金属温度降低到一定程度后,不但锻造费力,而且易开裂,所以必须停止锻造,重新加热。金属停止锻造的温度称为终锻温度。

2) 加热设备(见二维码补充材料)

3) 锻造温度范围

锻造温度范围是指金属开始锻造的温度(始锻温度)到锻造终止的温度(终锻温度)之间的温度间隔。

(1) 始锻温度的确定原则

使金属在加热过程中不产生过热、过烧缺陷的前提下,尽可能的取高一些。这样便扩大了锻造温度的范围,以便有充裕的时间进行锻造,减少加热次数,提高生产率。

(2) 终锻温度的确定原则

在保证金属停锻前有足够塑性的前提下,终锻温度应取低一些,以便停锻后能获得较细密的内部组织,从而获得较好性能的锻件。但终锻温度过低,金属难以继续变形,易出现锻裂现象和损伤锻造设备。

常用金属材料的锻造温度范围如表 4-1 所示。

金属加热的温度可用仪表来测定,但在实际生产中,一般凭经验,通过观察被加热锻件的火色来判断。碳素钢的火色与其对应温度关系见表 4-2 所示。

4)加热缺陷及防止措施

金属在加热过程中可能产生的缺陷有:氧化、脱碳、过热、过烧和裂纹等。

4.2.3 锻造成形

坯料在锻造设备上经过锻造成形,才能达到一定的形状和尺寸要求。常用的锻造方法有自由锻、模锻和胎膜锻三种。自由锻是将坯料直接放在自由锻设备的上、下砧铁之间施加外力,或借助于简单的通用性工具,使之产生塑性变形的锻造方法。自由锻生产率低,锻件形状一般较简单,加工余量大,材料利用率低,工人劳动强度大,对工人的操作技艺要求高,只适用于单件和小批量生产的条件,但对大型锻件来说,它几乎是惟一的制造方法。模锻是将坯料放在固定于模锻设备的锻模模膛内,使坯料受压而变形的锻造方法。与自由锻相比,模锻具有生产率较高、锻件精度较高、材料利用率较高等一系列优点,但其设备投资大,锻模制造成本高,锻件的尺寸和重量受到限制,主要适用于中小型锻件的大批量生产。胎膜锻是在自由锻设备上,利用简单的非固定模具(胎膜)生产锻件的方法。它兼有自由锻和模锻的某些特点,适用于形状简单的小型锻件的中、小批量生产。

4.2.4 锻件的冷却

锻件的冷却也是保证锻件质量的重要环节。冷却的方式有三种:

(1)**空冷** 在无风的空气中,在干燥的地面上冷却。

(2)**坑冷** 在充填有石棉灰、沙子或炉灰等保温材料的坑中或箱中,以较慢的速度冷却。

(3)**炉冷** 在 500~700℃的加热炉或保温炉中,随炉缓慢冷却。

一般地说,碳素结构钢和低合金钢的中小型锻件,锻后均采用冷却速度较快的空冷方法,成分复杂的合金钢锻件和大型碳钢件,要采用坑冷或炉冷。冷却速度过快会造成锻件表层硬化,难以进行切削加工,甚至产生裂纹。

4.2.5 锻后热处理

锻件在切削加工前,一般都要进行一次热处理。热处理的作用是使锻件的内部组织进一步细化和均匀化,消除锻造残余应力,降低锻件硬度,便于进行切削加工等。常用的锻后热处理方法有正火、退火和球化退火等。具体的热处理方法和工艺要根据锻件的材料种类和化学成分确定。

4.3 自由锻

只用简单的通用工具,或在锻造设备的上、下砧铁间,直接使金属材料经多次锻打并逐步塑性变形而获得所需的几何形状和内部质量的锻件,这种方法称为自由锻。自由锻又可分为手工自由锻(简称手工锻)和机器自由锻(简称机锻)。

自由锻使用简单工具,操作灵活,但锻件精度较低,生产率不高,劳动强度较大,适合于单件小批量生产以及大型锻件的生产。

4.3.1　自由锻设备和工具

自由锻设备分为两类:一类是以冲击力使金属材料产生塑性变形的称为锻锤,如空气锤、蒸气-空气自由锻锤等;另一类是以静压力使金属材料产生塑性变形的液压机,如水压机、油压机等。

1) 空气锤

空气锤是一种以压缩空气为动力,并自身携带动力装置的锻造设备。坯料重量 100 kg 以下的小型自由锻锻件,通常都在空气锤上锻造。

2) 常用工具

自由锻的常用工具中的砧铁和手锤属于手工自由锻的工具,也可作为机器自由锻的辅助工具使用。

4.3.2　自由锻基本工序及其操作

锻件的锻造成形过程由一系列变形工序组成。根据工序的实施阶段和作用不同,自由锻的工序分为基本工序、辅助工序和精整工序三类。基本工序是实现锻件基本成形的工序,有镦粗、拔长、冲孔、弯曲、扭转、切割等。为便于实施基本工序而使坯料预先产生少量变形的工序称为辅助工序,如压肩、压痕、倒棱等。在基本工序之后,为修整锻件的形状和尺寸,消除表面不平,矫正弯曲和歪扭等目的而施加的工序,称为精整工序,如滚圆、摔圆、平整、校直等。

下面以镦粗、拔长和冲孔为重点,简要介绍几个基本工序的操作。

1) 镦粗

镦粗是使坯料横截面积增大,高度减小的锻造工序。镦粗可分为整体镦粗(如图 4-3(a))、局部镦粗(如图 4-3(b))两种。镦粗的操作方法及应注意事项如下:

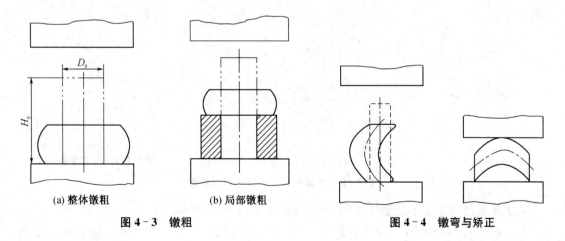

图 4-3　镦粗　　　　　　　　　　　　　　　　　图 4-4　镦弯与矫正

(1) 镦粗的坯料高度 h 与其直径 d 之比应小于 2.5:1～3:1。局部镦粗时,漏盘以上镦粗部分的高径比也要满足这一要求。高径比过大,则易将坯料镦弯。发生镦弯现象时,应将坯料放平,轻轻锤击矫正(如图 4-4)。

（2）镦粗部分必须加热均匀，否则锻件变形不均匀，产生畸形，对某些塑性差的材料还可能镦裂。

（3）坯料的端面往往切得不平或与坯料轴线不垂直，因此，开始镦粗时应先用手锤轻击坯料端面，使端面平整并与坯料的轴线垂直，以免镦粗时镦歪。

（4）高径比过大或锤击力不足时，还可能将坯料镦成双鼓形（如图4-5(a)），若不及时将双鼓形矫正而继续锻打，则可能发展成折叠，使坯料报废（如图4-5(b)）。

（5）局部镦粗时，要选择或加工合适的漏盘。漏盘要有5°～7°的斜度，漏盘的上口部位应采取圆角过渡。

（6）坯料镦粗后，须及时进行滚圆修整，以消除镦粗造成的鼓形。滚圆时，要将坯料翻转90°，使其轴线与抵铁表面平行，一边轻轻锤击，一边滚动坯料。

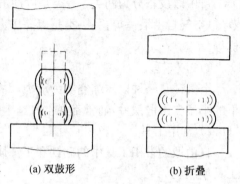

(a) 双鼓形　　　　(b) 折叠

图4-5　双鼓形及折叠

2）拔长

拔长是使坯料横截面减小，长度增加的锻造工序，拔长应注意以下事项：

（1）拔长的工件，其所选的原材料直径应比工件的最大截面尺寸稍大，以保证有足够的金属弥补加热氧化损耗。

（2）对于局部拔长的工件，或需分段逐步拔长的较长工件，应只加热拔长的部位，以减少金属氧化损耗。

拔长的操作要点如下：

（1）坯料沿抵铁的宽度方向送进，每次的送进量L应为抵铁宽度B的0.3～0.7倍（如图4-6(a)）。送进量太大，金属主要向坯料宽度方向流动，反而降低拔长效率（如图4-6(b)）。送进量太小，又容易产生夹层（如图4-6(c)）。

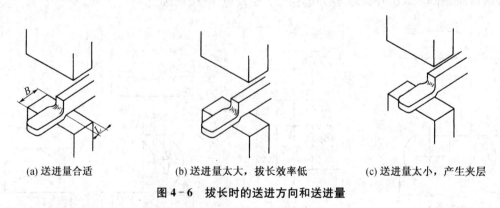

(a) 送进量合适　　　　(b) 送进量太大，拔长效率低　　　　(c) 送进量太小，产生夹层

图4-6　拔长时的送进方向和送进量

（2）拔长过程中要不断翻转坯料，翻转的方法如图4-7所示。

（3）锻打时，每次的压下量不宜过大，应保持坯料的宽度与厚度之比不要超过2.5，否则，翻转后继续拔长时容易形成折叠。

（4）将圆截面的坯料拔长成直径较小的圆截面锻件时，必须先把坯料锻成方形截面，在边长接近锻件的直径时，锻成八角形，然后滚打成圆形（如图4-8）。

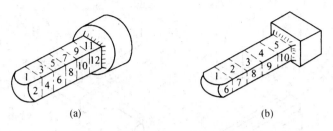

图 4-7 拔长时坯料的翻转方法

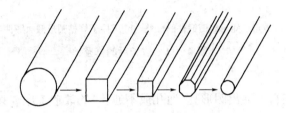

图 4-8 圆截面坯料拔长时横截面的变化

（5）锻制台阶或凹档时，要先在截面分界处压出凹槽，称为压肩（见图 4-9）。压肩后，再把截面较小的一端锻出。

（6）套筒类锻件的拔长操作如图 4-10 所示。

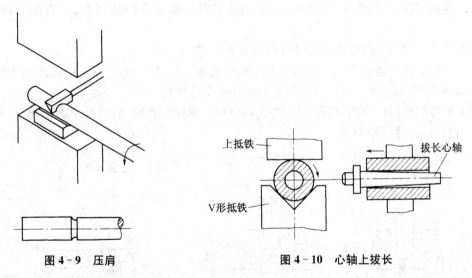

图 4-9 压肩   图 4-10 心轴上拔长

坯料须先冲孔，然后套在拔长心轴上拔长，坯料边旋转边轴向送进，并严格控制送进量。送进量过大，不仅拔长效率低，而且坯料内孔增大较多。

（7）拔长后须进行调平、校直等修整，以使锻件表面光洁，尺寸准确。方形或矩形截面的锻件修整时，将锻件沿抵铁长度方向送进（见图 4-11(a)），以增加锻件与抵铁的接触长度。修整时，应轻轻锤击，可用钢板尺的侧面检查锻件的平直度及平整度。圆形截面的锻件修整时，锻件在送进的同时还应不断转动，如使用摔子修整（如图 4-11(b)），锻件的尺寸精度更高。

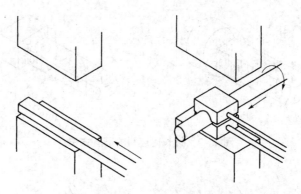

(a) 方形、矩形截面锻件的修整　(b) 用摔子修整圆形截面锻件

图 4－11　拔长后的修整

3）冲孔

冲孔是用冲子在坯料上冲出圆形孔（通孔或不通孔）的锻造工序。其工艺要点如下：

（1）冲孔前，一般须先将坯料镦粗，使高度减小，横截面增加，尽量减少冲孔的深度及避免冲孔时坯料胀裂。

（2）由于冲孔时坯料的局部变形量很大，为了提高塑性，防止冲裂，冲孔前应将坯料加热到始锻温度，而且均匀热透，以便在冲子冲入后，坯料仍保持有足够的温度和良好的塑性，以防止工件冲裂或损坏冲子，冲完后，冲子也易于拔出。

（3）为保证孔位正确，应先试冲，即先用冲子轻轻压出孔位的凹痕，如有偏差，可加以修正。

（4）冲孔过程中应保持冲子的轴线与砧面垂直，以防冲斜。

（5）一般锻件的通孔采用双面冲孔法冲出（见图 4－12）。先从一面将孔冲至坯料厚度 2/3～3/4 的深度，取出冲子，翻转坯料，然后从反面将孔冲透。

（6）较薄的坯料可采用单面冲孔（如图 4－13）。单面冲孔时，应将冲子大头朝下，漏盘上的孔不宜过大，且须仔细对正。

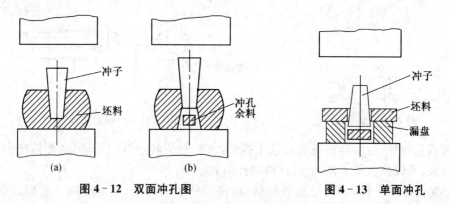

图 4－12　双面冲孔图　　　　　　　　图 4－13　单面冲孔

（7）为防止坯料胀裂，冲孔的孔径一般要小于坯料直径的 1/3。超过这一限制时，则要先冲出一个较小的孔，然后采用扩孔的方法达到所要求的孔径尺寸。常用的扩孔方法有冲子扩孔和心轴扩孔。冲子扩孔（如图 4－14(a)）利用扩孔冲子锥面产生的径向胀力将孔扩大。扩孔时，坯料内产生较大的切向拉应力，容易冲裂，故每次的扩孔量不能太大。心轴上扩孔（如图 4－14(b)）实际上是将带孔坯料在心轴上沿圆周方向拔长，扩孔量几乎不受什么限制，最适于

锻制大直径的圆环件。

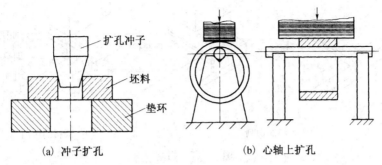

(a) 冲子扩孔 (b) 心轴上扩孔

图 4 - 14 扩孔

4）弯曲

采用一定方法将坯料弯成所规定的一定角度或弧度的锻造工序称为弯曲，如图 4 - 15 所示。弯曲时，只需加热坯料的待弯部分，若加热部分过长，可先把不弯的部分蘸水冷却，然后再弯。弯曲一般在铁砧的边缘或砧角上进行。弯曲的方法很多，如用锤子打弯、用叉架弯曲等。

5）扭转

扭转是在保持坯料轴线方向不变的情况下，将坯料的一部分相对于另一部分扳转一定角度的工序，如图 4 - 16 所示。扭转应注意：

1）受扭部分表面必须光滑，断面全长须均匀，面与面的交界处须有圆角过渡，以免扭裂。

2）受扭部分应加热到金属允许的较高的始锻温度，并且加热均匀。

3）扭转后，应缓慢冷却或热处理。

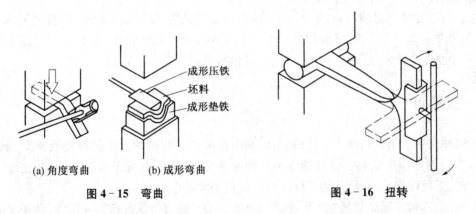

(a) 角度弯曲 (b) 成形弯曲

图 4 - 15 弯曲   图 4 - 16 扭转

5）切割

将坯料分割切断或劈开坯料的锻造工序称为切割。

切断时，工件放在砧面上，用錾子錾入一定的深度，然后将工件的錾口移到铁砧边缘錾断。若工件受切口形状限制，不宜移到铁砧边缘时，则应在砧面上放一铁片承托工件，以免切断时錾伤砧面。

方形截面坯料或锻件的切割如图 4 - 17(a) 所示，先将剁刀垂直切入工件，至快要断开时将工件翻转，再用剁刀或克棍截断。切割圆形工件时，要将工件放在带有凹槽的剁垫中，边切割，边旋转，如图 4 - 17(b) 所示。

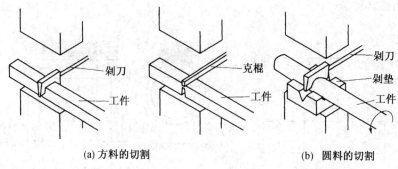

(a) 方料的切割　　　　　　　　　(b) 圆料的切割

图 4 - 17　切割

4.3.3　自由锻工艺

1) 阶梯轴类锻件的自由锻工艺

阶梯轴类锻件自由锻的主要变形工序是整体拔长及分段压肩、拔长。

2) 带孔盘套类锻件的自由锻工艺

带孔盘类锻件自由锻的主要变形工序是镦粗和冲孔(或再扩孔);带孔套类锻件的主要变形工序为镦粗→冲孔→心轴上拔长。

4.4　胎膜锻

胎膜锻是在自由锻设备上使用简单的非固定模具(胎膜)生产锻件的方法。每锻造一个锻件,胎膜的各组件要往砧座上放上和取下一次。

与自由锻相比,胎膜锻具有生产率较高,锻件表面光洁,加工余量较小,材料利用率较高等优点,但由于每锻一个锻件,胎膜都要搬上、搬下一次,劳动强度很大。胎膜锻只适用于小型锻件的中、小批量生产。大批量生产需采用现代化的模锻方法。

4.5　板料冲压

板料冲压通常是在室温下进行的,所以又叫冷冲压。常用的冲压材料是低碳钢、铜、铝及奥氏体不锈钢等强度低而塑性好的金属。冲压件尺寸精确,表面光洁,一般不再进行切削加工,只需钳工稍作加工,即可作为零件使用。适用于大批量生产。

板料、模具和冲压设备是冲压生产的三要素。为了获得质优价廉的冲压件,必须提供优质的板料、先进的模具和性能优良的冲压设备,还要掌握板料的成形性能和变形规律。

4.5.1　冲床(见二维码中补充材料)

4.5.2　剪板机(剪床)(见二维码中补充材料)

4.5.3　冲模

冲模是冲压生产中的重要工具,冲模按其结构特点不同,分为简单冲模、连续冲模和复合冲模三类。

4.5.4　板料冲压的基本工序

　　板料冲压的工序分为分离工序和成形工序两大类。分离工序是使板料沿一定的轮廓线相互分开，冲压零件的分离断面，满足一定的质量要求的工序，如剪切和冲裁等。成形工序是使板料产生局部或整体塑性变形的工序，有弯曲、拉深、翻边、胀形等。下面介绍几种常用的基本工序。

4.5.5　数控冲压简介

　　数控冲压是通过编制程序而由数字和符号实施控制的自动冲压工艺。实施数控冲压的机床称为数控冲床，目前应用较多的是数控步冲压力机。它可对金属板料进行冲孔、步冲轮廓、切槽和冲压成形等多种加工。假如某金属板料上要冲出如图 4-18 所示的 5 种孔形。如果采用普通冲床冲孔，则需要利用 5 副冲模，并经过 4 次更换模具才能完成，或在多台冲床上分别冲出。如采用数控冲孔，则只要制造一副横截面为圆形，工作直径为 $2R_0$ 的冲模就可完成。根据图中各孔的尺寸、形状及位置编制相关程序后，在工件的一次装夹中，即可把全部的孔自动冲出，其中矩阵孔系 1 的 8 个孔可以依次分别冲出。孔 3 和孔 5 则采用步冲的方式冲出。步冲的过程是，首先在孔的一端冲出直径为 2 置的孔，然后依此为起点，由装在步冲压力机工作台下部的两台伺服电机，控制板料沿 x 方向和 y 方向作合成运动，从而使板料沿孔的中心线作间歇的送进运动。每次的送进量很小（0.01～0.1 mm 以下）。每次送进后，冲头向下冲压一次，切下少量金属。冲头的冲压频率很高，每分钟可达 100 次以上。

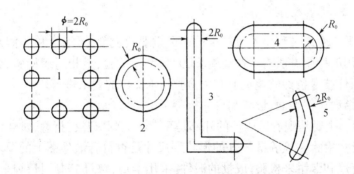

图 4-18　数控冲孔示意图

　　当板料根据预先编制好的程序完成一个孔的全部位移行程后，孔 3 或孔 5 即被冲成。利用同一副冲模，使板料沿图中孔 2 和孔 4 中双点画线的轨迹送进，即可采用步冲方式将这两个孔冲出。

　　数控步冲压力机的结构如图 4-19 所示。金属板料通过气动系统 7 由夹钳 5 夹紧在工作台 13 上。为减少移动的摩擦阻力，板料是被放置在装有滚珠的工作台面上的。图中的 16 和 14 为分别控制板料作 x 方向和 y 方向运动的伺服电机。伺服电机通过滚珠丝杠带动工作台移动，移动速度可达 6 m/min 以上。模具配接器 3 可以快速、准确地装夹和更换模具。一副模具通常由冲头、凹模和压边卸料圈三部分组成。

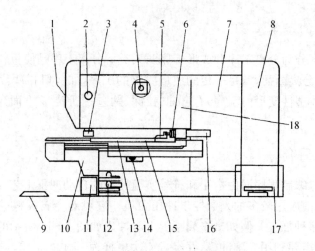

图4-19　数控步冲压力机示意图

1—控制盘;2—传动头;3—冲压模具配接器;4—主电机;5—夹钳;6—坐标导轨;
7—气动系统;8—电器柜;9—踏板;10—托架;11—废屑箱;12—除屑泵;
13—工作台;14—y轴电机;15—定位销;16—x轴电机;17—液压系统;18—机身。

4.6　锻压生产的质量控制与经济性分析

4.6.1　锻压件的质量检验

质量检验是锻压生产过程中不可缺少的一个重要组成部分,通过检验能及时发现生产中的质量问题。常用的检验方法有:外观检验、力学性能试验、金相组织检验、无损检验等。检验时,应按照锻压件技术条件的规定或有关检验技术文件的要求进行。

外观检验包括锻压件表面、形状和尺寸检验。

1) **表面检验**　主要是观看锻压件的外部是否存在毛刺、裂纹、折叠、过烧、碰伤等。

2) **形状和尺寸检验**　检验锻压件的形状和尺寸是否符合锻件图上的要求。一般自由锻件,大都使用钢直尺和卡钳来检验;成批的锻件,采用卡规、塞尺等专用量规来检验;对于形状复杂的锻件,一般量具无法测量,可用划线来检验。

对于重要的大型锻件,必须进行力学性能试验,如进行拉伸和冲击试验,测定硬度等;还要进行金相组织检验(如低倍检验、高倍检验),探伤检验等。

4.6.2　锻压件的缺陷分析(见二维码补充内容)

4.6.3　锻压生产的技术经济分析

1) 锻压件的成本

锻压件的成本一般由材料费、模具费、燃料动力费、人工费和管理费等构成,其中的各项费用在锻压件总成本中所占的比例随锻压方法的不同而异。例如,采用自由锻时,材料费约占自由锻件总成本的 $85\%\sim90\%$;而采用模锻时,其材料费和模具费大约共占模锻件总成本的 75%。

2) 降低锻压件成本的途径

（1）**提高材料的利用率** 材料利用率由锻压件材料利用率和零件材料利用率组成。前者反映了锻压过程中的下料损失、废料（冲孔芯料、连皮、飞边、搭边、余料等）、烧损和废品损失；后者反映了切削过程中锻造余块、加工余量的损失。材料利用率低，不仅浪费了金属材料，而且还耗费了切削加工工时。因此，降低锻压件成本的重要途径就是要使锻压件精密化。

（2）**合理选用锻压方法** 锻压件成本中，除了材料费、人工费外，模具费、管理费等均与锻压件的生产数量有关。以锻造为例，当生产数量较小时，若采用昂贵的专用设备和模具，则必然导致锻件成本的上升；但当生产批量很大时，如果仍采用自由锻方法，将必然会使材料利用率和生产效率降低，同样会导致锻件成本的提高。显然，只有当生产批量相当大时，采用模锻才是合理的。

☞ 扫码可获取
第5章补充资源

第5章 焊 接

5.1 概 述

焊接是通过加热或加压或两者并用,使用或不用填充材料,使同种或异种材质的被焊工件达到原子间结合而形成永久性连接的工艺过程。与机械连接、粘接等其他连接方法比较,焊接具有质量可靠(如气密性好)、生产率高、成本低、工艺性好等优点。

焊接是制造金属结构和机器零件的一种基本工艺方法,如船体、锅炉、压力容器、化工容器、车箱、家用电器和建筑构架等都是用焊接方法制造的,此外焊接还可以用来修补铸、锻件的缺陷和磨损的机器零部件。

按焊接过程的特点,焊接方法分为熔化焊(如手弧焊、埋弧焊、CO_2 气体保护焊、气焊等)、压力焊(如电阻焊、摩擦焊等)和钎焊(如火焰钎焊、电弧钎焊等)三大类,其中以熔化焊中的电弧焊应用最为广泛。

两个工件用焊接的方法连接的接头,称为焊接接头,熔化焊对接接头如图5-1所示,它包括三个部分:一是焊缝,指的是焊接时加热熔化,随后冷却凝固的那部分金属,即焊接后所形成的结合部分;二是熔合区,是焊缝和基本金属的交界区,加热到固相和液相之间,使母材部分熔化;三是热影响区,焊缝附近未熔化、但受热影响而发生组织与力学性能变化的区域。

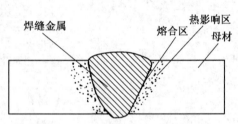

图5-1 熔化焊对接接头的组成

5.2 焊接电弧

焊接电弧是在焊条端部与焊件之间的空气电离区产生的一种强烈而持久的气体导电现象,是一种自持放电现象。电弧中的带电粒子主要是依靠电弧中的气体介质的电离和电极的电子发射两个物理过程而产生的。

5.2.1 焊接电弧的形成

焊接时,先将焊条与焊件瞬时接触发生短路,强大的短路电流流经少数几个接触点,这些接触点的电流密度极大,温度急剧升高并熔化,当焊条迅速提起时,在焊条与焊件间的电场作用下,高温金属从负极表面发射电子,并撞击空气中的分子和原子,使空气电离成正离子和负离子,电子、负离子流向正极,正离子流向负极,这些带电质点的定向运动形成了焊接电弧,如图5-2所示。

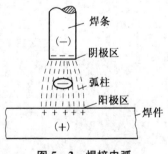

图5-2 焊接电弧

5.2.2 焊接电弧的组成

焊接电弧由阴极区、阳极区和弧柱区三部分组成,如图 5-2 所示。

1) **阴极区** 阴极区是电子发射区,发射电子需消耗一定能量,阴极区产生的热量略少,约占电弧热量的 36%,平均温度为 2 400 K。

2) **阳极区** 阳极区的表面受到高速电子的撞击,产生较大的能量,占电弧热量的 43%,平均温度为 2 600 K,阳极区温度略高于阴极区。

3) **弧柱区** 弧柱区是阴极区和阳极区之间的区域,因为阴极区和阳极区很短,故弧柱区长度几乎等于电弧长度。弧柱区产生的热量仅占电弧热量的 21%,但弧柱中心温度高达 6 000～8 000 K,弧柱周围温度较低,大部分热量散失在周围空气中。

5.2.3 焊接电弧的静特性

焊接电弧的特性又称为焊接电弧的静特性,焊接电源的特性又称为焊接电源的外特性。

在焊接电路中,焊接电弧作为负载消耗电能,与普通电阻性负载呈现的线性关系不同,电弧的负载大小和电离程度有关,如图 5-3 所示,当焊接电流过小时,焊条和焊件间的气体电离不充分,电弧电阻大,要求较高的电压才能维持必需的电离程度;随着电流增大,气体电离程度增加,电弧电阻减小,电弧电压降低;当焊接电流大于 30～60 A 时,气体已充分电离,电弧电阻降到最低值,只要维持一定的电弧电压即可,此时电弧电压与焊接电流大小无关,如果弧长增加,则所需的电弧电压相应增加。

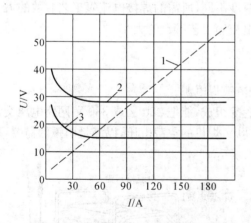

图 5-3 普通电阻和电弧静特性曲线
1—普通电阻特性曲线;2—弧长为 3 mm 的电弧静
特性曲线;3—弧长为 2 mm 的电弧静特性曲线

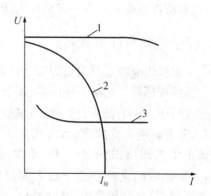

图 5-4 普通电源和焊接电源的外特性
1—普通电源的特性曲线;2—焊接电源的外特
性曲线;3—焊接电弧的静特性曲线

5.3 弧焊电源

弧焊电源是电弧焊机的主要组成部分,是对焊接电弧提供电能的一种装置,可以分成交流弧焊电源、直流弧焊电源、脉冲弧焊电源、逆变弧焊电源四大类。

电焊机型号编制方法及含义如下:

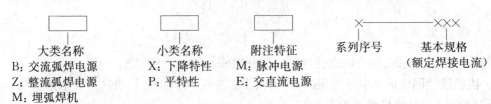

大类名称	小类名称	附注特征	系列序号	基本规格

大类名称　　　　小类名称　　　附注特征　　　系列序号　　基本规格
B：交流弧焊电源　X：下降特性　M：脉冲电源　　　　　　（额定焊接电流）
Z：整流弧焊电源　P：平特性　　E：交直流电源
M：埋弧焊机
W：不熔化极气保焊机
N：熔化极气保焊机

5.3.1　焊接对电弧焊电源设备的要求

为了使焊接过程顺利进行,对电弧焊电源设备有两个基本要求:

1) 弧焊电源应具有一定的外特性。

一般用电设备都要求电源电压不随负载变化而变化,近似水平的特性,如图 5-4 中曲线 1 所示,但是电弧焊用的弧焊电源则要求具有与焊接方法相适应的外特性,例如手工电弧焊的弧焊电源具有陡降的外特性,焊接电压要求随负载增大而迅速降低,如图 5-4 中曲线 2 所示,这样才能满足下列的焊接要求:

(1) 具有一定的空载电压以满足引弧需要;

(2) 获得适当的短路电流,一般不超过焊接电流的 1.5 倍;

(3) 焊接电源的外特性曲线和焊接电弧的静特性曲线相交,并且电弧长度发生变化时,能保证焊接电弧的稳定性。

2) 弧焊电源应具有调节特性。

因为电弧的热量与焊接电流成正比,焊件的厚度不同,所需的焊接电流等工艺参数的大小也不同,所以电焊机应在一定范围内能调节焊接电流等工艺参数的大小。

5.3.2　交流弧焊电源

交流弧焊电源可分为弧焊变压器和矩形波交流弧焊电源。

弧焊变压器　它由主变压器、调节和指示装置等组成,能把 220 V 或 380 V 网路电压交流电变成适于弧焊的低压交流电,将电压降到 60～90 V 焊机的空载电压,以满足引弧的需要,焊接时,随着焊接电流的增加,电压自动下降至电弧正常工作所需的 20～40 V 电压,短路时,又能使短路电流不至于过大而烧毁电路或变压器,具有结构简单、易造易修、成本低、效率高等优点,但其电流波形为正弦波,电弧稳定性较差、功率因数低,一般应用于手弧焊、埋弧焊和钨极氩弧焊等方法。

图 5-5 为 BX3-300 交流电焊机。交流电焊机的电流调节有粗调和细调两个步骤,粗调是改变线圈抽头的接法,选定电流范围,按左边电极接法为 50～150 A,按右边电极接法为 175～430 A,细调是转动调节手柄,根据电流指示盘将电流调节到所需值。酸性焊条手工电弧焊优先选用交流电焊机。

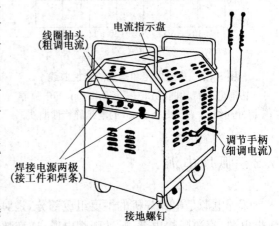

电流指示盘
线圈抽头
（粗调电流）
调节手柄
（细调电流）
焊接电源两极
（接工件和焊条）
接地螺钉

图 5-5　BX3-300 型交流电焊机

矩形波交流弧焊电源 采用半导体控制技术来获得矩形波交流电流,电弧的稳定性好,可调参数多,功率因数高,除了用于交流钨极氩弧焊(TIG)外,还可用于埋弧焊,可代替直流弧焊电源用于碱性焊条手弧焊。

5.3.3 直流弧焊电源

直流弧焊电源分为旋转式直流弧焊发电机、硅弧焊整流器和晶闸管弧焊整流器。

直流弧焊发电机 一般由特种直流发电机和获得所需外特性的调节装置等组成。它的优点是过载能力强、输出脉动小、可用作各种弧焊方法的电源,也可由柴油机驱动用于没有电源的野外施工,缺点是空载损耗较大、效率低、噪声大、造价高、维修困难,现已不推广使用。

硅弧焊整流器 把交流电经过降压、整流变为直流电,由主变压器、半导体硅整流元件以及获得所需外特性的调节装置等组成,具有制造方便、造价较低、空载损耗小、噪声小、维修方便等优点,能自动补偿电网电压波动对输出电压、电流的影响,弥补了交流弧焊电源电弧不稳定的缺点,可用作各种弧焊方法。图5-6为ZXG-300型硅整流式直流弧焊电源。

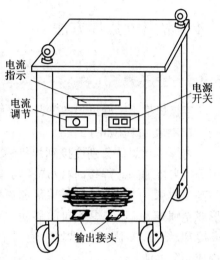

图5-6 ZXG-300型硅弧焊整流器

晶闸管弧焊整流器 以晶闸管为整流元件,具有控制性能好、动特性好、节能、省料、电路复杂等特点,是当前我国推广使用的产品。

直流弧焊电源输出端有正、负极,焊接时电弧两极极性不变。焊件接电源正极,焊条接电源负极,称为正接,也称为正极性(如图5-7(a));焊件接电源负极,焊条接电源正极称为反接,也称为反极性(如图5-7(b))。手弧焊在焊接厚板时,一般采用直流正接,焊件上热量较多,有利于焊件熔化,保证足够的熔深。焊接薄板、有色金属时,或采用低氢碱性焊条时,一般采用直流反接。使用交流弧焊机焊接时,因两极极性不断变化,不存在正接和反接问题。

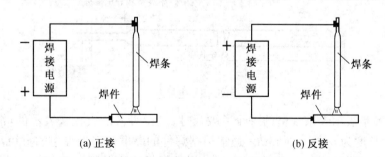

(a) 正接　　　　(b) 反接

图5-7 直流弧焊机的正反接法

5.3.4 脉冲弧焊电源

焊接电流以低频调制脉冲方式馈送,一般由普通弧焊电源和脉冲发生电路组成,也有其他构成形式,具有效率高、输入线能量较小、可在较宽范围内控制线能量等特点,多用于对热输入量较为敏感的材料、薄板和全位置焊接,具有独特的优点。

5.3.5　弧焊逆变器

把单相（或三相）交流电经整流后，由逆变器转变为几百至几万赫兹的中频交流电，经降压后输出交流或直流电，整个过程由电子电路控制，使电源具有符合需要的外特性和动特性，具有高效节电、重量轻、体积小、功率因数高、焊接性能好等独特的优点，可应用于各种弧焊方法，代表着现代弧焊电源的发展趋势。

5.4　常用电弧焊方法

5.4.1　手弧焊

手弧焊是手工操纵焊条进行焊接的电弧焊方法，设备简单，操作方便、灵活，应用广泛。

1) 焊接过程（如图 5－8）

将焊钳和焊件分别连接到焊机输出端的两极，用焊钳夹持焊条。焊接时，以焊条与焊件之间产生的高温电弧为热源，使焊条端部和焊件迅速熔化，形成金属熔池，随着焊条向前移动，熔池的后部不断冷却、结晶、凝固，形成焊缝，使两个分离的焊件焊成一个整体。

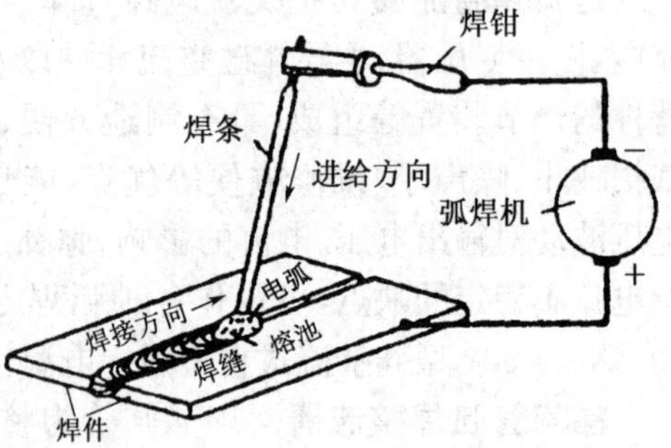

2) 焊条

焊条是涂有药皮的供手弧焊用的熔化电极。

（1）焊条的组成和各部分作用

图 5-8　手弧焊的焊接过程

如图 5－9 所示，焊条由焊芯和药皮（涂料）两部分组成，焊芯是焊条内的金属棒，在焊接过程中起到电极、产生电弧和熔化后填充焊缝的作用，为保证焊缝金属具有良好的塑性、韧性和减少产生裂纹的倾向，焊芯由专门冶炼的，具有低碳、低硫、低磷的金属材料制成。

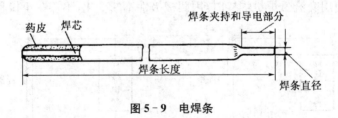

图 5-9　电焊条

焊条的直径是表示焊条规格的一个主要尺寸，是由焊芯的直径来表示的，常用的直径有 2.0～6.0 mm，长度为 300～400 mm。通常根据焊件的厚度来选用焊条的直径，焊件较厚，应选用较粗的焊条，焊件较薄，选用较细的焊条，焊条直径的选择见表 5-1。立焊和仰焊时，焊条直径应该比平焊时更细。

表 5-1　焊条直径的选择

焊件厚度/mm	2	3	4～7	8～12	≥13
焊条直径/mm	1.6, 2.0	2.5, 3.2	3.2, 4.0	4.0, 5.0	4.0, 5.8

药皮是压涂在焊芯表面上的涂料层，由矿石粉、有机物粉、铁合金粉和粘结剂等原料按一

定的比例配制而成。药皮的主要作用是引弧、稳弧,产生熔渣和气体以保护熔滴、熔池和焊缝,隔离空气,去除有害杂质,添加有益的合金元素等。

（2）焊条的种类与型号

焊条按用途不同分为若干类,如碳钢焊条、低合金钢焊条、不锈钢焊条等。碳钢焊条型号以字母“E”加四位数字组成,“E”表示焊条,第一、二位数字表示熔敷金属的最低抗拉强度值,第三位数字表示焊接位置,“0”及“1”表示焊条适用于全位置焊接,“2”表示焊条适用于平焊或平角焊,第三、四位数字组合时表示焊接电流种类和药皮类型,“03”表示钛钙型药皮,交直流两用,“05”表示低氢型药皮,只能用直流反接。如 E4315 表示熔敷金属的最低抗拉强度为 430 MPa,全位置焊接,低氢钠型药皮,使用直流反接。

焊条按药皮熔渣化学成分,分为酸性焊条和碱性焊条两大类。

酸性焊条　即药皮中含有多量的酸性氧化物,如石英砂 SiO_2、钛白粉 TiO_2 等成分的焊条。酸性焊条交直流两用,焊接工艺性能好,焊缝成形美观,但焊缝的力学性能,特别是冲击韧度较差,适于低碳钢和低合金结构钢的焊接。典型的酸性焊条为 E4303(J422)。

碱性焊条　即药皮中含有多量碱性氧化物,如大理石 $CaCO_3$、莹石 CaF_2 等成分的焊条。碱性焊条脱硫磷能力强,焊缝金属含氢量低,具有良好的力学性能,特别是塑性和冲击韧性较高,但焊接工艺性能较差,一般用直流焊接,主要适用于低合金钢、合金钢及承受动载荷的重要结构的焊接。典型的酸性焊条为 E5015(J507)。

3）手弧焊工艺

（1）接头形式和坡口形式

根据焊件厚度和工作条件的不同,需要采用不同的焊接接头形式,常用的有对接、搭接、角接和 T 形接头(如图 5-10)。对接接头因为受力比较均匀,应力集中较小,强度较高,易保证焊接质量,在各种焊接结构中应用最为广泛,对于重要的受力焊缝应尽量选用此类。其他接头受力复杂,有的产生附加弯矩,易产生焊接缺陷。

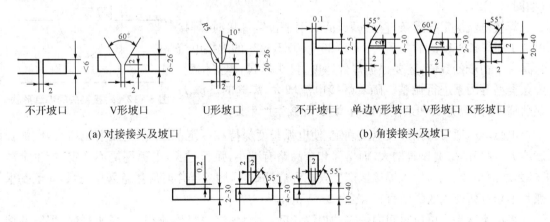

(a) 对接接头及坡口　　　　　　　　　　(b) 角接接头及坡口

(c) T 字接头及坡口

图 5-10　手弧焊接头及坡口

当工件较薄时,只要留有一定间隙,就能保证焊透,工件厚度大于 6 mm 时,为了保证焊透,焊接前需要把工件边缘加工成一定的形状,称为坡口。坡口的作用是为了保证电弧深入焊缝根部,使根部焊透,并且便于清除熔渣,以获得较好的焊缝成形和焊接质量。选择坡口型式时,主要考虑下列因素:能否保证焊缝焊透,坡口形式是否容易加工,尽可能提高劳动生产率,节省焊条、焊后变形尽可能小等,坡口的根部要留有 2 mm 左右的钝边,以防止焊接时烧穿。常用的坡口形式见图 5-10,V 形坡口加工方便,X 形坡口由于焊缝两面对称,焊接应力和变形小,比 V 形坡口节省焊条,U 形坡口容易焊透,工件变形小,用于焊接锅炉、压力容器等重要厚壁构件,但是 X 形和 U 形坡口加工较费工时。

（2）焊接空间位置

按焊缝空间位置的不同,可分为平焊、立焊、横焊和仰焊(如图 5-11)。平焊是将工件放在水平位置,或与水平面倾斜角度不大的位置上进行焊接,操作方便,劳动强度小,液体金属不会流散,易于保证焊缝质量,是最理想的操作空间位置。立焊是在工件立面或倾斜面上纵方向的焊接,横焊是在工件立面或倾斜面上横方向的焊接,仰焊是焊条位于工件下方,焊工仰视工件进行焊接。立焊和仰焊由于熔池中液体金属有滴落的趋势,操作难度大,生产率低,质量不易保证,所以应尽可能地采用平焊。

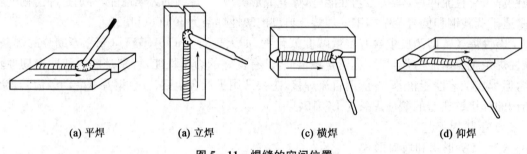

(a) 平焊　　　　**(a) 立焊**　　　　**(c) 横焊**　　　　**(d) 仰焊**

图 5-11　焊缝的空间位置

（3）焊接工艺参数

焊接时,为保证焊接质量而选定的诸物理量(如焊接电流、电弧电压、焊接速度等)称为焊接工艺参数,它决定焊缝的形状(如图 5-12)。

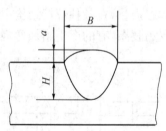

图 5-12　对接接头的焊缝形状

焊接电流应根据焊条直径选取,低碳钢平位置焊接时,焊接电流 I 和焊条直径 d 的关系为:$I=(30\sim60)d$,这里的焊接电流只是一个初步的数值,还要根据焊件厚度、接头形式、焊接位置、焊条类型等因素进行调整。随着焊接电流增大,焊缝的熔深 H 显著增大,而熔宽 B 和余高 a 略有增大,焊接生产率提高。

电弧电压通常根据焊接电流确定,使电弧长度保持在一定范围内,电弧电压增大,电弧长度增大,焊缝的熔宽显著增大,而熔深和余高略有减小,弧长过长,电弧燃烧不稳定,产生金属飞溅,熔深小,空气易侵入焊接区产生气孔等焊接缺陷,因此操作时应尽量采用短弧,一般要求弧长不超过所使用的焊条直径,多为 2～4 mm。

焊接速度是指单位时间内焊接的焊缝长度,它对焊缝质量影响很大,焊速过快,焊缝的熔深、熔宽减小,甚至可能产生夹渣和未焊透缺陷,焊速过慢,焊缝熔深、熔宽增大,容易烧穿较薄的工件。手弧焊时,焊接速度由焊工根据经验掌握,一般在保证焊透的基础上,应尽可能增加焊接速度,提高劳动生产率,工件越薄,焊接速度应越高。

图 5-13 表示焊接电流和焊接速度对焊缝形状的影响。图 5-13(a)焊接电流和焊接速度选择合适,焊缝形状规则,焊缝各部分尺寸符合要求,焊缝表面波纹均匀并呈椭圆形;图 5-13(b)焊接电流太小,电弧燃烧不稳定,焊缝表面波纹呈圆形,余高增大、熔深减小;图 5-13(c)焊接电流

太大,焊接时飞溅增多,焊条会变得红热,焊缝表面波纹变尖,熔宽和熔深增加,焊接薄板时易烧穿;图 5-13(d)焊接速度太慢,焊缝表面波纹变圆,熔宽、熔深和余高增加,焊接薄板时易烧穿;图 5-13(e)焊接速度过快,焊缝形状不规则,焊缝表面波纹变尖,熔宽和熔深较小。

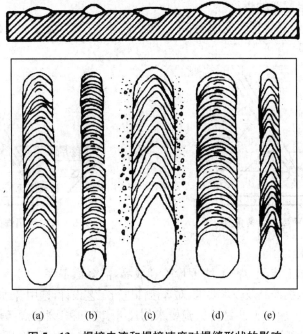

(a)　　　(b)　　　(c)　　　(d)　　　(e)

图 5-13　焊接电流和焊接速度对焊缝形状的影响

焊接厚件时,应开坡口多层焊或多层多道焊(如图 5-14),以保证焊缝根部焊透。每层的焊接厚度不超过 4~5 mm,当每层厚度等于焊条直径的 0.8~1.2 倍时,生产率较高。

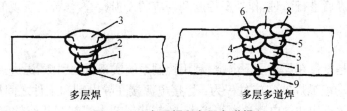

多层焊　　　　　　　　多层多道焊

图 5-14　多层焊和多层多道焊

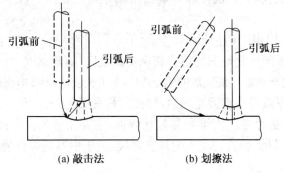

(a) 敲击法　　　　　　　(b) 划擦法

图 5-15　引弧方法

(4) 焊接操作

引弧　常用的引弧方法有划擦法和敲击法。如图 5-15 所示,焊接时将焊条端部与焊件表面划擦或轻敲后迅速将焊条提起 2～4 mm,电弧被引燃。

运条　引弧后,首先必须掌握好焊条与焊件之间的角度(如图5-16),并使焊条同时完成的三个基本动作(见图5-17):焊条沿轴线向熔池送进、焊条沿焊接方向移动、焊条沿焊缝横向摆动(为了获得一定宽度的焊缝)。

焊缝收尾熄弧　焊缝收尾时要填满弧坑,焊条停止向前移动,在收弧处画一个小圈并慢慢将焊条提起,拉断电弧。

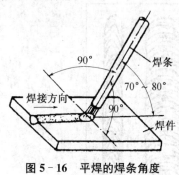

图 5-16　平焊的焊条角度　　　　　图 5-17　手弧焊的基本动作

(5)焊接工艺过程

焊接件从设计、加工装配、焊接、清理检验到成品,需多道工序:

焊接工艺设计　根据产品及技术要求,对焊接件进行工艺设计,选用合适的焊接设备和焊条。

备料及坡口准备　加工工件材料达到要求的尺寸、坡口和形状,焊条烘干。

接头清理　焊接前接头处应去除铁锈、油污、水分,以便于引弧、稳弧,保证焊缝质量。

装配点焊　将工件装配到位,留有适当焊接间隙,用焊条点焊固定好相对位置,点焊后除渣。

焊接　调整焊接电流、焊接电压和焊接速度,进行焊接操作,注意焊缝的焊接顺序。

清理检验　焊后进行清理,作外观检验和相应的无损检验,修补已发现的焊接缺陷。

5.4.2　自动埋弧焊

自动埋弧焊是电弧在焊剂层下燃烧,利用控制系统实现自动引弧、送进焊丝和移动电弧的电弧焊方法。自动埋弧焊的实施过程为:焊接电源接在导电嘴和工件之间用来产生电弧,焊丝由焊丝盘经送丝机构和导电嘴送入焊接区,颗粒状焊剂由焊剂漏斗经软管均匀地堆敷到焊缝接头区,焊丝及送丝机构、焊剂漏斗和焊接控制盘等通常装在一台小车上,以实现焊接电弧的移动。

埋弧自动焊与手弧焊相比具有下列特点:

1) **焊接质量高**　焊剂熔化形成的熔渣膜保护焊接区,隔绝空气。

2) **熔透能力强,生产率高**　埋弧焊使用光焊丝,导电长度短,焊接电流显著提高,焊丝废料少。

3) **劳动条件好**　埋弧焊没有弧光辐射,焊接过程机械化、自动化。

4) **设备较复杂,适应性差**　需堆积颗粒状焊剂,主要用于黑色金属和不易氧化的金属焊接,用于平焊位置、长直焊缝和直径较大的环缝焊接,适于中厚板焊件的批量生产。

5.4.3　CO_2 气体保护焊

CO_2 气体保护焊采用 CO_2 气体作为保护介质,焊丝作电极和填充金属,CO_2 气体价格低廉,焊接成本低,只有手弧焊和埋弧焊的 40%～50%,保护效果好,电弧热量集中,电流密度大,熔深大,不用清渣,生产率高,操作灵活,适于各种位置焊接,易于实现自动化,是国家推广使用的一种高效节能的焊接方法,主要缺点是焊缝成形较差,飞溅较大,弧光强,抗风能力差,焊接设备较为复杂,维修不便,由于氧化性较强,不宜焊接不锈钢及易氧化的材料,主要用于低碳钢和低合金钢的焊接。

5.4.4 钨极氩弧焊(TIG焊)

钨极氩弧焊也称为非熔化极氩弧焊,以氩气(Ar)作为保护气体,电极材料为钨(W),不熔化,可以填充或不填充焊丝材料。

5.4.5 熔化极氩弧焊(MIG焊)

熔化极氩弧焊的基本原理与CO_2焊相似,只是保护气体为氩气(Ar),使用焊丝作为电极,电流密度大,焊缝熔深大,焊接效率高,电弧稳定,无飞溅,焊接质量高,适用于各种材料、各种位置的焊接,尤其适于有色金属、活泼金属和不锈钢的中厚板材焊接。

5.5 其他焊接和切割方法

5.5.1 氧气—乙炔焊接和切割

利用氧气—乙炔气体火焰作热源,可以用于焊接和切割,乙炔是燃烧气体,氧气是助燃气体。

5.5.2 等离子弧切割

等离子弧切割是利用高能量密度的等离子弧和高速的等离子流把已熔化的材料吹走,形成割缝的切割方法,是一种物理切割方法,见图5-18所示。等离子弧是电弧经过机械压缩、热压缩和电磁压缩效应形成的,等离子弧能量集中,能量密度大,挺度好,吹力强,温度高达24 000～50 000℃。

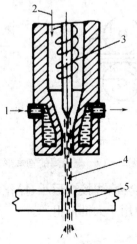

图5-18 等离子弧切割示意图
1—冷却水;2—等离子气;3—电极;4—等离子弧;5—割件。

空气等离子切割利用压缩空气作为等离子切割的离子气,切割成本低、切割速度快、切口质量好,适合于薄板、中厚板的切割,应用广泛。气割与等离子弧切割比较见表 5-2 所示。

表 5-2　气割与等离子弧切割比较

名称	切割方法	特点及应用
气割	利用氧-乙炔气体火焰的热能将工件切割处预热到一定温度(金属的燃点)后,喷出高速切割氧流,使其燃烧并释放出热量实现切割的方法,是一种化学切割方法	火焰温度低,热量不集中,变形大,切口粗糙,精度低,但操作方便,成本低。被切割金属应具备以下条件:金属的燃点应低于其熔点,燃烧生成的金属氧化物熔点应低于金属本身熔点,金属燃烧时应释放出足够的热量,金属导热性要低。适于气割的材料有:低碳钢、中碳钢、普通低合金钢、硅钢、锰钢等
等离子弧切割	利用高能量密度的等离子弧加热金属至熔化状态,高速(可达 300 m/s)喷出的等离子气体把已熔化的材料吹走,形成割缝的切割方法,是一种物理切割方法	高速、高效、高质量,切割效率比气割高 1～3 倍,切口光滑,可用于有色金属、不锈钢、高碳钢、铸铁等气割困难的材料切割

5.5.3　钎焊

钎焊是使用比焊件熔点低的金属作钎料,将焊件和钎料加热到适当温度,焊件不熔化,钎料熔化并填满接头间隙,与焊件相互扩散,冷凝后将焊件连接起来的焊接方法。

5.5.4　电阻焊

电阻焊是利用电流通过焊件接头的接触面及邻近区域产生的电阻热,把焊件加热到塑性状态或局部熔化状态,在压力作用下形成牢固接头的一种压焊方法。

电阻焊的基本形式有点焊、缝焊和对焊三种,如图 5-19 所示。

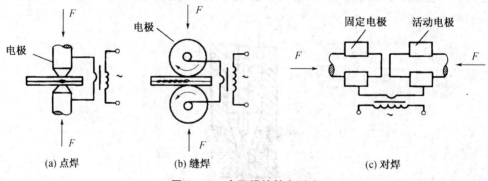

(a) 点焊　　　　　　　　(b) 缝焊　　　　　　　　(c) 对焊

图 5-19　电阻焊的基本形式

电阻焊的生产率高,不需填充金属,焊接变形小,操作简单,易于实现机械化和自动化,电阻焊设备较复杂,投资较大,通常适用于大批量生产。

1) 点焊

点焊是焊件装配成搭接接头,并压紧在两个柱状电极之间,利用电阻热熔化母材金属,形成焊点的电阻焊方法。点焊焊点强度高,变形小,工件表面光洁,适于密封要求不高的薄板冲压件搭接及薄板、型钢构件的焊接。

2）缝焊（又称滚焊）

缝焊是焊件装配成搭接或对接接头，并置于两个滚轮电极之间，滚轮对焊件加压并转动，对电极连续或断续送电，形成一条连续焊缝的电阻焊方法。缝焊适于厚度 3 mm 以下、要求密封或接头强度较高的薄板搭接件的焊接。

3）对焊

按操作方法不同，对焊可分为电阻对焊和闪光对焊两种。

5.5.5　摩擦焊

利用焊件表面相互摩擦所产生的热，使端面达到热塑性状态，然后迅速顶锻，完成焊接的一种压焊方法，具有质量好、生产率高、表面清理要求不高、易于实现自动化等特点，尤其适于异种材料的焊接，如铝—铜过渡接头、铜—不锈钢水电接头、石油钻杆、电站锅炉蛇形管和阀门等，缺点是设备投资较大，工件必须有一个是回转体，不宜焊接摩擦系数小的材料或脆性材料。

5.5.6　超声波焊

利用超声波的高频振荡能量对焊件接头进行局部加热和表面清理，然后施加压力实现焊接的一种压焊方法，因为焊接过程中焊件没有电流流过，且没有火焰、电弧等热源作用，所以无热影响区和变形，表面无需严格清理，焊接质量好，适于焊接厚度小于 0.5 mm 的工件，尤其适于异种材料的焊接，但功率小，应用受到限制。

5.5.7　爆炸焊

利用炸药爆炸产生的冲压力造成焊件迅速碰撞，实现连接的一种压焊方法，任何具有足够的强度和塑性，并能承受工艺过程所要求的快速变形的金属，均可以进行爆炸焊，主要用于材料性能差异大而且其他方法难焊的场合，如铝—钢、钛—不锈钢、钽、锆等金属的焊接，也用于制造复合板。爆炸焊无需专用设备，工件形状、尺寸不限。

5.5.8　电渣焊

电渣焊是利用电流通过液体熔渣所产生的电阻热进行熔焊的方法，用于焊接大厚度的工件，通常用于板厚 20 mm 以上的工件，最大厚度可达 2 m，生产效率比电弧焊高，只需使接缝保持一定间隙，不开坡口，节省钢材和焊接材料，经济效益较高，可以"以焊代铸"、"以焊代锻"，减轻结构重量，缺点是焊接接头晶粒粗大，对于重要结构，可通过焊后热处理来细化晶粒，改善力学性能。

5.5.9　电子束焊

在真空环境中，从炽热阴极发射的电子被高压静电场加速，经磁场聚集成高能量密度的电子束，以极高的速度轰击焊件表面，将电子运动的动能转变为热能，使焊件熔化形成接头，特点是焊接速度很快，焊缝深而窄，热影响区和焊接变形极小，焊缝质量高，适于其他方法难以焊接的形状复杂的焊件和特种金属、难熔金属、异种金属、金属、非金属焊接。

5.5.10 激光焊

以聚焦的激光束作为热源,轰击焊件进行焊接的方法,特点是焊缝深而窄,热影响区和变形极小,在空气中能远距离传输,不需要电子束焊的真空室,穿透能力不及电子束焊接。激光焊可以进行同种金属或异种金属的焊接,包括铝、铜、银、钼、镍、锆、铌及其他难熔金属材料等,甚至还可焊接玻璃钢等非金属材料。

5.6 焊接质量检验与缺陷分析

5.6.1 焊接质量检验

焊接后,应根据产品技术要求对焊件进行检验,常用的检验方法有外观检验、致密性检验及无损检测。

1) 外观检验

外观检验是用肉眼或借助标准样板、量具等器具,必要时使用低倍放大镜(5~20倍),检验焊缝外形和尺寸是否符合要求,焊缝表面是否有裂纹、气孔、咬边、焊瘤等各种外部缺陷。

2) 致密性检验

对于贮存气体或液体的压力容器或管道,如锅炉、贮气球罐、蒸气管道等,焊后都要进行焊缝致密性检验。

(1) 水压试验 水压试验用来检验压力容器的强度和焊缝的致密性,一般是超载检验,实验压力为工作压力的 1.25~1.5 倍,观察焊缝是否有漏水处,若发现有水滴或水渍出现,则表示该处有缺陷,需要进行补焊。

(2) 气压试验 将容器充以压缩空气,并在焊缝四周涂以肥皂水,如果发现肥皂水起泡,则说明该处有穿透性缺陷,也可在容器中注入压缩空气并放入水槽,视有否气泡冒出。

(3) 煤油检验 在焊缝的一面涂上白垩粉水溶液,待干燥后,在另一面涂刷煤油。由于煤油的渗透力很强,若焊缝有穿透性缺陷,煤油会渗透过来,使所涂的白垩粉上出现缺陷的黑色斑痕。

3) 无损检测

(1) 磁粉检验 磁粉检验是将焊件磁化,使磁力线通过焊缝,当遇到焊缝表面或接近表面处的缺陷时,磁力线绕过缺陷,并有一部分磁力线暴露在空气中,产生漏磁而吸引撒在焊缝表面上的磁性氧化铁粉,根据铁粉被吸附的痕迹,就能判断缺陷的位置和大小。磁粉检验仅适用于检验铁磁性材料的表面或近表面处的缺陷。

(2) 渗透检验 将擦洗干净的焊件表面喷涂渗透性良好的红色着色剂,待它渗透到焊缝表面的缺陷内,再将焊件表面擦净,涂上一层白色显示液,干燥后,渗入到焊件缺陷中的着色剂由于毛细管作用被白色显示剂所吸附,在表面上呈现出缺陷的红色痕迹。渗透检验可用于检验任何表面光洁材料的表面缺陷。

(3) 射线检验 根据射线对金属具有较强穿透能力的特性和衰减规律进行无损检验,焊缝背面放上专用底片,正面用射线照射,使底片感光,由于缺陷与其他部位感光不同,底片显影后的黑度也不同,可显示出缺陷的位置、大小和种类。射线检验多用 X 射线和 γ 射线,主要用于检验焊缝内部的裂纹、未焊透、气孔、夹渣等缺陷。

（4）**超声波检验**　超声波可以在金属及其他均匀介质中传播，由于在不同介质的界面上会产生反射，可用于内部缺陷的检验，根据焊件内部缺陷反射波特征可以确定缺陷的位置。超声波可以检验任何焊件材料、任何部位的缺陷，并且能较灵敏地发现缺陷位置，但对缺陷的性质、形状和大小较难确定，因此常与射线检验配合使用。

5.6.2　焊接缺陷分析（见二维码补充内容）

第3篇 机械加工基本方法

第6章 钳 工

☞ 扫码可获取
第 6 章补充资源

6.1 钳工概论

6.1.1 钳工的基本操作

钳工主要是手持工具对夹紧在钳工工作台虎钳上的工件进行切削加工的方法,它是机械制造中的重要工种之一。钳工的基本操作可分为:

1) **辅助性操作** 即划线,它是根据图样在毛坯或半成品工件上划出加工界线的操作。

2) **切削性操作** 有錾削、锯削、锉削、攻螺纹、套螺纹、钻孔(扩孔、铰孔)、刮削和研磨等多种操作。

3) **装配性操作** 即装配,将零件或部件按图样技术要求组装成机器的工艺过程。

4) **维修性操作** 即维修,对在役机械、设备进行维修、检查、修理的操作。

6.1.2 钳工工作的范围及在机械制造与维修中的作用

1) 普通钳工工作范围

(1) 加工前的准备工作,如清理毛坯,毛坯或半成品工件上的划线等;

(2) 单件零件的修配性加工;

(3) 零件装配前的钻孔、铰孔、攻螺纹和套螺纹等;

(4) 加工精密零件,如刮削或研磨机器、量具和工具的配合面,夹具与模具的精加工等。

(5) 零件装配时的配合修整;

(6) 机器的组装、试车、调整和维修等。

2) 钳工在机械制造和维修中的作用

钳工是一种比较复杂、细微、工艺要求较高的工作。目前虽然有各种先进的加工方法,但钳工具有所用工具简单,加工多样灵活、操作方便,适应面广等特点,故有很多工作仍需要由钳工来完成。钳工在机械制造及机械维修中有着特殊的、不可取代的作用。但钳工操作的劳动强度大、生产效率低、对工人技术水平要求较高。

6.1.3 钳工工作台和虎钳

1) 钳工工作台（如图 6-1）

简称钳台，常用硬质木板或钢材制成，要求坚实、平稳、台面高度约 800～900 mm，台面上装虎钳和防护网。

2) 虎钳

虎钳是用来夹持工件，其规格以钳口的宽度来表示，常用的有 100、125、150 mm 三种，使用虎钳时应注意：

（1）工件尽量夹在钳口中部，以使钳口受力均匀；

（2）夹紧后的工件应稳定可靠，便于加工，并不产生变形；

（3）夹紧工件时，一般只允许依靠手的力量来扳动手柄，不能用手锤敲击手柄或随意套上长管子来扳手柄，以免丝杠、螺母或钳身损坏。

（4）不要在活动钳身的光滑表面进行敲击作业，以免降低配合性能；

（5）加工时用力方向最好是朝向固定钳身。

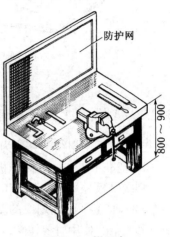

防护网

图 6-1 钳工台

6.2 划 线

6.2.1 划线的作用及种类

划线是根据图样的尺寸要求，用划线工具在毛坯或半成品上划出待加工部位的轮廓线（或称加工界限）或作为基准点、线的一种操作方法。划线的精度一般为 0.25～0.5 mm。

1) 划线的作用

（1）所划的轮廓线即为毛坯或半成品的加工界限和依据，所划的基准点或线是工件安装时的标记或校正线。

（2）在单件或小批量生产中，用划线来检查毛坯或半成品的形状和尺寸，合理地分配各加工表面的余量，及早发现不合格品，避免造成后续加工工时的浪费。

（3）在板料上划线下料，可做到正确排料，使材料合理作用。

划线是一项复杂、细致的重要工作，如果将划线划错，就会造成加工工件的报废。所以划线直接关系到产品的质量。对划线的要求是：尺寸准确、位置正确、线条清晰、冲眼均匀。

2) 划线的种类

划线分平面划和线立体划线两种（如图 6-2）。

（1）**平面划线** 即在工件的一个平面上划线，能明确表示加工界限，它与平面作图法类似。

（2）**立体划线** 是平面划线的复合，是在工件的几个相互成不同角度的表面（通常是相互垂直的表面）上都划线，即在长、宽、高三个方向上划线。

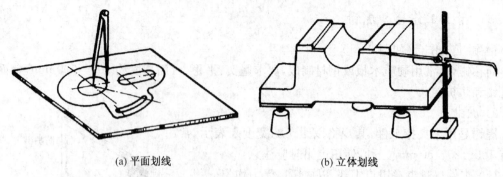

(a) 平面划线　　　　　　　(b) 立体划线

图 6-2　划线种类

6.2.2　划线的工具及其用法

按用途不同划线工具分为基准工具、支承装夹工具、直接绘划工具和量具等。

1) 基准工具——划线平板

划线平板是划线的基准工具,由铸铁制成(如图 6-3),其上平面是划线的基准平面,要求非常平直和光洁。使用时要注意:

(1) 安放时要平稳牢固,上平面应保持水平;

(2) 平板不准碰撞和用锤敲击,以免使其精度降低;

(3) 长期不用时,应涂油防锈,并加盖保护罩。

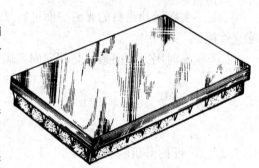

图 6-3　划线平板

2) 绘划工具——划针和划针盘

(1) **划针**　划针是划线的基本工具,如图 6-4 所示。划线时划针针尖应紧贴钢尺移动,尽量做到线条一次划出,使线条清晰、准确,如图 6-5 所示。

(2) **划针盘**　划针盘是立体划线和校正工件位置时用的工具(如图 6-6)。划线时划针盘上的划针装夹要牢固,伸出长度要适中,底座应紧贴划线平台,移动平稳,不能摇晃。

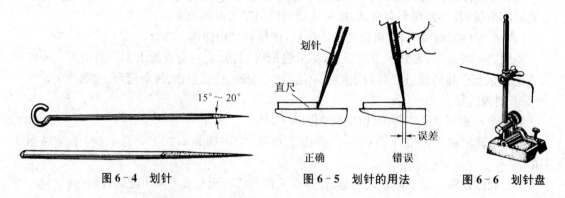

图 6-4　划针　　　**图 6-5　划针的用法**　　　**图 6-6　划针盘**

3) 夹持工具——V 形铁、千斤顶和方箱

(1) **V 形铁**　V 形铁用于支承圆柱形工件,使工件轴线与平板平行(如图 6-7)。便于找出中心和划出中心线。较长的工件可放在两个等高的 V 形铁上。

（2）**千斤顶** 千斤顶是在平板上支承较大及不规则工件时使用，其高度可以调整。通常用三个千斤顶支承工件（如图6-8(a)、(b)）。

（3）**方箱** 方箱是铸铁制成的空心立方体、各相邻的两个面均互相垂直（如图6-9）。方箱用于夹持支承尺寸较小而加工面较多的工件。通过翻转方箱，便可在工件的表面上划出互相垂直的线条。

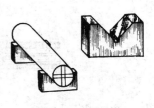

图6-7 V形状

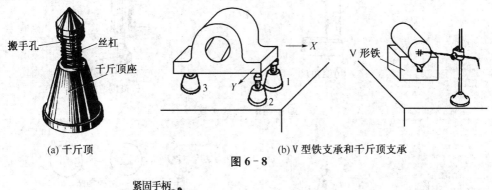

(a) 千斤顶

(b) V型铁支承和千斤顶支承

图6-8

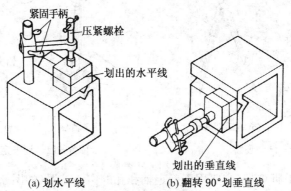

(a) 划水平线

(b) 翻转90°划垂直线

图6-9 划线方箱

4）划线量具——钢尺、直角尺、高度尺

（1）**钢尺** 钢尺是长度量具，用于测量工件尺寸，如图6-10(a)所示。

（2）**直角尺** 两边成90°角度（如图6-10(b)）。将直角尺放在平台上，用划针划出工件的垂直线，将直角尺的垂直边与工件已划的直角线重合，用划针盘可划出工件的水平线。

（3）**高度游标尺** 是附有划线量爪的精密高度划线工具（图6-10(c)）。除用来测量工件的高度外，还可用来作半成品划线用，其读数精度一般为0.02 mm。它只能用于半成品划线，不允许用于毛坯。

5）划规和划卡和样冲

（1）**划规** 是划圆或弧线、等分线段及量取尺寸等用的工具（如图6-11）。它的用法与制图的圆规相似。

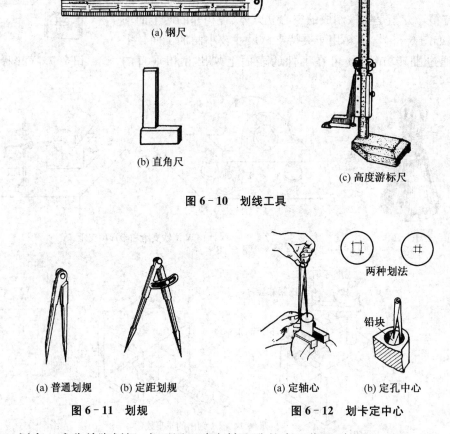

(a) 钢尺

(b) 直角尺

(c) 高度游标尺

图 6‑10 划线工具

(a) 普通划规 (b) 定距划规

图 6‑11 划规

两种划法

铅块

(a) 定轴心 (b) 定孔中心

图 6‑12 划卡定中心

（2）**划卡** 或称单脚划规，主要用于确定轴和孔的中心位置（如图 6‑12）。

（3）**样冲** 是在划出的线条上打出样冲眼的工具。样冲眼使划出的线条留下长久的位置标记（如图 6‑13）。

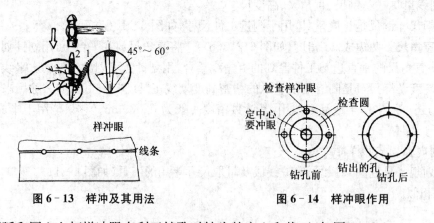

样冲眼

线条

图 6‑13 样冲及其用法

检查样冲眼

检查圆

定中心
要冲眼

钻孔前

钻出的孔

钻孔后

图 6‑14 样冲眼作用

在圆弧和圆心上打样冲眼有利于钻孔时钻头的定心和找正（如图 6‑14）。

6.2.3　划线基准及其选择

（1）**划线基准**　划线时,选定工件上某些点、线、面作为工件上其他点、线、面的度量起点,则被选定的点、线、面作为划线基准。

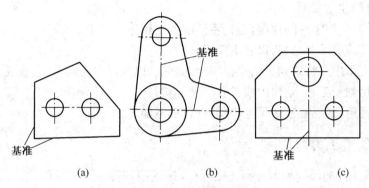

图 6‑15　常用划线基准

常用划线基准有:两个互相垂直的外平面(如图 6‑15(a)),两条互相垂直的中心线(如图 6‑15(b)),一个平面和一条中心线(如图 6‑15(c))等。

（2）**划线基准选择正确与否**,对划线质量和划线速度有很大影响。选择划线基准时,应尽量使划线基准与图纸上的设计基准相一致,尽量选用工件上的已加工表面,如图 6‑16(a)所示。工件为毛坯时,应选用重要孔的中心线为基准,如图 6‑16(b)所示。毛坯上没有重要孔时,可选用较大的平面为基准。

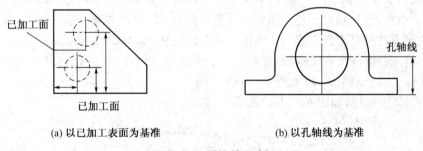

(a) 以已加工表面为基准　　　　　　　(b) 以孔轴线为基准

图 6‑16　划线基准选择

6.2.4　划线步骤和操作要点

1) 划线一般步骤

（1）熟悉图样并选择划线基准;

（2）检查和清理毛坯并在划线表面上涂涂料;

（3）工件上有孔时,可用木块或铅块塞孔,找出孔中心;

（4）正确安放工件并选择划线工具;

（5）进行划线,首先划出基准线,然后划出水平线,垂直线,斜线,最后划出圆、圆弧和曲线等;

（6）根据图纸检查划线的正确性;

（7）在线条上打出样冲眼。

2）划线操作要点

（1）划线前的准备工作

① **工件准备**　包括工件的清理、检查和表面涂色；

② **工具准备**　按工件图样的要求，选择所需工具，并检查和校验工具。

（2）操作时的注意事项

① 看懂图样，了解零件的作用，分析零件的加工顺序和加工方法；

② 工件夹持或支承要稳妥，以防滑倒或移动；

③ 在一次支承中应将要划出的平行线全部划全，以免再次支承补划，造成误差；

④ 正确使用划线工具，划出的线条要准确、清晰；

⑤ 划线完成后，要反复核对尺寸，才能进行机械加工。

6.2.5　等分圆周上的画法

若在毛坯或工件的圆周均匀分布孔或螺孔，这就用到等分圆周的画法。二维码的补充材料里介绍一种实用的等分圆周方法—— 用分度头等分圆周。

6.3　锯　削

6.3.1　锯削的作用

利用锯条锯断金属材料（或工件）或在工件上进行切槽的操作称为锯削。虽然当前各种自动化、机械化的切割设备已广泛地使用，但手锯切割还是常见的，它具有方便、简单和灵活的特点，在单件小批生产、在临时工地以及切割异形工件、开槽、修整等场合应用较广。因此手工锯削是钳工需要掌握的基本操作之一。锯削工作范围包括（如图 6 - 17）：

（1）分割各种材料及半成品，如图 6 - 17（a）所示；

（2）锯掉工件上多余部分，如图 6 - 17（b）所示；

（3）在工件上锯槽，如图 6 - 17（c）所示。

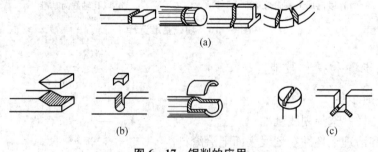

图 6 - 17　锯削的应用

6.3.2　锯削的工具——手锯

手锯由锯弓和锯条两部分组成。

1）锯弓

锯弓是用来夹持和拉紧锯条的工具。有固定式和可调式两种（如图 6 - 18）。固定式锯弓的弓架是整体的,只能装一种长度规格的锯条。可调式锯弓的弓架分成前后前段,由于前段在后段套内可以伸缩,因此可以安装几种长度规格的锯条,故目前广泛使用的是可调式。

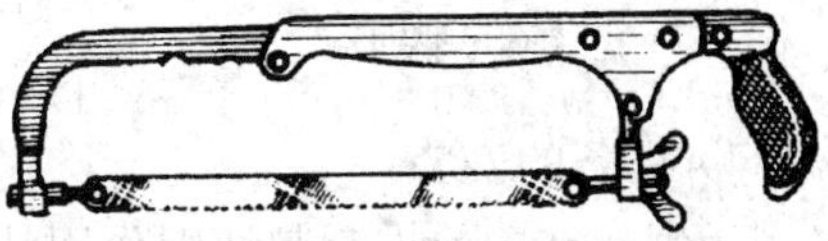

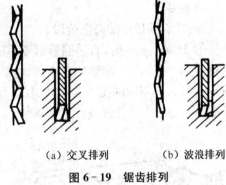

图 6-18 可调式锯弓

2) 锯条及选用

(1) 锯条的材料与结构

锯条是用碳素工具钢(如 T10 或 T12)或合金工具钢,并经热处理制成。

锯条的规格以锯条两端安装孔间的距离来表示(长度有 150～400 mm)。常用的锯条是长 300 mm、宽 12 mm、厚 0.8 mm。

锯条的锯齿按一定形状左右错开,排列成一定形状称为锯路。锯路有交叉、波浪等不同排列形状(如图6-19)。锯路的作用是使锯缝宽度大于锯条背部的厚度,防止锯割时锯条卡在锯缝中,并减少锯条与锯缝的摩擦阻力,使排屑顺利,锯割省力。锯齿的粗细是按锯条上每 25 mm 长度内齿数表示的。14～18 齿为粗齿,24 齿为中齿,32 齿为细齿。锯齿的粗细也可按齿距 t 的大小来划分:粗齿的齿距 $t=1.6$ mm,中齿的齿距 $t=1.2$ mm,细齿的齿距 $t=0.8$ mm。

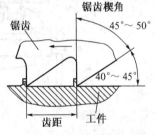

(a) 交叉排列　　　(b) 波浪排列

图 6-19 锯齿排列

锯条的切削部分由许多锯齿组成,每个齿相当于一把錾子,起切割作用。常用锯条的前角 γ 为 0、后角 α 为 40°～50°、楔角 β 为 45°～50°(如图 6-20)。

(2) 锯条粗细的选择

锯条的粗细应根据加工材料的硬度、厚薄来选择。锯割软的材料(如铜、铝合金等)或厚材料时,应选用粗齿锯条,因为锯屑较多,要求较大的容屑空间。锯割硬材料(如合金钢等)或薄板、薄管时、应选用细齿锯条,因为材料硬,锯齿不易切入,锯屑量少,不需要大的容屑空间;锯薄材料时,锯齿易被工件勾住而崩断,需要同时工作的齿数多,使锯齿承受的力量减少;锯割中等硬度材料(如普通钢、铸铁等)和中等厚度的工件时,一般选用中齿锯条。锯齿粗细的划分及用途见表 6-2。

图 6-20 锯齿的切削角度

表 6-2　锯齿粗细及用途

锯齿粗细	第 25 毫米齿数	用　　途
粗	14～18	锯软钢、铝、紫铜、成层材、人造胶质材料
中	22～44	一般适用中等硬性钢、硬性轻合金、黄铜、厚壁管子
细	32	锯板材、薄壁管子等
从细变为中齿	从 32～20	一般工厂中用,易起锯

6.3.3 锯削的操作

1）锯条的安装

手锯是在向前推时起切削作用，因此锯条安装在锯弓上时，锯齿尖端应向前，锯条的松紧应适中，否则锯切时易折断锯条。

2）工件的安装

工件伸出钳口部分应尽量短，以防止锯切时产生振动。锯割线应与钳口垂直，以防锯斜；工件要夹紧，但要防止变形和夹坏已加工表面。

3）起锯

分起锯、锯切和结束三阶段。

① 起锯　起锯时，右手握着锯弓手柄，锯条靠住左手大拇指，锯条应与工件表面倾斜成起锯角（约 $10°\sim15°$）。起锯角太小，锯齿不易切入工件，产生打滑，但也不宜过大，以免崩齿（如图 6-21）。起锯时的压力要小，往复行程要短，速度要慢，一般待锯痕深度达到 2 mm 后，可将手锯逐渐处于水平位置进行正常锯削。

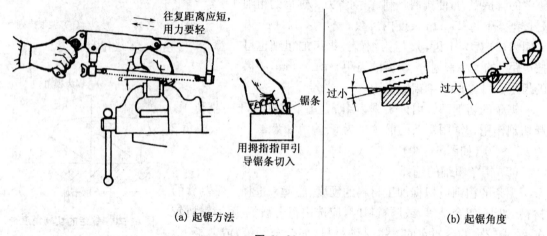

（a）起锯方法　　　　　　　　　　　（b）起锯角度

图 6-21

② **正常锯削**　正常锯削时，锯条应与工件表面垂直，作直线往复，不能左右晃动。左手施压，右手推进，用力要均匀，推速不宜太快。返回时不要加压，轻轻拉回，速度可快些。锯割时速度不宜过快，以每分钟 $30\sim60$ 次为宜，并应用锯条全长的 2/3 工作，以免锯条中间部分迅速磨钝。

推锯时锯弓运动方式有两种：一种是直线运动，适用于锯缝底面要求平直的槽和薄壁工件的锯割；另一种锯弓上下摆动，这样操作自然，两手不易疲劳。锯割到材料快断时，用力要轻，以防碰伤手臂或拆断锯条。

③ **结束锯削**　当锯切临结束时，用力应轻，速度要慢，行程要小。锯削将完成时，用力不可太大，并需用左手扶住被锯下的部分，以免该部分落下时砸脚。

4）锯削示例

锯削前在工件上划出锯切线，划线时应留有锯削后加工余量。

（1）锯削圆钢时，为了得到整齐的锯缝，应从起锯开始以一个方向锯以结束。如果对断面要求不高，可逐渐变更起锯方向，以减少抗力，便于切入。

（2）锯圆管时，应在管壁将锯穿时，把圆管向推锯方向转一角度，从原锯缝下锯，依次不断转动，直至锯断（如图 6 - 22(a)）。如不转动圆管，则是错误的锯法，（如图 6 - 22(b)）。当锯条切入圆管内壁后，锯齿在薄壁上锯切应力集中，极易被管壁勾住而产生崩齿或折断锯条。

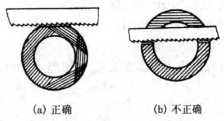

(a) 正确　　　　(b) 不正确

图 6 - 22　锯圆管方法

（3）锯厚件

① 锯切部分厚度超过锯弓高度时，如图 6 - 23(a)所示，应将锯条转过 90°，安装后进行锯切，如图 6 - 23(b)所示。

② 锯缝和锯切部分宽度超过锯弓高度，锯条可转过 180°安装后进行锯切，如图 6 - 23(c)所示。

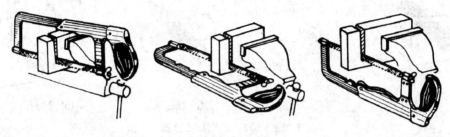

(a) 锯缝深度超过锯弓高度　　　(b) 将锯条转过 90°安装　　　(c) 将锯条转过 180°安装

图 6 - 23　锯切厚件

（4）锯薄件

① 从薄件宽面起锯，以使锯缝浅而整齐，如图 6 - 24(a)所示。

② 从薄件窄面锯切时，薄件应夹在两木板当中，增加薄件刚度，减少振动，并避免锯齿被卡住而崩断，如图 6 - 24(b)所示。

③ 薄件太宽，虎钳夹持不便时，采用横向斜锯切，如图 6 - 24(c)所示。

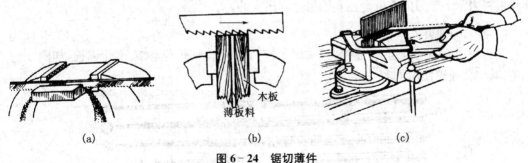

木板

薄板料

(a)　　　　　　(b)　　　　　　(c)

图 6 - 24　锯切薄件

6.4　锉　削

6.4.1　锉削加工的应用

用锉刀对工件表面进行切削加工，使它达到零件图纸要求的形状，尺寸和表面粗糙度，这种加工方法称为锉削,锉削加工简便,工作范围广,多用于錾削、锯削之后,锉削可对工件上的平面、曲面、内外圆弧、沟槽以及其他复杂表面进行加工,锉削的最高精度可达 IT7～IT8,表面粗糙度 R_a 可达 1.6～$0.8\ \mu m$。可用于成形样板,模具型腔以及部件,机器装配时的工件修整,是钳工主要操作方法之一(如图 6 - 25)。

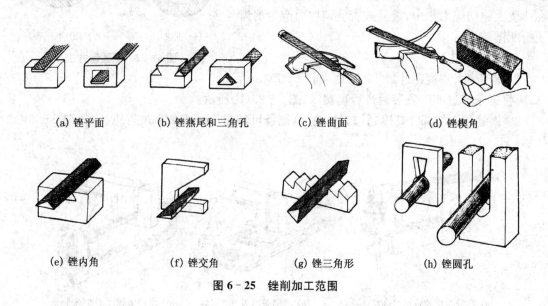

(a) 锉平面　　　　(b) 锉燕尾和三角孔　　　(c) 锉曲面　　　　(d) 锉楔角

(e) 锉内角　　　　(f) 锉交角　　　　(g) 锉三角形　　　　(h) 锉圆孔

图 6 - 25　锉削加工范围

6.4.2　锉刀

1) 锉刀的材料及构造

锉刀常用碳素工具钢 T10、T12 制成,并经热处理淬硬到 HRC62～67。

锉刀由锉刀面、锉刀边、锉刀舌、锉刀尾、木柄等部分组成(如图 6 - 26)。锉刀的大小以锉刀面的工作长度来表示。锉刀的锉齿是在剁锉机上剁出来的。

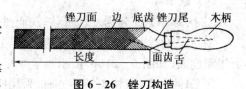

图 6 - 26　锉刀构造

2) 锉刀的种类

锉刀按用途不同分为:普通锉(或称钳工锉)、特种锉和整形锉(或称什锦锉,如图 6 - 27)三类,其中普通锉使用最多。

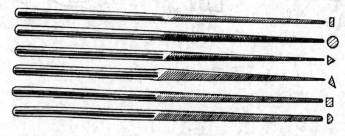

图 6 - 27　整形锉

普通锉按截面形状不同分为:平锉、方锉、圆锉、半圆锉和三角锉五种;按其长度可分为:100、200、250、300、350 和 400 mm 等七种;按其齿纹可分为:单齿纹、双齿纹(大多用双齿纹如图6-28);按其齿纹疏密可分为:粗齿、细齿和油光锉等(锉刀的粗细以每 10 mm 长的齿面上锉齿齿数来表示,粗齿为 4～12 齿,细齿为 13～24 齿,油光锉为 30～36 齿)。

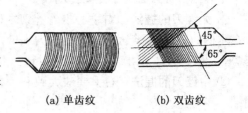

(a) 单齿纹   (b) 双齿纹

图 6 - 28 锉刀齿纹

3) 锉刀的选用

合理选用锉刀,对保证加工质量,提高工作效率和延长锉刀使用寿命有很大的影响。一般选择锉刀的原则是:

(1) 根据工件形状和加工面的大小选择锉刀的形状和规格;

(2) 根据加工材料软硬、加工余量、精度和表面粗糙度的要求选择锉刀的粗细(如表 6 - 3 所示)。粗锉刀的齿距大,不易堵塞,适宜于粗加工(即加工余量大、精度等级和表面质量要求低)及铜、铝等软金属。

表 6 - 3 锉刀刀齿粗细及特点和应用

锉齿粗细	10 mm 长度内齿数	特点和应用
粗齿	4～12	齿间大,不易堵塞,适宜粗加工或锉铜、铝等有色金属
中齿	13～24	齿间适中,适于粗锉后加工
细齿	30～40	锉光表面或锉硬金属
油光锉	50～62	精加工时,修光表面

4) 锉削操作

(1) 装夹工件

工件必须牢固地夹在虎钳钳口的中部,需锉削的表面略高于钳口,不能高得太多,夹持已加工表面时,应在钳口与工件之间垫以铜片或铝片。

(2) 锉刀的握法(如图 6 - 29)

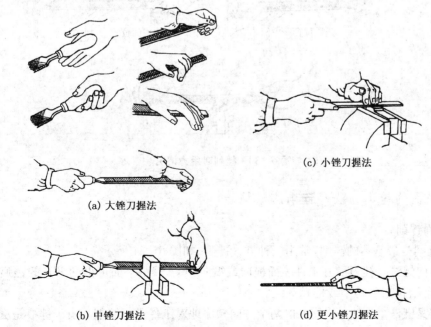

(a) 大锉刀握法

(b) 中锉刀握法

(c) 小锉刀握法

(d) 更小锉刀握法

图 6 - 29 锉刀的握法

正确握持锉刀有助于提高锉削质量。

① **大锉刀的握法**　右手心抵着锉刀木柄的端头,大拇指放在锉刀木柄的上面,其余四指弯在木柄的下面,配合大拇指捏住锉刀木柄,左手则根据锉刀的大小和用力的轻重,可有多种姿势。

② **中锉刀的握法**　右手握法大致和大锉刀握法相同,左手用大拇指和食指捏住锉刀的前端。

③ **小锉刀的握法**　右手食指伸直,拇指放在锉刀木柄上面,食指靠在锉刀的刀边,左手几个手指压在锉刀中部。

④ **更小锉刀(什锦锉)的握法**　一般只用右手拿着锉刀,食指放在锉刀上面,拇指放在锉刀的左侧。

5) 锉削的姿势

正确的锉削姿势能够减轻疲劳,提高锉削质量和效率,人的站立姿势为:左腿弯曲在前,右腿伸直在后,身体向前倾斜(约 10°左右),重心落在左腿上。锉削时,两腿站稳不动,靠左膝的屈伸使身体作往复运动,手臂和身体的运动要相互配合,并要使锉刀的全长充分利用。

6) 锉削力的运用

锉削时锉刀的平直运动是锉削的关键。锉削的力有水平推力和垂直压力两种。推动主要由右手控制,其大小必须大于锉削阻力才能锉去切屑,压力是由两个手控制的,其作用是使锉齿深入金属表面。由于锉刀两端伸出工件的长度随时都在变化,因此两手压力大小必须随着变化,使两手的压力对工件的力矩相等,这是保证锉刀平直运动的关键。锉刀运动不平直,工件中间就会凸起或产生鼓形面。锉削速度一般为每分钟 30~60 次。太快,操作者容易疲劳,且锉齿易磨钝;太慢,切削效率低,如图 6-30 所示。

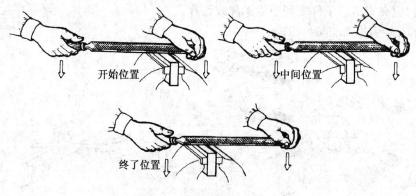

图 6 - 30　锉削时用力情况

6.4.3　平面的锉削方法及锉削质量检验

1) 平面锉削

平面锉削是最基本的锉削,常用三种方式锉削,如图 6-31 所示:

(1) **顺向锉法**　锉刀沿着工件表面横向或纵向移动,锉削平面可得到平直的锉痕,比较美观。适用于工件锉光、锉平或锉顺锉纹。

(2) **交叉锉法**　该法是以交叉的两个方向顺序地对工件进行锉削。由于锉痕是交叉的,容易判断锉削表面的不平程度,因此也容易把表面锉平,交叉锉法去屑较快,适用于平面的粗锉。

（3）**推锉法**　两手对称地握着锉刀，用两大拇指推锉刀进行锉削。这种方式适用于较窄表面且已锉平、加工余量较小的情况，来修正和减少表面粗糙度。

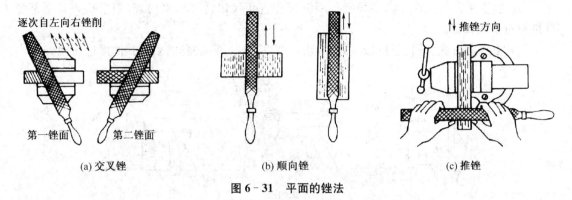

(a) 交叉锉　　　　　　　　　(b) 顺向锉　　　　　　　　　(c) 推锉

图 6 - 31　平面的锉法

2）曲面的锉削

曲面是由各种不同的曲线形面所组成，但最基本的曲面还是单一的内、外圆弧面。这里介绍外圆弧面的锉削方法。选用板锉刀锉削外圆弧面，锉削时锉刀要同时完成两个运动，即锉刀在作前进运动的同时，还应绕工件圆弧的中心转动，如图 6 - 32 所示，其锉削方法常见的有两种：

（1）**滚锉法**　顺着圆弧面锉削时右手把锉刀柄部往下压，左手把锉刀前端（尖端）向上抬，这样锉出的圆弧面不会出现棱边现象，使圆弧面光洁圆滑。它的缺点是不易发挥锉削力量，而且锉削效率不高，只适用于在加工余量较小或精锉圆弧面时采用。

（2）**横锉法**　横着圆弧面锉削时锉刀向着如图 6 - 32(b)所示方向做直线推进，容易发挥锉削力量，能较快地把圆弧外的部分锉成接近圆弧的多边形，适宜于加工余量较大时的粗加工。当按圆弧要求锉成多棱形后，应再顺着圆弧锉的方法精锉成形。

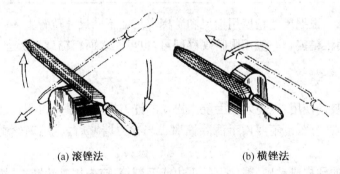

(a) 滚锉法　　　　　　　　　(b) 横锉法

图 6 - 32　外圆弧面锉削

（3）**内圆弧面锉削**　用圆锉、半圆锉或椭圆锉进行内圆弧面锉削。锉削时，锉刀要同时完成三个运动：前推运动，左右移动和自身转动（如图 6 - 33）。圆弧面可用样板检验。

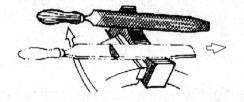
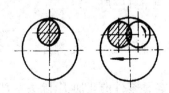

图 6 - 33　内圆弧面锉削

3）锉削平面质量的检查

如图 6-34 所示，锉削质量问题及产生原因见表 6-4。

（1）**检查平面的直线度和平面度**　用钢尺和直角尺以透光法来检查，要多检查几个部位并进行对角线检查。

（2）**检查垂直度**　用直角尺采用透光法检查，应选择基准面，然后对其他面进行检查。

(a) 直线度检查　　　　　　(b) 垂直度检查

图 6-34　平面质量检查

表 6-4　锉削质量问题及产生原因

质量问题	产生原因
形状尺寸不准确	划线不准确或锉削时未及时检查尺寸
平面不平直中间高、两边低	锉削时施力不当，锉刀选择不合适
表面粗糙	锉刀粗细选择不当，锉屑堵塞齿面未及时清除
工件夹坏	虎钳钳口未垫铜片，虎钳夹持工件过紧

（3）**检查尺寸**　根据尺寸精度用钢尺和游标卡尺在不同尺寸位置上多测量几次。

（4）**检查表面粗糙度**　一般用眼睛观察即可，也可用表面粗糙度样板进行对照检查。

6.4.4　锉削注意事项

1）锉刀必须装柄使用，以免刺伤手腕。松动的锉刀柄应装紧后再用；

2）不准用嘴吹锉屑，也不要用手清除锉屑。当锉刀堵塞后，应用钢丝刷顺着锉纹方向刷去锉屑；

3）对铸件上的硬皮或粘砂、锻件上的飞边或毛刺等，应先用砂轮磨去，然后锉削；

4）锉削时不准用手摸锉过的表面，因手有油污，再锉时易打滑；

5）锉刀不能作橇棒或敲击工件，防止锉刀折断伤人；

6）放置锉刀时，不要使其露出工作台面，以防锉刀跌落伤脚；也不能把锉刀与锉刀叠放或锉刀与量具叠放。

6.5　钻孔、扩孔、锪孔与铰孔

各种零件的孔加工，除去一部分由车、镗、铣等机床完成外，很大一部分是由钳工利用钻床和钻孔工具（钻头、扩孔钻、铰刀等）完成的。

钳工加工孔的方法一般指钻孔、扩孔和铰孔。

用钻头在实体材料上加工孔叫钻孔。在钻床上钻孔时,一般情况下,钻头应同时完成两个运动:主运动,即钻头绕轴线的旋转运动(切削运动);辅助运动,即钻头沿着轴线方向对着工件的直线运动(进给运动)。钻孔时,主要由于钻头结构上存在的缺点,影响加工质量,加工精度一般在 IT10 级以下,表面粗糙度 R_a 为 12.5 μm 左右,属粗加工。

6.5.1 钻床

常用的钻床有台式钻床、立式钻床和摇臂钻床三种,手电钻也是常用的钻孔工具。

6.5.2 钻孔

用钻头在实心工件上加工出孔的方法称钻孔。孔加工精度差,一般为 IT10 以下,表面粗糙度 R_a 值为 6.3~12.5 μm。

钻头(俗称麻花钻)是钻孔的主要刀具,由工作部分、颈部和柄部(尾部)组成(如图 6-35(a))。

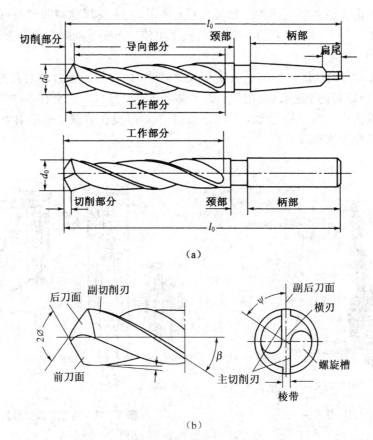

图 6-35 麻花钻的构造

柄部是钻头的夹持部分,用于传递扭矩和轴向力。柄部有直柄和锥柄两种,直柄传递扭矩较小,一般用于直径小于 12 mm 的钻头;锥柄传递扭矩较大,用于直径大于 12 mm 的钻头。锥柄顶端的扁尾可防止钻头在主轴孔或钻套里转动,并作为把钻头从主轴孔或钻套中退出之用。

颈部是供磨削柄部时砂轮退刀用。另外,颈部还刻印钻头规格和商标等铭记。

工作部分包括切削和导向两部分。切削部分由前刀面、后刀面、副后刀面、主切削刃、副切削刃和横刃等组成图 6-35(b)。

导向部分除在钻孔时起引导方向外,又是切削部分的后备部分。导向部分有两条狭长、螺纹形状的刃带(棱边亦即副切削刃)和螺旋槽。棱边的作用是引导钻头和修光孔壁;两条对称螺旋槽的作用是排除切屑和输送切削液(冷却液)。切削部分有两条主切削刃和一条横刃。它的直径由切削部分向柄部逐渐减小,成倒锥形,倒锥量为每 100 mm 长度上减小 0.03~0.12 mm。

两条主切削刃之间通常为 118°±2°,称为顶角。横刃的存在使钻削的轴向力增加。

6.5.3 钻孔用的夹具

钻孔用的夹具主要包括装夹钻头夹具和装夹工件的夹具。

1) 钻头夹具

钻头夹具常用的是钻夹头和钻套。

(1) 钻夹头用于装夹直柄钻头　如图 6-36 所示,钻夹头尾部是圆锥面可装在钻床主轴内锥孔里。头部有三个自动定心的夹爪,通过扳手可使三个夹爪同时合拢或张开,起到夹紧和松开钻头的作用。

(2) 钻套又称过渡套筒　锥柄钻头柄部尺寸较小时,可借助于过渡套筒进行安装(如图 6-37)。若用一个钻套仍不适宜,可用两个以上钻套作过渡连接。钻套有 5 种规格(1~5 号),例如 1 号钻套具内锥孔为 1 号莫氏锥度,而外锥面为 2 号莫氏锥度。选用时可根据麻花钻锥柄及钻床内锥孔锥度来选择。

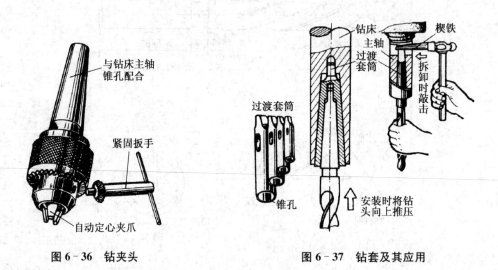

图 6-36　钻夹头　　　　　　图 6-37　钻套及其应用

2) 装夹工件夹具

装夹工件的夹具常用有手虎钳,平口钳,压板等(如图 6-38)。按钻孔直径,工件形状和大小等合理选择。选用的夹具必须使工件装夹牢固可靠,不能影响钻孔质量。

薄壁小件可用手虎钳夹持;中小型平整工件用平口钳夹持;大件用压板和螺栓直接装夹在钻床工作台上。

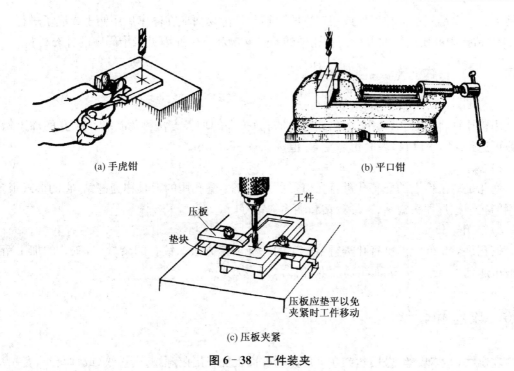

(a) 手虎钳   (b) 平口钳

(c) 压板夹紧

图 6-38 工件装夹

6.5.4 钻孔操作要点

① 工件划线定心。划出加工圆和检查圆,在加工圆和孔中心打出样冲眼,孔中心眼要打得大一些,起钻时不易偏离中心。

② 工件安装。根据工件确定装夹,装夹时要使孔中心线与钻床工作台垂直,安装要稳固。

③ 选择钻头。根据孔径选取,并检查主切削刃是否锋利和对称。

④ 选择切削用量。根据工件材料、孔径大小等确定钻速和进给量。

⑤ 先对准样冲眼钻一浅孔,如有偏位,可用样冲重新打中心孔纠正或用錾子錾几条槽来纠正,如图 6-39 所示。

⑥ 钻孔时,进给速度要均匀,钻塑性材料要加切削液。

⑦ 钻盲孔时,要根据钻孔深度调整好钻床上的挡块,深度标尺或采用其他控制钻孔深度的办法,避免孔钻得过浅或过深。

⑧ 钻深孔时(孔深与直径之比大于 5),钻头必须经常退出排屑,防止切屑堵塞、卡断钻头或使钻头头部温度过高而烧损。

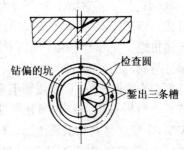

图 6-39 钻偏的纠正方法

⑨ 钻大直径孔时(孔径大于 30 mm),孔应分两次钻出。第一次用 0.6~0.8 倍孔径的钻头钻孔,第二次再用所需直径的钻头扩孔,这样可以减小钻削时的轴向力。

⑩ 孔将钻穿时,进给量要减小。如果是自动进给,这时要改成手动进给,以免工件旋转而甩出、卡钻或折断钻头。

⑪ 松、紧钻夹头必须用扳手,不准用手锤或其他东西敲打。

⑫ 注意安全。钻孔时不准带手套,不准手拿棉纱头等物。钻床主轴未停稳前不准用手去

捏钻夹头。不准用手去拉切屑或用口去吹碎屑。清除切屑应在停车后用钩子或刷子进行。

⑬ 钻孔中的质量问题分析。钻孔中的质量问题和产生原因见二维码中的补充材料。

6.5.5　扩孔、锪孔与铰孔

1) 扩孔

用扩孔钻将已有孔(铸出、锻出或钻出的孔)扩大的加工方法称为扩孔。扩孔的加工精度一般可达到IT9~IT10,表面粗糙度 R_a 值为 3.2~6.3 μm。

2) 锪孔

锪孔是对工件上的已有孔进行孔口形面的加工。锪孔用的刀具称为锪钻,它的形式很多,常用的有圆柱形埋头锪钻、锥形锪钻和端面锪钻等。

3) 铰孔

铰孔是对工件上的已有孔进行精加工的一种加工方法。铰孔的余量小,铰孔的加工精度一般可达到IT6~IT7,表面粗糙度 R_a 值为 0.8~1.6 μm。

6.6　攻丝和套丝

攻螺纹(亦称攻丝)是用丝锥在工件内圆柱面上加工出内螺纹;套螺纹(或称套丝、套扣)是用板牙在圆柱杆上加工外螺纹。

6.6.1　攻丝

攻丝是用丝锥加工内螺纹的操作。

1) 攻丝工具

丝锥是加工内螺纹的标准刀具,如图 6-40 所示。它由工作部分和柄部组成。柄部带有方榫可以与铰杠配合传递扭矩。工作部分由切削和校准两部分组成。切削部分主要起切削作用,其顶部磨成圆锥形,可以使切削负荷由若干个刀齿分担。校准部分有完整的齿形,主要起修光和引导作用。丝锥上有 3~4 条容屑槽,起容屑和排屑作用。通常 M6~M24 的丝锥一组有 2 个;

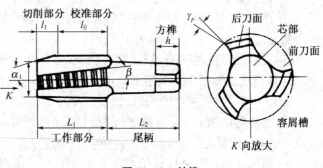

图 6-40　丝锥

M6 以下及 M24 以上的手用丝锥一组有三个,分别称为头锥、二锥和三锥。这样分组是由于小丝锥强度不高,容易折断,大丝锥切削量大,需要几次逐步切削,减小切削力。每组丝锥的外径、中径和内径相同,只是切削部分长度 L_1 和锥角 α_1 不同。头锥 L_1 稍长,锥角 α_1 较小;二锥 L_1 稍短,锥角 α_1 较大。

2) 攻丝前螺纹底孔直径的确定

攻丝前需要钻孔。丝锥攻丝时,除了切削金属外,还有挤压金属的作用。材料塑性越大,挤压作用越明显。被挤出的金属嵌入丝锥刀齿间,甚至会接触到丝锥内径将丝锥卡住。因此螺纹底孔的直径应大于螺纹标准规定的螺纹内径。确定螺纹底孔直径 d_0 可用下列经验公式计算：

钢材及其他塑性材料　$d_0 \approx D - p$。

铸铁及其他脆性材料　$d_0 \approx D - (1.05 - 1.1)p$。

式中，d_0 为底孔直径(mm)；D 为螺纹公称直径(mm)；p 为螺距(mm)。

攻盲孔(不通孔)时，由于丝锥顶部带有锥度，使螺纹孔底部不能形成完整的螺纹，为了得到所需的螺纹长度，钻孔深度 h 应大于螺纹长度 L，可按下列公式计算：

$$h = L + 0.7D。$$

式中：　h 为钻孔深度(mm)；L 为所需螺纹长度(mm)；

　　　　D 为螺纹公称直径(mm)。

攻丝操作要点：

① 螺纹底孔孔口应倒角，以便于丝锥切入工件。

② 将头锥垂直放入螺纹底孔内，用目测或直角尺校正后，用铰杠轻压旋入。丝锥切削部分切入底孔后，则转动铰杠不再加压。丝锥每转一圈应反转 1/4 圈，便于断屑(如图 6-41)。

③ 头锥攻完退出，用二锥和三锥时，应先用手将丝锥旋入螺孔 1~2 圈后，再用铰杠转动，此时不需加压，直到完毕。

④ 攻丝时，要用切削液润滑，以减少摩擦，延长丝锥寿命，并能提高螺纹的加工质量。工件材料为塑性时，加机油；脆性时，加煤油。

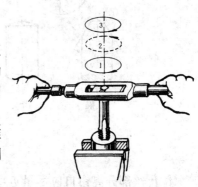

图 6-41 攻丝操作

注：1—顺转圈；2—倒转 1/4 圈；3—再继续顺转

6.6.2 套丝

套丝是用板牙加工外螺纹的操作。

1) 板牙和板牙架

板牙是加工外螺纹的刀具，有固定的和开缝的两种。其结构形状像圆螺母，如图 6-42(a)所示，由切削部分、校正部分和排屑孔组成。板牙两端是带有 60°锥度的切削部分，起切削作用。板牙中间一段是校正部分，起修光和导向作用。板牙的外圆有一条 V 形槽和四个锥坑，下面两个锥坑通过紧固螺钉将板牙固定在板牙架上用来传递扭矩，带动板牙转动。板牙一端切削部分磨损后可翻转使用另一端。板牙校正部分磨损使螺纹尺寸超出公差时，可用锯片砂轮沿板牙 V 形槽将板牙锯开，利用上面两个锥坑，靠板牙架上的两个调整螺钉将板牙缩小。

板牙架是装夹板牙并带动板牙旋转的工具，如图 6-42(b)所示。

套丝操作要点：

① 套丝前，先确定圆杆直径，直径太大，板牙

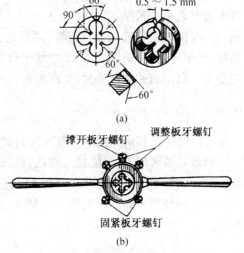

图 6-42 板牙与板牙架

不易套入;直径太小,套丝后螺纹牙型不完整。圆杆直径可按以下经验公式计算:

$$d_0 = D - 0.13p.$$

式中:d_0为圆杆直径(mm);D为螺纹公称直径(mm);p为螺距(mm)。

② 圆杆端部倒角 60°左右,使板牙容易对准中心和切入,如图 6-43(a)所示。

③ 将板牙端面垂直放入圆杆顶端。为使板牙切入工件,开始施加的压力要大,转动要慢。套入几牙后,可只转动板牙架,不再加压,但要经常反转来断屑如图 6-43(b)所示。

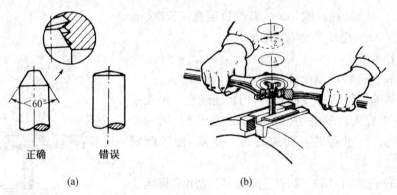

正确　　错误

(a)　　　　　　　　(b)

图 6-43 套丝

④ 套丝部分离钳口应尽量近些,圆杆要夹紧。为了不损坏圆杆已加工表面,可用硬木或铜片做衬垫。在钢制件上套丝需加切削液冷却润滑,以提高螺纹加工质量和延长板牙寿命。

6.7　刮削与研磨

6.7.1　刮削

用刮刀从工件表面刮去一层极薄的金属称为刮削。刮削时刮刀对工件既有切削作用,又有压光作用。刮削能够消除机械加工留下的刀痕和微观不平,提高工件的表面质量,可以使工件表面形成存油间隙,减少摩擦阻力,提高工件的耐磨性。还可以获得美观的工件表面。刮削属于一种精加工方法,表面粗糙度值可达到 $0.4\sim0.1\ \mu m$。常用于零件相配合的滑动表面。例如,机床导轨,滑动轴承,钳工划线平台等,并且在机械制造、工具、量具制造或修理中占有重要地位。刮削的劳动强度大,生产率低,一般用于难以磨削加工的场合。

6.7.2　研磨

用研磨工具和研磨剂从机械加工过的工件表面上磨去一层极微薄的金属,称为研磨。

研磨是精密加工,它能使工件达到精确的尺寸(尺寸公差可达 IT0),准确的几何形状和很小的表面粗糙度(R_a值可达 $0.012\ \mu m$)。研磨可提高零件的耐磨性、抗腐蚀性和疲劳强度,延长零件的使用寿命。研磨能用于碳钢、铸铁、铜等金属材料,也能用于玻璃、水晶等非金属材料。

6.8 装 配

6.8.1 装配常识

1) 装配概念及其重要性

机器是由许多零件组成的,将零件按照规定的技术要求装在一起成为一个合格产品的过程称为装配。一台复杂的机器,往往是先以某一个零件为基准零件,将若干个其他零件装在它上面构成"组件",然后将几个组件和零件装在另一个基准零件上面构成"部件",最后将几个部件、组件和零件一起装在产品的基准零件上面构成一台机器。装配是机器制造的最后阶段,它是保证机器达到各种技术指标的关键,装配工作好坏直接影响机器的质量,在机器制造业中占有很重要的地位。

2) 装配方法

为了保证机器的精度和使用性能,满足零件、部件的配合要求,根据产品的结构、生产条件和生产批量等情况,装配方法可分为以下几种:

(1) **完全互换法** 装配时在同类零件中任取一个零件,不需修配即可用来装配,且能达到规定的装配要求。装配精度由零件的制造精度保证。

完全互换法的装配特点是装配操作简便,生产率高,容易确定装配时间,有利于组织流水装配线。零件磨损后,调换方便,但零件加工精度要求高,制造费用大。因此,适用于组成件数少,精度要求不高或大批量生产的机器。

(2) **选配法** 将零件的制造公差放大到经济可行的程度,并按公差范围分成若干组,然后与对应的各组配件进行装配,以达到规定的配合要求。选配法的特点是零件制造公差放大后降低加工成本,但增加了零件的分组时间,还可能造成分组内零件不配套。适用于装配精度高、配合件的组成数少的装配或成批生产。

(3) **修配法** 装配时,根据实际测量的结果用修配方法改变某个配合零件的尺寸来达到规定的装配精度,如图 6-44 所示的车床两顶尖不等高,相差 ΔA 时,通过修刮尾座底板量 ΔA 后,达到精度要求($\Delta A = A_1 - A_2$)。

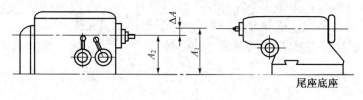

尾座底座

图 6-44 修配法

修配法可使零件加工精度相应降低,减少零件的加工时间,降低产品的制造成本,适用于单件小批生产。

(4) **调整法** 装配时,通过调整某一个零件的位置或尺寸来达到装配要求,例如用改变衬套位置达到规定的间隙 ΔA,如图 6-45(a)所示。用不同尺寸的垫片达到规定的间隙 ΔA,如图 6-45(b)所示。调整法通过调整零件位置或尺寸达到装配精度。适用于由于磨损引起配合间隙变化的调整法。

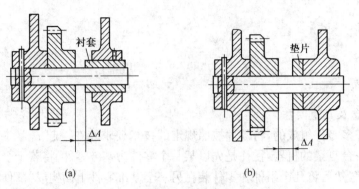

图 6‑45　调整法

3) 装配的联接方法

装配时按照零件相互联接的不同要求,联接方法可分为固定联接和活动联接。固定联接零件间没有相对运动;活动联接零件间在工作时能按规定的要求作相对运动。按联接后能否拆卸,又可分为可拆联接和不可拆联接两种。可拆联接在拆卸时不损坏联接零件,例如,螺纹、键、轴和滑动轴承等的联接;而不可拆的联接,拆卸时往往比较困难,并且会使其中一个或几个零件遭受损坏。再装时,就不能应用。例如,焊接、压合和各种活动连接的铆合头等联接。

4) 装配的配合种类

(1) **间隙配合**　装配后,保证配合表面有一定的间隙量,使配合零件间具有符合要求的相对运动。例如,轴和滑动轴承的配合。

(2) **过渡配合**　装配后,配合表面间有较小的间隙或很小的过盈量,故装拆容易,且零件间有较高的同轴度。当轴装在孔内同轴度要求较高,又需装拆时,常采用过渡配合。例如,齿轮、带轮与轴的配合。

(3) **过盈配合**　装配后,靠轴与孔的过盈量使零件表面间产生弹性压力达到紧固联接的目的(如图 6‑46)。例如,滚动轴承内孔与轴的配合。过盈配合时,根据配合零件传递扭矩或轴向力的大小,其过盈量的大小和装配方法也各不相同。过盈量较小时,可用小型压力机将零件压入配合件。过盈量较大时,可将孔类零件浸入热油内加热(油用电炉加热),用红套法进行装配。当轴类零件的相配件很大时,加热有困难,可用冷却轴的办法进行装配。冷却介质一般有干冰(固体二氧化碳,可冷却到$-75℃$)、液氮(液态氮气,可冷却到$-180℃$)。

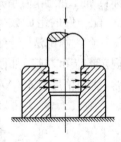

图 6‑46　过盈配合

6.8.2　装配示例

1) 螺纹联接装配

螺纹联接是一种可拆的固定联接,具有结构简单,联接可靠,装拆方便等优点,在机械中应用广泛。螺纹联接装配技术要求是保证有一定的拧紧力矩,使螺纹牙间产生足够的预紧力;螺钉和螺母不产生偏斜和歪曲;有可靠的防松装置等。

螺钉和螺母装配要求如下:

(1) 螺钉头部,螺母底面与联接件接触应良好。

(2) 被联接件受压应均匀,贴合紧密,联接牢固。

(3) 成组螺栓或螺母拧紧时,应根据被联接件形状,螺栓分布情况,按一定顺序逐次拧紧。

例如,在拧紧条形或长方形布置的成组螺母时,应从中间逐渐向两边对称展开。在拧紧方形或圆形时,必须对称进行。如有定位销时,应从靠近定位销的螺栓开始拧。其目的主要是防止螺栓受力不一致产生变形。

（4）联接件在工作时,有振动或冲击,为防止螺钉或螺母松动,必须装有可靠的防松装置。

2）滚动轴承装配

（1）滚动轴承装配方法

① 将轴承、轴、轴承座内孔用汽油清洗干净。

② 检查滚动体是否灵活,在装配表面涂上机油。

③ 轴承装到轴上时,不能用手锤直接敲打轴承外圈。应使用垫套或铜棒,将轴承敲到轴上。用力应均匀,且施加在轴承内圈端面上。

④ 轴承装到轴承座内孔时,力应均匀地施加在轴承外圈端面上。

⑤ 使用套筒或压力机将轴承压入轴和轴承座孔内。

⑥ 轴承内孔与轴为较大的过盈配合时,可采用将轴承放到 80～90℃ 的机油中预热,使轴承孔胀大后与轴相配。

（2）滚动轴承装配要点

① 滚动轴承的一侧端面标有牌号与规格,该面应装在可见部位,便于检查。

② 轴承装在轴和轴承座孔内不能歪斜。

③ 装配后,轴承转动应灵活,无噪音。

6.8.3　拆卸的基本要求

机器长期使用后,某些零件产生磨损和变形,使机器的精度下降,此时就需对机器进行检查和修理。修理时要对机器进行拆卸工作,拆卸机器时的基本要求是:

（1）拆卸机器前应熟悉图纸,了解机器部件的结构,确定拆卸方法,防止乱敲、乱拆造成零件损坏。

（2）拆卸要正确地去除零件间的相互联接。因此拆卸工作应按照与装配相反的顺序,先装的零件应后拆,后装的零件应先拆。一般是按先外后内,先上后下的顺序进行拆卸。拆卸时,应尽量使用专用工具,以防损坏零件,直接敲击零件时,不能用铁锤,可用铜锤或木锤敲击。

（3）滚动轴承的拆卸方法与其结构有关,一般可采用拉、压、敲击等方法进行。同样要注意拆卸的作用力必须作用在轴承圈上。图 6-47 所示为从轴上拆卸轴承。

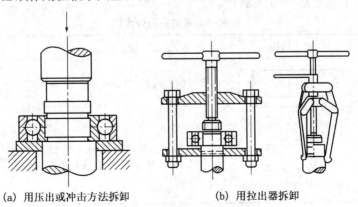

(a) 用压出或冲击方法拆卸　　　　　(b) 用拉出器拆卸

图 6-47　从轴上拆卸轴承

（4）对成套加工或不能互换的零件拆卸时，应作好标记，以防装配时装错。零件拆卸后，应按次序放置整齐，尽可能按原来的结构套在一起。对小零件，如销、止动螺钉等拆下后应立即拧上或插入孔中，避免寻找。对丝杠、长轴等零件应用布包好，并用铁丝等物将其吊起安置，防止弯曲变形和碰坏。

（5）拆卸螺纹联接的零件必须辨别螺纹旋向。

6.9　典型综合件钳工示例

6.9.1　手锤头的制作

手锤头零件图如图 6-48 所示。

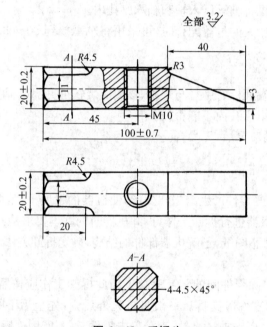

图 6-48　手锤头

注：技术要求：1. 两端淬火 49～56HRC（深 4～5 mm）；2. 发黑

手锤头制作步骤见表 6-5 所示。

表 6-5　手锤头制作步骤

制作序号	加工简图	加工内容	工具、量具
1. 备料	ϕ32 103	锯切 ϕ32、长 103 mm 的 45 钢棒料	钢锯、钢尺
2. 划线	22 22	在 ϕ32 圆柱两端面上划 22×22 加工界线及中心线，打上样冲眼	划针盘、V 形铁、直角尺、样冲、手锤

（续表）

制作序号	加工简图	加工内容	工具、量具
3. 锯切	20.5	锯切左右两对应面。要求锯痕整齐，锯切宽度不小于 20.5，平面应平直，对应面平行，邻边垂直	钢锯、钢尺、直角尺
4. 锉削	100±0.7　20±0.2	锉削六个面。要求各面平直，对面平行，邻面垂直，断面成正方形，尺寸为 20±0.2，长度为 100±0.7	粗平锉刀、游标卡尺、直角尺
5. 划线		按零件图（图 6-49）尺寸，划出全部加工界线，打上样冲眼	划针、划规、钢尺、样冲、手锤、划针盘（高度游标尺）等
6. 锉削		锉削五个圆弧。圆弧半径应符合图纸要求	圆锉刀
7. 锯切		锯切斜面。要求锯痕平整	钢锯
8. 锉削		锉削四边斜角平面及大斜平面	粗、中平锉刀
9. 钻孔		用 $\phi9$ 麻花钻钻孔将孔钻穿及锪 $1\times45°$ 锥坑	$\phi9$ 麻花钻、90°锪钻
10. 攻丝		攻 M10 内螺纹至攻穿为止	M10 丝锥
11. 修光		用细平锉和砂布修光各平面，用圆锉和砂布修光各圆弧面	细平锉、圆锉、砂布
12. 热处理		① 两头锤击部分硬度为 49～56HRC，心部不淬火；② 发黑	硬度机检验硬度

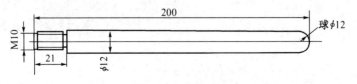

图 6-49　手锤柄

6.9.2 手锤柄(如图 6-49)制作步骤

（1）**落料** 锯切 $\phi12$，长 220 mm 的圆棒料。

（2）**车外圆** （在车床上进行）车一端外圆尺寸为 $\phi9.8\times21$，并倒角和割退刀槽。

（3）**套丝** 用板牙套 M10×21 棒料外螺纹。

（4）**锉削** 用平锉锉削棒料另一端 $\phi12$ 球面（用 $\phi2$ 样板检验）。

（5）**修光** （在车床上进行)用细平锉和砂布修光 $\phi2$ 圆柱面。

（6）**装配** 将手锉柄螺纹端拧入手锤螺孔内，然后用手锉轻敲手锤柄露出手锤部分，填平倒角为止。再用平锉修平；砂布修光。

第7章 车 工

扫码可获取
第7章补充资源

7.1 概 述

在机械制造行业中,每天都生产和使用着许多机器和设备。例如,钟表、汽车、拖拉机、飞机、轮船、火车、及车床、铣床、刨床、磨床、钻床等等,无论是天上飞的、地上跑的和海洋上航行的各式各样的机器设备,机器的种类虽然很多,但是任何一部机器制造都离不开金属切削机床,它是制造机器的机器,又称为工作"母机"。所以在机械制造中占有重要的位置,而车床是金属切削机床中数量最多的一种,大约占机床总数的一半以上。

车床的种类很多,主要有普通车床、六角车床、仪表车床、立式车床、多刀车床、自动及半自动车床、数控车床等,其中大部分为卧式车床。

车削加工是指在车床上利用工件的旋转和刀具的移动,从工件表面切除多余材料,使其成为符合一定形状、尺寸和表面质量要求的零件的一种切削加工方法,如图 7-1 所示。其中工件的旋转为主运动,刀具的移动为进给运动。

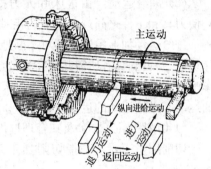

图 7-1 车削

车削加工主要用来加工零件上的回转表面,加工精度达 IT11~IT6,表面粗糙度 R_a 值达 12.5 ~ 0.8 μm。

7.1.1 车削加工范围

车削加工应用范围很广泛,它可完成的主要工作如图 7-2 所示。

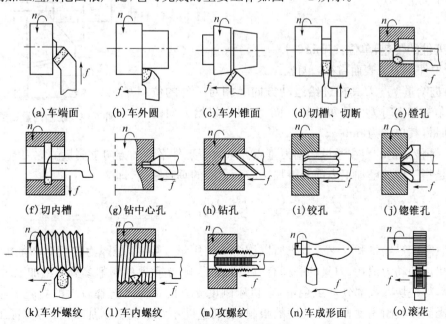

(a)车端面 (b)车外圆 (c)车外锥面 (d)切槽、切断 (e)镗孔

(f)切内槽 (g)钻中心孔 (h)钻孔 (i)铰孔 (j)锪锥孔

(k)车外螺纹 (l)车内螺纹 (m)攻螺纹 (n)车成形面 (o)滚花

图 7-2 车床的加工范围

7.1.2 切削用量

在生产中,要以一定的生产率加工出质量合格的零件,就要合理选择切削加工工艺参数,合理地使用刀具、夹具、量具,并采用合理的加工方法。

1) 车削加工运动

切削时,没有刀具和工件的相对运动,切削加工就无法进行。切削运动可分为主运动和进给运动。

(1) 主运动 由机床或人力提供的主要运动,它促使刀具和工件之间产生相对运动,从而使刀具前面接近工件。在车削加工中,工件随车床主轴的旋转就是主运动,如图 7-3 所示。

(2) 进给运动 由机床和人力提供的运动,它使刀具和工件之间产生附加的相对运动。

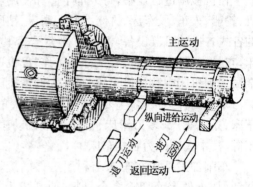

图 7-3 车削运动

进给运动加上主运动即可不断地或连续地切除切屑,并得到具有所需几何特性的已加工表面。车削加工中,进给运动是刀具沿车床纵向或横向的运动。进给运动的运动速度较低。

2) 切削用量三要素及其合理选用

切削用量三要素是指切削加工时的切削速度 v_c、进给量 f 和背吃刀量 a_p,如图 7-4 所示。

(1) 切削速度 v_c 切削刃选定点相对于工件的主运动的瞬时速度。在车削加工中为工件旋转线速度。

$$v_c = \frac{\pi n D}{1\,000 \times 60}(\text{m/s})$$

其中:

n—工件的转速,单位:r/min;

D—工件待加工表面直径,单位:mm。

(2) 进给量 f 刀具在进给运动方向上相对工件的位移量,在车削加工时为工件每旋转一圈,刀具在进给方向的相对移动量,其单位为 mm/r。

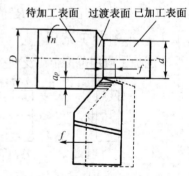

图 7-4 切削用量三要素

(3) 背吃刀量 a_p 在通过切削刃基点并垂直于工件平面的方向上测量的吃刀量。在车削加工中,是指工件的已加工表面与待加工表面之间的垂直距离,即

$$a_p = \frac{(D-d)}{2}(\text{mm})。$$

切削速度、进给量和背吃刀量之所以称为切削用量三要素,是因为它们对切削加工质量、生产率、机床的动力消耗、刀具的磨损有着很大的影响,是重要的切削参数。粗加工时,为了提高生产率,尽快切除大部分加工余量,在机床刚度允许的情况下选择较大的背吃刀量和进给量,但考虑到刀具耐用度和机床功率的限制,切削速度不宜太高。精加工时,为保证工件的加工质量,应选用较小的背吃刀量和进给量,而可选择较高的切削速度。根据被加工工件的材料、切削加工条件、加工质量要求,在实际生产中可由经验或参考《机械加工工艺人员手册》选择合理的切削用量三要素。

7.2　车　床

车床的种类很多,下面主要介绍常用的 C6136A 型卧式车床。

7.2.1　车床的型号

车床型号是按 GB/T15375—94《金属切削机床型号编制方法》规定的,由汉语拼音字母和阿拉伯数字组成。C6136A 型卧式车床的型号含义如下:

车床的型号编制

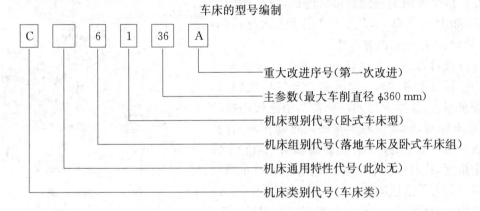

重大改进序号(第一次改进)

主参数(最大车削直径 ϕ360 mm)

机床型别代号(卧式车床型)

机床组别代号(落地车床及卧式车床组)

机床通用特性代号(此处无)

机床类别代号(车床类)

7.2.2　车床的组成

C6136A 型卧式车床的主要组成部分有床身、床头箱、进给箱、光杠和丝杠、溜板箱、刀架、尾座和床腿,如图 7-5 所示。

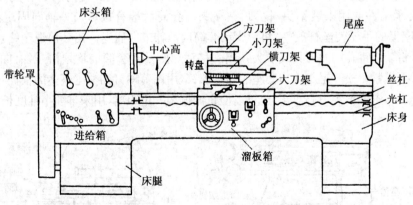

图 7-5　C6136A 型车床示意图

1) **床身**　床身是车床的基础零件,用来支承和连接各主要部件并保证各部件之间有严格、正确的相对位置。床身的上面有内、外两组平行的导轨。外侧的导轨用以大拖板的运动导向和定位,内侧的导轨用以尾座的移动导向和定位。床身的左右两端分别支承在左右床腿上,床腿固定在地基上。左右床脚内分别装有变速箱和电气箱。

2）**床头箱** 又称主轴箱。内装主轴和主轴变速机构。电动机的运动经三角胶带传给床头箱，再经过内部主轴变速机构将运动传给主轴，通过变换床头箱外部手柄的位置来操纵变速机构，使主轴获得不同的转速。而主轴的旋转运动又通过挂轮机构传给进给箱。

3）**进给箱** 进给箱内装有进给运动的变速齿轮。主轴的运动通过齿轮传入进给箱，经过变速机构带动光杠或丝杠以不同的转速转动，最终通过溜板箱而带动刀具实现直线的进给运动。

4）**光杠和丝杠** 光杠和丝杠将进给箱的运动传给溜板箱。车外圆、车端面等自动进给时，用光杠传动；车螺纹时用丝杠传动。丝杠的传动精度比光杠高。光杠和丝杠不得同时使用。

5）**溜板箱** 溜板箱与大拖板连在一起，它将光杠或丝杠传来的旋转运动通过齿轮、齿条机构（或丝杠、螺母机构）带动刀架上的刀具作直线进给运动。

6）**刀架** 刀架是用来装夹刀具的，刀架能够带动刀具作多个方向的进给运动。为此，刀架做成多层结构，如图 7-6 所示，从下往上分别是大拖板、中拖板、转盘、小拖板和四方刀架。

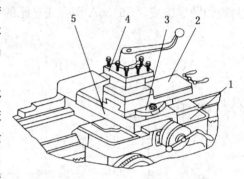

1—大拖板 2—小拖板 3—转盘
4—四方刀架 5—中拖板

图 7-6 刀架的组成

大拖板可带动车刀沿床身上的导轨作纵向移动。中拖板可以带动车刀沿大拖板上的导轨（与床身上导轨垂直）作横向运动。转盘与中拖板用螺栓相连，松开螺母，转盘可在水平面内转动任意角度。小拖板可沿转盘上的导轨作短距离移动。当转盘转过一个角度，其上导轨亦转过一个角度，此时小拖板便可以带动刀具沿相应的方向作斜向进给运动。最上面的四方刀架专门夹持车刀，最多可装四把车刀。逆时针松开锁紧手柄可带动四方刀架旋转，选择所用刀具；顺时针旋转时四方刀架不动，但将四方刀架锁紧，以承受加工中各种力对刀具的作用。

7）**尾座** 尾座装在床身内侧导轨上，可以沿导轨移动到所需位置。其结构如图 7-7 所示。尾座由底座、尾座体、套筒等部分组成。套筒装在尾座体上。套筒前端有莫氏锥孔，用于安装顶尖支承工件或用来装钻头、铰刀、钻夹头。套筒后端有螺母与一轴向固定的丝杆相连接，摇动尾座上的手轮使丝杆旋转，可以带动套筒向前伸或向后退。当套筒退至终点位置时，丝杆的头部可将装在锥孔中的刀具或顶尖顶出。移动尾座及其套筒前均须松开各自的锁紧手柄，移到位置后再锁紧。松开尾座体与底座的固定螺钉，用调节螺钉调整尾座体的横向位置，可以使尾座顶尖中心与主轴顶尖中心对正，也可以使它们偏离一定距离，用来车削小锥度长锥面。

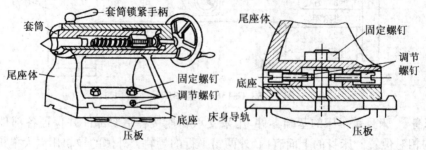

图 7-7 尾座

8）**床腿** 支承床身，并与地基连接。

7.2.3 C6136A 型车床的传动系统

C6136A 型车床的传动系统如图 7-8 所示。

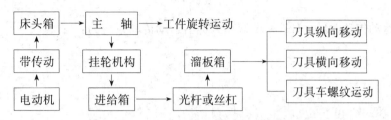

图 7-8 C6136A 型车床的传运动系统

C6136A 型车床的传动系统由主运动传动系统和进给运动传动系统两部分组成(如图 7-9)。

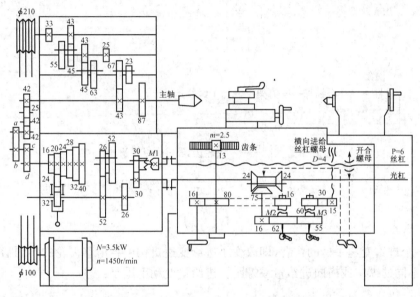

图 7-9 C6136A 型车床传动系统路线图

在车床上主运动是指主轴带动工件所作的旋转运动。主轴的转速常用 $n_主$ 来表示,单位为 r/min。主运动传动系统是指从电机到主轴之间的传动系统,如图 7-9 所示。

主运动有两条传动路线:一条是电动机转动经带传动,再经床头箱中的主轴变速机构把运动传给主轴,使主轴产生旋转运动。这条运动传动系统称为主运动传动系统。另一条是主轴的旋转运动经挂轮机构,进给箱中的齿轮变速机构、光杆或丝杠、溜板箱把运动传给刀架,使刀具纵向或横向移动或车螺纹纵向移动。这条传动系统称为进给传动系统。

1) **主运动传动系统** C6136A 型车床主运动传动系统为:

$$
\text{电动机} \longrightarrow \frac{\phi 100}{\phi 210} \left\{ \begin{matrix} \dfrac{33}{55} \\[4pt] \dfrac{43}{45} \end{matrix} \right\} \left\{ \begin{matrix} \dfrac{43}{45} \\[4pt] \dfrac{25}{63} \end{matrix} \right\} \left\{ \begin{matrix} \dfrac{67}{43} \\[4pt] \dfrac{23}{87} \end{matrix} \right\} \longrightarrow \text{主轴}
$$

改变各个主轴变速手柄的位置,即改变了滑移齿轮的啮合位置,可使主轴得到 8 种不同的正转。反转由电动机直接控制。其中主轴正转的极限转速为:

$$n_{\max} = 1\,450 \times \frac{100}{210} \times \frac{43}{45} \times \frac{43}{45} \times \frac{67}{43} \times 0.98 = 980(\mathrm{r/min})\,,$$

$$n_{\min} = 1\,450 \times \frac{100}{210} \times \frac{33}{55} \times \frac{25}{63} \times \frac{23}{87} \times 0.98 = 42(\mathrm{r/min})\,.$$

2）**进给运动传动系统**　C6136A 型车床进给运动传动系统为：

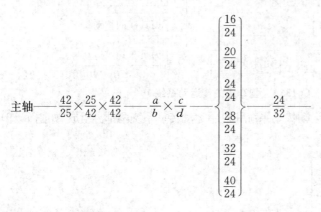

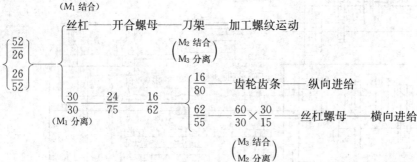

改变各个进给变速手柄的位置，即改变了进给变速机构中各滑移齿轮的不同啮合位置，可获得 12 种不同的纵向或横向进给量或螺距。进给量变动范围是：

纵向进给量 $f_{纵} = 0.043 \sim 2.37$ mm/r，

横向进给量 $f_{横} = 0.038 \sim 2.1$ mm/r，

如果变换挂轮的齿数，则可得到更多的进给量或螺距。

7.2.4　其他车床

在生产上，除了使用普通卧式车床外，还使用六角车床、立式车床、自动车床、数控车床等，以满足不同形状、不同尺寸和不同生产批量的零件的加工需要。

7.3　车削基础

7.3.1　车刀及其安装

在实习中常有这样的情况，同样的车床、同样的转速和进给量，但加工出来的零件质量却有差别。这虽然与设备好差有关系，但最主要的还是刀具的影响，下面我们简单了解一下车刀知识。

1）车刀

车刀的种类很多,根据工件和被加工表面的不同,常用的车刀有外圆车刀、端面车刀、螺纹车刀、内孔镗刀等,如图 7-10 所示。

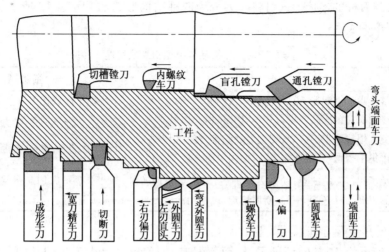

图 7-10　车刀的种类和用途

（1）车刀的组成

车刀由刀头和刀杆组成,如图 7-11 所示。刀头直接参加切削工作,故又称切削部分。刀杆是用来将车刀夹持在刀架上的,故又称为夹持部分。

车刀的切削部分一般由三个面、两条切削刃和一个刃尖所组成,分别是:

① **前面**　刀具上切屑流过的表面。

② **主后面**　刀具上同前面相交成主切削刃的后面。该面与工件上的过渡表面相对。

③ **主切削刃**　起始于切削刃上主偏角为零的点,并至少有一段切削刃拟用来在工件上切出过渡表面的那个整段切削刃。它担负主要的切削工作。

④ **副切削刃**　切削刃上除主切削刃以外的刃。它担负部分切削工作。

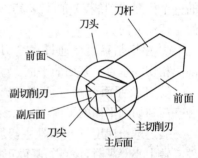

图 7-11　外圆车刀的组成

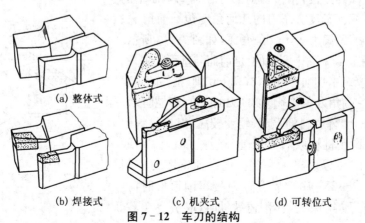

(a) 整体式　　(b) 焊接式　　(c) 机夹式　　(d) 可转位式

图 7-12　车刀的结构

⑤ **刀尖**　指主切削刃与副切削刃的连接处相当少的一部分切削刃,通常是一小段圆弧或一小段直线。

⑥ **副后面**　刀具上同前面相交形成副切削刃的后面,该面与工件的已加工表面相对。

按照刀头与刀杆的连接形式可将车刀分为四种结构形式,如图 7 - 12 所示。车刀结构类型的特点及用途见表 7 - 1。

表 7 - 1　车刀结构类型特点及用途

名　称	特　点	适用场合
整体式	用整体高速钢制造,刃口可磨得较锋利	小型车床或加工有色金属
焊接式	焊接硬质合金或高速钢刀片,结构紧凑,使用灵活	各类车刀特别是小刀具
机夹式	避免了焊接产生的应力、裂纹等缺陷,刀杆利用率高。刀片可集中刃磨,获得所需参数,使用灵活方便	外圆、端面、镗孔、割断、螺纹车刀等
可转位式	避免了焊接刀的缺点,切削刃磨钝后,刀片可快速转位,无需刃磨刀具,生产率高,断屑稳定,可使用涂层刀片	大中型车床加工外圆、端面、镗孔,特别适用于自动线、数控机床

（2）车刀的角度及合理选用

刀具的几何形状、刀具的切削刃及前后面的空间位置都是由刀具的几何角度所决定的。这里给定一组辅助平面作为标注、刃磨和测量车刀角度的基准,称为静止参考坐标系。它是由基面、主切削平面和正交平面三个相互垂直的平面所构成,如图 7 - 13 所示。

① **基面**　过切削刃选定点的平面,它平行或垂直于刀具在制造、刃磨及测量时适合于装夹或定位的一个平面或轴线,一般说来其方位要垂直于假定的主运动方向。

② **主切削平面**　通过切削刃上选定点与主切削刃相切并垂直于基面的平面。

③ **正交平面**　通过切削刃选定点并同时垂直于基面和切削平面的平面。

假定进给速度 $v_f = 0$,且主切削刃上选定点与工件旋转中心等高时,该点的基面正好是水平面,而该点的切削平面和正交平面都是铅垂面。

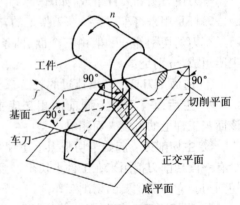

图 7 - 13　车刀的辅助平面

在刀具静止参考系内,车刀切削部分在辅助平面中的位置形成车刀的几何角度。车刀的几何角度包括前角 γ_0、后角 α_0、主偏角 κ_r、副偏角 κ_r' 和刃倾角 λ_s,如图 7 - 14 所示。

前角 γ_0 是在正交平面中测量的,是前面与基面的夹角。前角越大,刀具越锋利,切削力减小,有利于切削,工件的表面质量好。但是,它前角太大会降低切削刃的强度,容易崩刃。

一般情况下,工件材料的强度、硬度较高,刀具材料硬脆,工件材料为脆性材料或断续切削、粗加工时,γ_0 均取小值。若反之,γ_0 可以取得大一些。用高速钢车刀车削钢件时,γ_0 取 $15° \sim 25°$;用硬质合金刀具车削钢件时,γ_0 取 $10° \sim 15°$;用硬质合金刀具车削铸铁件时,取 γ_0 为 $0° \sim 8°$。

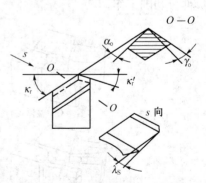

图 7 - 14　车刀的主要角度

后角 α_0 也在正交平面中测量,是主后面与切削平面间的夹角。后角影响主后面与工件过渡表面的摩擦,影响刀刃的强度。α_0 一般取值 $6°\sim12°$。粗加工或切削较硬材料时取小些,精加工或切削较软材料时取大些。

主偏角 κ_r 是在基面中测量的,是主切削平面与假定工作平面间的夹角。主偏角的大小影响切削刃实际参与切削的长度及切削力的分解。减小主偏角会增加刀刃的实际切削长度,总切削负荷增加,但单位长度切削刃上的负荷减小,使刀具耐用度得以提高,但会加大刀具对工件的径向作用力,易将细长工件顶弯,如图 7-15 所示。

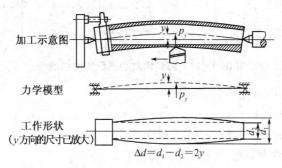

图 7-15 车外圆工件受力变形

通常 κ_r 选择 $45°,60°,75°$ 和 $90°$ 几种。

副偏角 κ_r' 它也在基面中测量,是副切削平面与假定工作平面间的夹角,副偏角影响副后面与工件已加工表面之间的摩擦以及已加工表面粗糙度数值的大小,如图 7-16 所示。

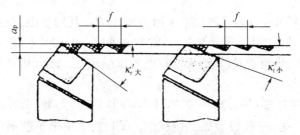

图 7-16 副偏角对切削残留面积的影响

κ_r' 较小时,可减小切削的残留面积,减小表面粗糙度数值。通常 κ_r' 取值为 $5°\sim15°$,精加工时取小值。

刃倾角 λ_s 在主切削平面中测量,是主切削刃与基面的夹角。刃倾角主要影响切屑的流向和刀头的强度。当 $\lambda_s=0$ 时,切屑沿垂直于主切削刃的方向流出,如图 7-17(a)所示;当刀尖为切削刃的最低点时,λ_s 为负值,切屑流向已加工表面,如图 7-17(b)所示;当刀尖为主切削刃上最高点时,λ_s 为正值,切屑流向待加工表面,如图 7-17(c)所示,此时刀头强度较低。一般 λ_s 取 $-5°\sim+5°$,精加工时取正值或零,以避免切屑划伤已加工表面;粗加工或切削硬、脆材料时取负值,以提高刀尖强度。断续车削时又可取 $-12°\sim-15°$。

刀具静止参考系角度主要在刀具的刃磨与测量时使用。在实际的工作过程中,刀具的角度可能会有一定程度的改变。

(3) 车刀材料及选用

车刀的材料必须具有特殊的力学性能。具体要求如下:

① 高硬度及良好的耐磨性,这是能作为刀具材料的基本要求,车刀材料的硬度必须在

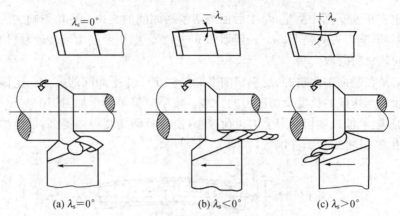

$\lambda_s = 0°$ $-\lambda_s$ $+\lambda_s$

(a) $\lambda_s = 0°$ (b) $\lambda_s < 0°$ (c) $\lambda_s > 0°$

图 7-17 刃倾角对切屑流向的影响

60HRC 以上。硬度越高,其耐磨性越好;

② 高的热硬性,即刀具材料在高温时保持原有强度、硬度的能力;

③ 足够的强韧性,保证刀具在一定的切削力或冲击载荷作用下不产生崩刃等损坏。

另外,刀具材料还要有较好的工艺性和经济性。

车刀材料用得最多的是高速钢和硬质合金。

高速钢是合金元素很多的合金工具钢,硬度在 63HRC 以上,耐热 600℃,常用的牌号为 W18Cr4V。高速钢的强韧性好,刀具刃口锋利,可以制造各种形式的车刀,尤其是螺纹精车刀具、成形车刀等。高速钢车刀可以加工钢、铸铁、有色金属材料。高速钢车刀的切削速度不能太高。

硬质合金是由 WC,TiC,Co 等进行粉末冶金而成的。其硬度很高,达 89~94HRA,耐热 800~1 000℃。质脆,没有塑性,成形性差,通常制成硬质合金刀片装在 45 钢刀体上使用。由于其硬度高、耐磨性好、热硬性好,允许采用较大的切削用量。实际生产中一般性车削用车刀大多数采用硬质合金。

常用硬质合金有钨钴类(YG 类)和钨钴钛类(YT 类)两大类。YG 类硬质合金较 YT 类硬度略低,韧性稍好一些,一般用于加工铸铁件。YT 类常用来车削钢件。常用的硬质合金中:YG8 用于铸铁件粗车,YG6 用于半精加工,YG3 用于精车,YT5 用于钢件粗车,YTl5 用于半精车,YT30 用于精车。

除上述材料外,车刀材料还有硬质合金涂层刀片、陶瓷等。

(4) 车刀的刃磨

未经使用的新刀或用钝后的车刀需要进行刃磨(不重磨车刀除外),得到所需的锋利刀刃后才能进行车削。车刀的刃磨一般在砂轮机上进行,也可以在车刀磨床或工具磨床上进行。刃磨高速钢车刀时应选用白刚玉(氧化铝晶体)砂轮,刃磨硬质合金车刀时则选用绿色碳化硅砂轮。车刀的刃磨包括刃磨三个刀面和刀尖圆弧,如图 7-18 所示,最后达到所需形状和角度的要求。

刃磨车刀时应注意下列事项:

① 启动砂轮或刃磨车刀时,磨刀者应站在砂轮侧面,以防砂轮破碎伤人;

② 刃磨时,两手握稳车刀,使刀柄靠近支架,刀具轻轻接触砂轮,接触过猛会导致砂轮碎裂或手拿车刀不稳而飞出;

③ 被刃磨的车刀应在砂轮圆周面上左、右移动,使砂轮磨耗均匀,不出沟槽,应避免在砂

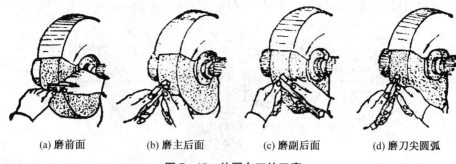

(a) 磨前面　　　(b) 磨主后面　　　(c) 磨副后面　　　(d) 磨刀尖圆弧

图 7－18　外圆车刀的刃磨

轮侧面用力粗磨车刀,以防砂轮受力偏摆、跳动,甚至碎裂;

④ 刃磨高速钢车刀时,发热后应将刀具置于水中冷却,以防车刀升温过高而回火软化。而磨硬质合金车刀时不能蘸水,以免产生热裂纹,缩短刀具使用寿命。

2) 正确装夹车刀

车刀应正确地装夹在车床刀架上,这样才能保证刀具有合理的几何角度,从而提高车削加工的质量。

车刀的装夹正、误对比如图 7－19 所示。

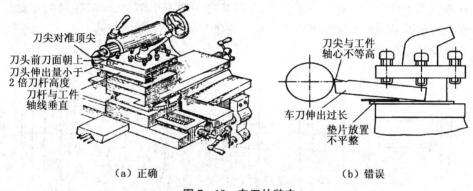

（a）正确　　　　　　　　　（b）错误

图 7－19　车刀的装夹

装夹车刀应注意下列事项:

① 车刀的刀尖应与车床主轴轴线等高,装夹时可根据尾座顶尖的高度来确定刀尖高度;

② 车刀刀杆应与车床轴线垂直,否则将改变主偏角和副偏角的大小;

③ 车刀刀体悬伸长度一般不超过刀杆厚度的两倍,否则刀具刚性下降,车削时容易产生振动;

④ 垫刀片要平整,并与刀架对齐。垫刀片一般使用 2～3 片,太多会降低刀杆与刀架的接触刚度;

⑤ 车刀装好后应检查车刀在工件的加工极限位置时是否会产生运动干涉或碰撞。

7.3.2　三爪卡盘装夹工件

车削加工时,将工件装夹在车床上时,必须使要加工表面的回转中心和车床主轴的中心线重合,才能使加工后的表面有正确的位置。为了保证工件在受重力、切削力、离心惯性力等作用时仍能保持原有的正确位置。

三爪定心卡盘是车床上最常用的夹具,其构造如图 7-20 所示。

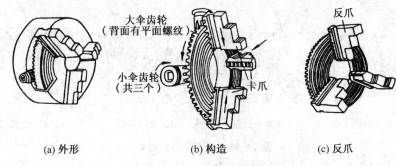

(a) 外形　　　　　　　　　(b) 构造　　　　　　　　(c) 反爪

图 7-20　三爪定心卡盘

当转动小伞齿轮时,与之相啮合的大伞齿轮随之转动,大伞齿轮背面的平面螺纹带动三个卡爪沿卡盘体的径向槽同时作向心或离心移动,以夹紧或松开不同直径的工件。由于三个卡爪是同时移动的,夹持圆形截面工件时可自行对中,其对中的准确度约为 0.05~0.15 mm。三爪定心卡盘装夹工件一般不需找正,方便迅速,但不能获得高的定心精度,而且夹紧力较小。其主要用来装夹截面为圆形、正六边形的中小型轴类、盘套类工件。当工件直径较大,用正爪不便装夹时,可换上反爪,如图 7-20(c),进行装夹。

工件用三爪卡盘定心装夹必装正夹牢,夹持长度一般不小于 10 mm,在机床开动时,工件不能有明显的摇摆、跳动,否则须要重新找正工件的位置,夹紧后方可进行加工。图 7-21 为三爪定心卡盘装夹工件示例。

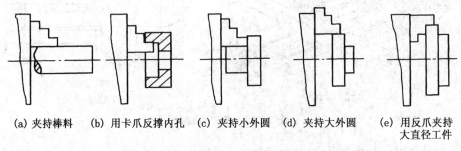

(a) 夹持棒料　　(b) 用卡爪反撑内孔　　(c) 夹持小外圆　　(d) 夹持大外圆　　(e) 用反爪夹持
　　　　　　　　　　　　　　　　　　　　　　　　　　　　　　　　　　　　大直径工件

图 7-21　三爪定心卡盘装夹工件方法示例

三爪定心卡盘与机床主轴的联接如图 7-22 所示。卡盘以孔和端面与卡盘座相联接,并用螺钉紧固。卡盘座以锥孔与主轴前端的圆锥体配合定位,用键传递扭矩,并用环形螺母将卡盘座紧固在主轴轴端。除上述之外,卡盘与主轴的联接还有其他形式。

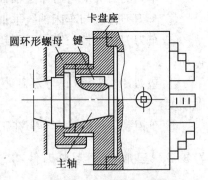

图 7-22　卡盘与主轴的联结

7.4　车削的基本工作

7.4.1　基本车削加工

1) 车外圆

将工件车削成圆柱形表面的加工称为车外圆,这是车削加工最基本,也是最常见的操作。

（1）外圆车刀

常用外圆车刀主要有以下几种：

① **尖刀**　主要用于粗车外圆和车削没有台阶或台阶不大的外圆。

② **45°弯头刀**　既可车外圆，又可车端面，还可以进行 45° 倒角，应用较为普遍。

③ **右偏刀**　主要用来车削带直角台阶的工件。由于右偏刀切削时产生的径向力小，常用于车削细长轴。

④ **刀尖带有圆弧的车刀**　一般用来车削母线带有过渡圆弧的外圆表面。这种刀车外圆时，残留面积的高度小，可以降低工件表面粗糙度。

（2）车削外圆时径向尺寸的控制

① **刻度盘手柄的使用**　要准确地获得所车削外圆的尺寸，必须正确掌握好车削加工的背吃刀量 a_p。车外圆的背吃刀量是通过调节中拖板横向进给丝杠获得的。

横向进刀手柄连着刻度盘转一周，丝杠也转一周，带动螺母及中拖板和刀架沿横向移动一个螺杠导程。由此可知，中拖板进刀手柄刻度盘每转一格，刀架沿横向的移动距离为：

$$丝杠导程 \div 刻度盘总格数。$$

对于 C6136A 型车床，此值为 0.02 mm/格。所以，车外圆时当刻度盘顺时针转一格，横向进刀 0.02 mm，工件的直径减小 0.04 mm。这样就可以按背吃刀量 a_p 决定进刀格数。

车外圆时，如果进刀超过了应有的刻度，或试切后发现车出的尺寸太小而须将车刀退回时，由于丝杠与螺母之间有间隙，刻度盘不能直接退回到所要的刻度线，应按图 7-23 所示的方法进行纠正。

(a) 要求手柄转至 30，　　(b) 错误：直接退至 30　　(c) 正确：反转约一圈后，
但摇过头，成 40　　　　　　　　　　　　　　　　　再转至所需位置 30

图 7-23　手柄摇过头的纠正方法

② **试切法调整加工尺寸**　工件在车床上装夹后，要根据工件的加工余量决定走刀的次数和每次走刀的背吃力量——因为刻度盘和横向进给丝杠都有误差，在半精车或精车时，往往不能满足进刀精度要求。为了准确地确定吃刀量，保证工件的加工尺寸精度，只靠刻度盘进刀是不行的，这就需要采用试切的方法。试切的方法与步骤如图 7-24 所示。

如果按照背吃刀量 a_{p1} 试切后的尺寸合格，就按 a_{p1} 车出整个外圆面。如果尺寸还大，要重新调整背吃刀量 a_p，进行试切，如此直至尺寸合格为止。

（3）外圆车削

工件的加工余量需要经过几次走刀才能切除，而外圆加工的精度要求较高，表面粗糙度值要求低，为了提高生产效率，保证加工质量，常将车削分为粗车和精车。这样可以根据不同阶段的加工，合理选择切削参数。两者加工特点见表 7-2 所示。

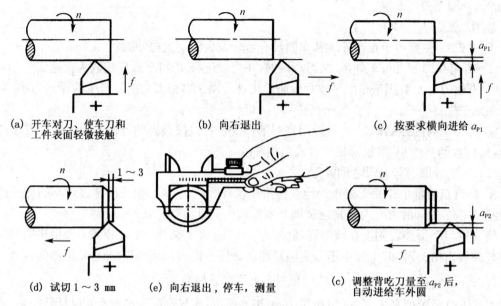

(a) 开车对刀、使车刀和工件表面轻微接触

(b) 向右退出

(c) 按要求横向进给 a_{P1}

(d) 试切 1 ～ 3 mm

(e) 向右退出，停车，测量

(c) 调整背吃刀量至 a_{P2} 后，自动进给车外圆

图 7-24　车外圆试车法

表 7-2　粗车和精车的加工特点

	粗　车	精　车
目　的	尽快去除大部分加工余量，使之接近最终的形状和尺寸，提高生产率	切去粗车后的精车余量，保证零件的加工精度和表面粗糙度
加工质量	尺寸精度低：IT4 ～ IT11 表面粗糙度值偏高，R_a 值 12.5 ～ 6.3 μm	尺寸精度低：IT8 ～ IT6 表面粗糙度值偏高，R_a 值 1.6 ～ 0.8 μm
背吃刀量	较大，1 ～ 3 mm	较小，0.3 ～ 0.5 mm
进给量	较大，0.3 ～ 1.5mm / r	较小，0.1 ～ 0.3 mm / r
切削速度	中等或偏低的速度	一般取高速
刀具要求	切削部分有较高的速度	切削刃锋利、光洁

在粗车铸件、锻件时，因表面有硬皮，可先倒角或车出端面，然后用大于硬皮厚度的背吃刀量（如图 7-25）粗车外圆，使刀尖避开硬皮，以防刀尖磨损过快或被硬皮打坏。

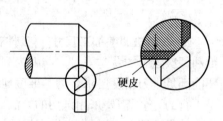

图 7-25　粗车铸锻件的背吃刀量

用高速钢车刀低速精车钢件时用乳化液润滑，用高速钢车刀低速精车铸铁件时用煤油润滑，这些都可降低工件表面粗糙度数值。

2）车端面

轴类、盘、套类工件的端面经常用来作轴向定位、测量的基准，车削加工时，一般都先将端面车出。端面的车削加工如图 7-26 所示。

弯头车刀车端面使用较多。弯头车刀车端面对中心凸台是逐步切除的，不易损坏刀尖，但45°弯头车刀车端面，表面粗糙度数值较大，一般用于车大端面，如图 7-26(a)所示。右偏刀由

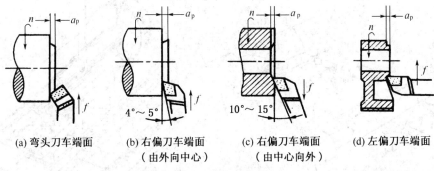

(a) 弯头刀车端面　　(b) 右偏刀车端面　　(c) 右偏刀车端面　　(d) 左偏刀车端面
　　　　　　　　　　　（由外向中心）　　　（由中心向外）

图 7 - 26　车端面

外向中心车端面时,如图 7 - 26(b)所示,凸台是瞬时去掉的,容易损坏刀尖。右偏刀向中心进给切削时前角小,切削不顺利,而且背吃刀量大时容易引起扎刀,使端面出现内凹。所以,右偏刀一般用于由中心向外车带孔工件的端面,如图 7 - 26(c)所示,此时切削刃前角大,切削顺利,表面粗糙度数值小。有时还需要用左偏刀车端面,如图 7 - 26(d)所示。

车端面时应注意以下几点:

① 车刀的刀尖应对准工件的回转中心,否则会在端面中心留下凸台;

② 工件中心处的线速度较低,为获得整个端面上较好的表面质量,车端面的转速要比车外圆的转速高一些;

③ 直径较大的端面车削时应将大拖板锁紧在床身上,以防由大拖板让刀引起的端面外凸或内凹,此时用小拖板调整背吃刀量;

④ 精度要求高的端面,亦应分粗、精加工。

3) 车台阶

很多的轴类、盘、套类零件上有台阶面。台阶面是有一定长度的圆柱面和端面的组合。台阶的高、低由相邻两段圆柱体的直径所决定。高度小于 5 mm 的为低台阶,加工时由正装的90°偏刀车外圆时车出;高度大于 5 mm 的为高台阶,高台阶在车外圆几次走刀后用主偏角大于 90°的偏刀沿径向向外走刀车出,如图 7 - 27 所示。

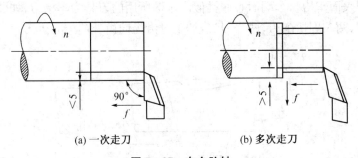

(a) 一次走刀　　　　　　　(b) 多次走刀

图 7 - 27　车台阶轴

台阶长度的确定可视生产批量而定,批量较小时,台阶的长度可用如图 7 - 28(a)所示钢尺,或如图 7 - 28(b)所示样板确定位置,车削时先用刀尖车出比台阶长度略短的刻痕作为加工界限,准确长度可用游标卡尺或深度尺获得,进刀长度视加工要求高低分别用大拖板刻度盘或小拖板刻度盘控制。如果工件的加工数量多,工件台阶多,可以用行程挡块来控制走刀长度,如图 7 - 29 所示。

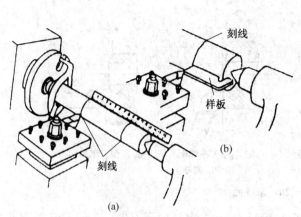

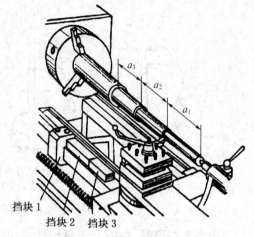

图 7 - 28　台阶长度的控制方法　　　　　　图 7 - 29　用挡块定位控制长度

7.4.2　车槽、切断与滚压加工

1) 车槽

回转体工件表面经常存在一些沟槽,这些槽有螺纹退刀槽、砂轮越程槽、油槽、密封圈槽等,分布在工件的外圆表面、内孔或端面上。车槽加工如图 7 - 30 所示。

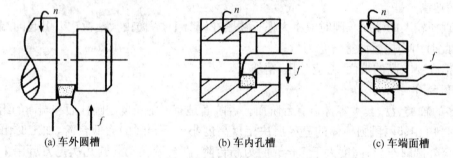

(a) 车外圆槽　　　　　　(b) 车内孔槽　　　　　　(c) 车端面槽

图 7 - 30　车槽的形式

在轴的外圆表面车槽与车端面有些类似。车槽所用的刀具为车槽刀,如图 7 - 31 所示,它有一条主切削刃、两条副切削刃、两个刀尖,加工时沿径向由外向中心进刀。

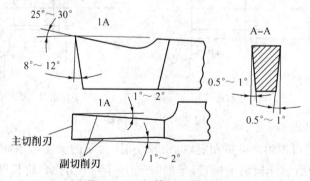

图 7 - 31　切槽刀及其角度

宽度小于 5 mm 的窄槽,用主切削刃尺寸与槽宽相等的车槽刀一次车出;车削宽度大于 5 mm 的宽槽时,先沿纵向分段粗车,再精车,车出槽深及槽宽,如图 7 - 32 所示。

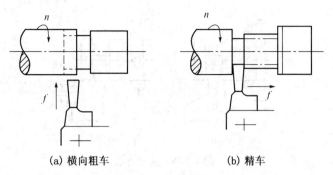

(a) 横向粗车　　　　　　　(b) 精车

图 7－32　车宽槽

当工件上有几个同一类型的槽时,槽宽应一致,如图 7－33 所示,以便用同一把刀具切削。

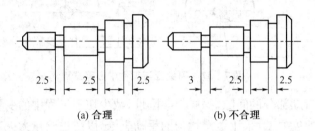

(a) 合理　　　　　　　　(b) 不合理

图 7－33　槽宽的工艺性

2) 切断

切断是将坯料或工件从夹持端上分离下来,如图 7－34 所示。

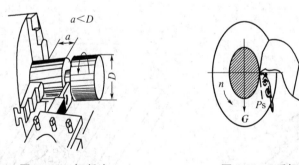

图 7－34　切断法　　　　　　　图 7－35　反切断法

切断所用的切断刀与车槽刀极为相似,只是刀头更加窄长,刚性更差。由于刀具要切至工件中心,呈半封闭切削,排屑困难,容易将刀具折断。因此,装夹工件时应尽量将切断处靠近卡盘,以增加工件刚性。对于大直径工件,有时采用反切断法,如图 7－35 所示,目的在于排屑顺畅。此时卡盘与主轴联接处必须有保险装置,以防倒车使卡盘与主轴脱开。切断铸铁等脆性材料时常采用直进法切削,切断钢等塑性材料时常采用左、右借刀法切削,如图 7－36 所示。

切断时应注意下列事项:

① 切断时刀尖必须与工件等高,否则切断处将留有凸台,也容易损坏刀具,如图 7－37 所示;

② 切断处靠近卡盘,增加工件刚性,减小切削时的振动;

③ 切断刀伸出不宜过长,以增强刀具刚性;

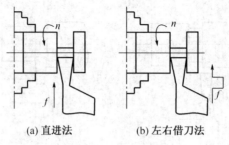

(a) 直进法   (b) 左右借刀法

图 7-36 切断方法

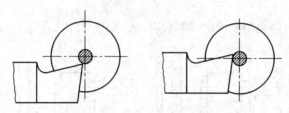

图 7-37 刀尖应与工件中心等高

④ 减小刀架各滑动部分的间隙,提高刀架刚性,减少切削过程中的变形与振动;

⑤ 切断时切削速度要低,采用缓慢均匀的手动进给,以防进给量太大造成刀具折断;

⑥ 切断钢件时应适当使用切削液,加快切断过程的散热。

3) 滚花

许多工具和机器零件的手握部分,为了便于握持和增加美观,常常在表面滚压出各种不同的花纹,如百分尺的套管,铰杠扳手及螺纹量规等。这些花纹一般都是在车床上用滚花刀滚压而成的,如图 7-38 所示。

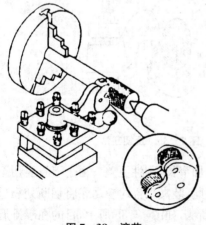

图 7-38 滚花

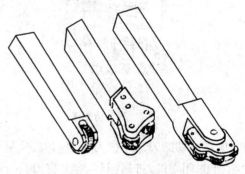

(a) 单轮滚花刀   (b) 双轮滚花刀   (c) 六轮滚花刀

图 7-39 滚花刀

滚花的实质是用滚花刀在原本光滑的工件表面挤压,使其产生塑性变形而形成凸凹不平但均匀一致的花纹。由于工件表面一部分下凹,而另一部分凸出,从大的范围来说,工件的直径有所增加。滚花时工件所受的径向力大,工件装夹时应使滚花部分靠近卡盘。滚花时工件的转速要低,并且要有充分的润滑,以减少塑性流动的金属对滚花刀的摩擦和防止产生乱纹。

滚花的花纹有直纹和网纹两种,滚花刀也分如图 7-39(a)所示的直纹滚花刀和如图

7-39(b)、(c)所示的网纹滚花刀。花纹亦有粗细之分,工件上花纹的粗细取决于滚花刀上滚轮。

4) 滚压

滚压是利用滚轮或滚珠等工具在工件的表面施加压力进行加工的。在车床上用滚轮滚压工件外圆与滚花的加工形式十分接近。滚压加工可以加工外圆、内孔、端面、过渡圆弧等,如图7-40所示。

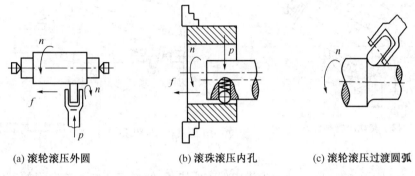

(a) 滚轮滚压外圆   (b) 滚珠滚压内孔   (c) 滚轮滚压过渡圆弧

图 7-40 车床上滚压加工

在车床上滚压时,工具可以装在刀架上或装在尾座上,工件作低速旋转,滚压工具作缓慢进给。

滚压加工时,工件表面产生微量塑性变形,表面硬化,硬度提高,形成残余应力,疲劳强度提高。经过滚压加工的零件表面粗糙度 R_a 值达 $0.4\sim0.1$ gm,精度达 IT7~IT6,可代替精密磨削。

7.4.3 车圆锥和成形面

1) 锥面的车削

在各种机械结构中,还广泛存在圆锥体和圆锥孔的配合。如顶尖尾柄与尾座套筒的配合;顶尖与被支承工件中心孔的配合;锥销与锥孔的配合。圆锥面配合紧密,装拆方便,经多次拆卸后仍能保证有准确的定心作用。小锥度配合表面还能传递较大的扭矩。正因如此,大直径的麻花钻都使用锥柄。在生产中常遇到的是圆锥面的加工。车削锥面的方法常用的有宽刀法、小拖板旋转法、偏移尾座和靠模法。

(1) 宽刀法

宽刀法就是利用主切削刃横向直接车出圆锥面,如图7-41所示。此时,切削刃的长度要略长于圆锥母线长度,切削刃与工件回转中心线成半锥角 α。这种加工方法方便、迅速,能加工任意角度的内、外圆锥。车床上倒角实际就是宽刀法车圆锥。此种方法加工的圆锥面很短,而且要求切削加工系统要有较高的刚性,适用于批量生产。

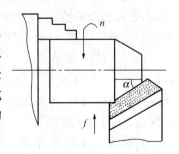

图 7-41 宽刃刀法车圆锥

(2) 小拖板旋转法

车床中拖板上的转盘可以转动任意角度,松开上面的紧固螺钉,使小拖板转过半锥角 α。如图7-42,将螺钉拧紧后,转动小拖板手柄,沿斜向进给,便可以车出圆锥面。这种方法操作简单方便,能保证一定的加工精度,能加工各种锥度的内、外圆锥面,应用广泛。但受小拖板行程的限制,不能车太长的圆锥。而且,小拖板只能手动进给,锥面的粗糙度数值大。小拖板旋转法在单件或小批生产中用得较多。

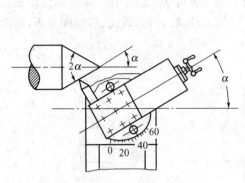

图 7-42 转动小拖板法车圆锥

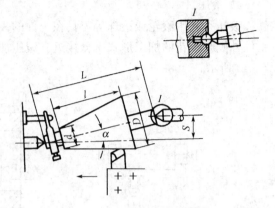

图 7-43 偏移尾架法车圆锥

(3) 偏移尾座法

如图 7-43 所示,将尾座带动顶尖横向偏移距离 S,使得安装在两顶尖间的工件回转轴线与主轴轴线成半锥角 2α。这样车刀作纵向走刀车出的回转体母线与回转体中心线成斜角,形成锥角为 2°的圆锥面。尾座的偏移量 $S = L\sin\alpha$,当 α 很小时 $S = L\tan\alpha = \dfrac{(D-d)L}{2l}$。

偏移尾座法能切削较长的圆锥面,并能自动走刀,表面粗糙度值比小拖板旋转法小,与自动走刀车外圆一样。由于受到尾部偏移量的限制,一般只能加工小锥度圆锥,也不能加工内锥面。

(4) 靠模法

在大批量生产中还经常用靠模法车削圆锥面,如图 7-44 所示。

靠模装置的底座固定在床身的后面,底座上装有锥度靠模板。松开紧固螺钉,靠模板可以绕定位销钉旋转,与工件的轴线成一定的斜角。靠模上的滑块可以沿靠模滑动,而滑块通过连接板与拖板连接在一起。中拖板上的丝杠与螺母脱开,其手柄不再调节刀架横向位置,而是将小拖板转过 90°,用小拖板上的丝杠调节刀具横向位置,以调整所需的背吃刀量。

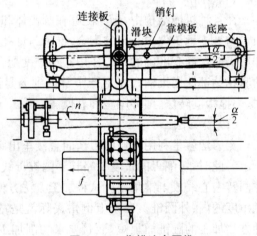

图 7-44 靠模法车圆锥

如果工件的锥角为 α。则将靠模调节成 $\alpha/2$ 的斜角。当大拖板作纵向自动进给时,滑块就沿着靠模滑动,从而使车刀的运动平行于靠模板,车出所需的圆锥面。

靠模法加工进给平稳,工件的表面质量好,生产效率高,可以加工 $\alpha < 12°$ 的长圆锥。

2) 成形面车削

在回转体上有时会出现母线为曲线的回转表面,如手柄、手轮、圆球等。这些表面称为成形面。成形面的车削方法有手动法、成形刀法、靠模法、数控法等。

（1）手动法

如图 7 - 45 所示,操作者双手同时操纵中拖板和小拖板手柄移动刀架,使刀尖运动的轨迹与要形成的回转体成形面的母线尽量相符合。车削过程中还经常用成形样板检验,如图 7 - 46 所示。

图 7 - 45　双手操作法车成型面

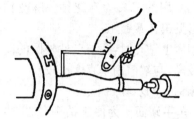

图 7 - 46　用成型样板检测成型面

通过反复的加工、检验、修正,最后形成要加工的成形表面。手动法加工简单方便,但对操作者技术要求高,而且生产效率低,加工精度低,一般用于单件或小批生产。

切削刃形状与工件表面形状一致的车刀称为成形车刀(样板车)。用成形车刀切削时,只要作横向进给就可以车出工件上的成形表面,如图 7 - 47 所示。用成形车刀车削成形面,工件的形状精度取决于刀具的精度,加工效率高,但由于刀具切削刃长,加工时的切削力大,加工系统容易产生变形和振动,要求机床有较高的刚度和切削功率。成形车刀制造成本高,且不容易刃磨。因此,成形车刀法宜用于成批或大量生产。

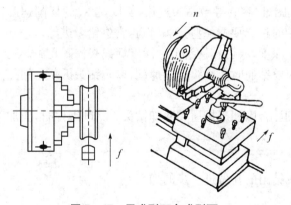

图 7 - 47　用成型刀车成型面

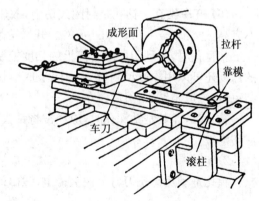

图 7 - 48　靠模法车成型面

（2）靠模法

用靠模法车成形面与靠模法车圆锥面的原理是一样的。只是靠模的形状是与工件母线形状一样的曲线,如图 7 - 48 所示。大拖板带动刀具作纵向进给的同时靠模带动刀具作横向进给,两个方向进给形成的合运动产生的进给运动轨迹就形成工件的母线。靠模法加工采用普通的车刀进行切削,刀具实际参加切削的切削刃不长,切削力与普通车削相近,变形小,振动小,工件的加工质量好,生产效率高,但靠模的制造成本高。靠模法车成形面主要用于成批或大量生产。

（3）数控法　本方法将在第 4 篇中详细介绍。

7.4.4　孔加工

车床上孔的加工方法有钻孔、扩孔、铰孔和镗孔。

1）钻孔

在车床上钻孔时，工件的回转运动为主运动，尾座上的套筒推动钻头所作的纵向移动为进给运动。车床上的钻孔加工如图 7-49 所示。

钻孔所用的刀具为麻花钻。麻花钻的结构参见第 6 章钳工。

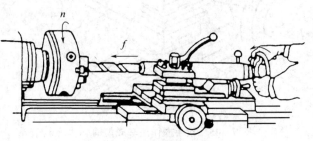

在车床上钻孔时，孔与工件外圆的同轴度比较高，与端面的垂直度也较高。

车床钻孔的步骤如下：

（1）**车平端面**　为便于钻头定心，防止钻偏，应先将工件端面车平。

（2）**预钻中心孔**　用中心孔钻在工件中心处先钻出麻花钻定心孔，或用车刀在工件中心处车出定心小坑。

图 7-49　车床上钻孔

（3）**装夹钻头**　选择与所钻孔直径对应的麻花钻，麻花钻工作部分长度略长于孔深。如果是直柄麻花钻，则用钻夹头装夹后插入尾座套筒。锥柄麻花钻用过渡锥套或直接插入尾座套筒。

（4）**调整尾座纵向位置**　松开尾座锁紧装置，移动尾座直至钻头接近工件，将尾座锁紧在床身上。此时要考虑加工时套筒伸出不要太长，以保证尾座的刚性。

（5）**开车钻孔**　钻孔是封闭式切削，散热困难，容易导致钻头过热，所以，钻孔的切削速度不宜高，通常取 $v_c = 0.3 \sim 0.6$ m/s。开始钻削时进给要慢一些，然后以正常进给量进给。

钻盲孔时，可利用尾座套筒上的刻度控制深度，亦可在钻头上做深度标记来控制孔深。孔的深度还可以用深度尺测量。对于钻通孔，快要钻通时应减缓进给速度，以防钻头折断。钻孔结束后，先退出钻头，然后停车。

钻孔时，尤其是钻深孔时，应经常将钻头退出，以利于排屑和冷却钻头。钻削钢件时，应加注切削液。

2）镗孔

镗孔是利用镗孔刀对工件上铸出、锻出或钻出的孔做进一步的加工。

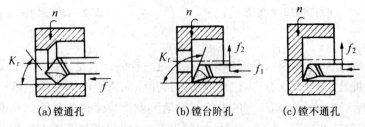

(a)镗通孔　　　　(b)镗台阶孔　　　　(c)镗不通孔

图 7-50　车床上镗孔

在车床上镗孔,工件旋转作主运动,镗刀在刀架带动下做进给运动。镗孔主要用来加工大直径孔,可以进行粗加工、半精加工和精加工。镗孔可以纠正原来孔的轴线偏斜,提高孔的位置精度。镗刀的切削部分与车刀是一样的,形状简单,便于制造。但镗刀要进入孔内切削,尺寸不能大,导致镗刀杆比较细,刚性差,因此加工时背吃刀量和走刀量都选得较小,若走刀次数多,生产率否则就不高。镗削加工的通用性很强,应用广泛。镗孔加工的精度接近于车外圆加工的精度。

车床镗孔的尺寸获得与外圆车削基本一样,也是采用试切法,边测量,边加工。孔的测量也是用游标卡尺。精度要求高时可用内径百分尺或内径百分表测量孔径。在大批大量生产时,工件的孔径可以用量规来进行检验。

镗孔深度的控制与车台阶及车床上钻孔相似,如图7-51所示。孔深度可以用游标卡尺或深度尺进行测量。

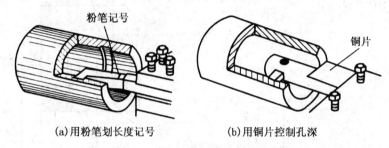

(a)用粉笔划长度记号   (b)用铜片控制孔深

图7-51 控制车床镗孔深度的方法

由于镗孔加工是在工件内部进行的,操作者不易观察到加工状况,所以操作比较困难。在车床上镗孔时应注意下列事项:

① 镗孔时镗刀杆应尽可能粗一些,但在镗不通孔时,镗刀刀尖到刀杆背面的距离必须小于孔的半径,否则孔底中心部位无法车平,见图7-51(b);

② 镗刀装夹时,刀尖应略高于工件回转中心,以减少加工中的颤振和扎刀现象,也可以减少镗刀下部碰到孔壁的可能性,尤其在镗小孔的时候;

③ 镗刀伸出刀架的长度应尽量短些,以增加镗刀杆的刚性,减少振动,但伸出长度不得小于镗孔深度;

④ 镗孔时因刀杆相对较细,刀头散热条件差,排屑不畅,易产生振动和让刀,所以选用的切削用量要比车外圆小些,其调整方法与车外圆基本相同,只是横向进刀方向相反;

⑤ 开动机床镗孔前使镗刀在孔内手动试走一遍,确认无运动干涉后再开车切削。

车床上的孔加工主要是针对回转体工件中间的孔。对非回转体上的孔可以利用四爪单动卡盘或花盘装夹在车床上加工,但更多的是在钻床和镗床上进行加工。

7.4.5 车螺纹

机械结构中带有螺纹的零件很多,如机器上的螺钉、车床的丝杠。按不同的分类方法可将螺纹分为多种类型:按用途可分为联接螺纹与传动螺纹;按标准分为公制螺纹与英制螺纹;按牙型分为三角螺纹、梯形螺纹、矩形(方牙)螺纹等等,见图7-52。其中公制三角螺纹应用最广,称为普通螺纹。

车床上加工螺纹主要是用车刀车削各种螺纹。对于小直径螺纹也可用板牙或丝锥在车床上加工。这里只介绍普通螺纹的车削加工。

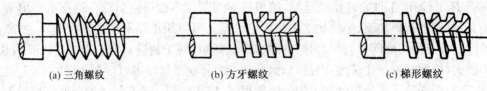

　　(a) 三角螺纹　　　　　　　(b) 方牙螺纹　　　　　　　(c) 梯形螺纹

图 7-52　螺纹的种类

1) 螺纹车刀

　　各种螺纹的牙型都是靠刀具切出的,所以螺纹车刀切削部分的形状必须与将要车的螺纹的牙型相符。这就要求螺纹车刀的刀尖角 ε(即两切削刃的夹角)与螺纹的牙型角 α 相等(用对刀板检验)。车削普通螺纹的螺纹车刀几何角度如图 7-53 所示,刀尖角 $\varepsilon=60°$,其前角 $\gamma_0=0°$,以保证工件螺纹牙型角的正确,否则将产生形状误差。粗加工螺纹或螺纹要求不高时,其前角取 γ_0 取 $5°\sim20°$。

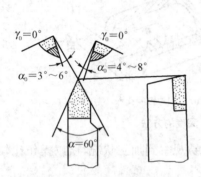

图 7-53　螺纹车刀的角度

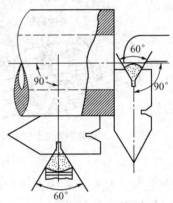

图 7-54　螺纹车刀的对刀方法

　　螺纹车刀装夹时,刀尖必须与工件中心等高,并用样板对刀,保证刀尖角的角平分线与工件轴线垂直,以保证车出的螺纹牙形两边对称,如图 7-54 所示。

　　螺纹的直径可以通过调整横向进刀获得,螺距则需要由严格的纵向进给来保证。所以车

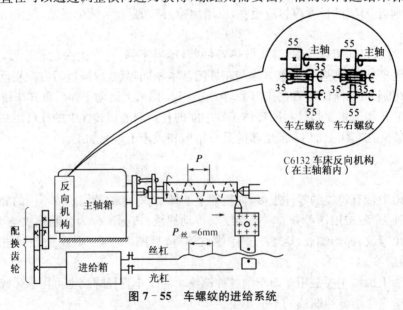

图 7-55　车螺纹的进给系统

螺纹时,工件每转一周,车刀必须准确而均匀地沿进给运动方向移动一个螺距或导程(单头螺纹为螺距,多头螺纹为导程)。为了获得上述关系,车螺纹时应使用丝杠传动。因为丝杠本身的精度较高,且传动链比较简单,减少了进给传动误差和传动积累误差。图7-55为车螺纹的进给传动系统。

标准螺纹的螺距可根据车床进给箱的标牌调整进给箱手柄获得。对于特殊螺距的螺纹有时需更换配换齿轮才能获得。

与车外圆相比,车螺纹时的进给量特别大,主轴的转速应选择得低些,以保证进给终了时有充分的时间退刀停车。否则可能会造成刀架或溜板与主轴箱相撞的事故。刀架各移动部分的间隙应尽量小,以减少由于间隙窜动所引起的螺距误差,从而提高螺纹的表面质量。

以车削外螺纹为例,在正式车削螺纹之前,先按要求车出螺纹外径,并在螺纹起始端车出45°或30°倒角。通常还要在螺纹末端车出退刀槽,退刀槽比螺纹槽略深。螺纹车削的加工余量比较大,为整个牙型高度,应分几次走刀切完,每次走刀的背吃刀量由中拖板上刻度盘来控制。精度要求高的螺纹应以单针法或三针法边测量边加工。对于一般精度螺纹可以用螺纹环规进行检查。图7-56为正、反车法车削螺纹的步骤,此法适合于车削各种螺纹。

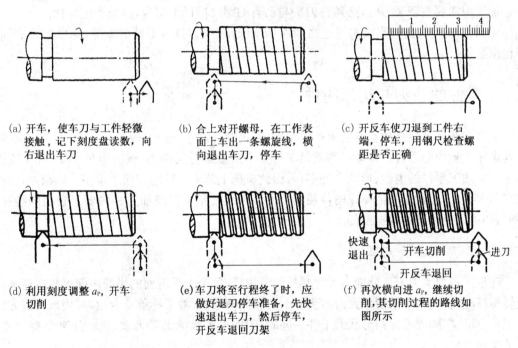

(a) 开车,使车刀与工件轻微接触,记下刻度盘读数,向右退出车刀

(b) 合上对开螺母,在工作表面上车出一条螺旋线,横向退出车刀,停车

(c) 开反车使刀退到工件右端,停车,用钢尺检查螺距是否正确

(d) 利用刻度调整 a_p,开车切削

(e) 车刀将至行程终了时,应做好退刀停车准备,先快速退出车刀,然后停车,开反车退回刀架

(f) 再次横向进 a_p,继续切削,其切削过程的路线如图所示

图 7-56　螺纹的车削方法与步骤

另外一种车螺纹的方法为抬闸法,就是利用开合螺母的压下或抬起来车削螺纹。这种方法操作简单,但容易出现乱扣(即前后两次走刀车出的螺旋槽轨迹不重合),只适合于加工车床丝杠螺距是工件螺距整数倍的螺纹。与正、反车法的主要不同之处是车刀行至终点时,横向退刀后不开反车返回起点,而是抬起开合螺母手柄使丝杠与螺母脱开,手动纵向退回,再进刀车削。

车削螺纹的进刀方式主要有以下两种,如图 7-57 所示。

① **直进法**　用中拖板垂直进刀,两个切削刃同时进行切削。此法适用于小螺距或最后精车。

② **左、右切削法**　除用中拖板垂直进刀外,同时用小拖板使车刀左、右微量进刀(借刀),

由于只有一个刀刃切削,因此车削比较平稳。此法适用于塑性材料和大螺距螺纹的粗车。

车削内螺纹时先车出螺纹内径 d_1,螺纹本身切削的方法与车外螺纹基本相同,只是横向进给手柄的进退刀手柄转向不同。车削左旋螺纹时,需要调整换向机构,使主轴正转,丝杠反转,车刀从左向右走刀切削。

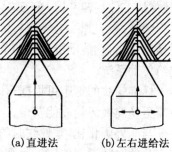

(a)直进法　　(b)左右进给法

图 7–57　车螺纹的进刀方法

2)车削螺纹的注意事项

① 车螺纹时,每次走刀的背吃刀量要小,通常只有0.1 mm左右,并记住横向进给的刻度,作为下次进刀时的基数。特别要记住刻度手柄进、退刀的整数圈数,以防多进一圈导致背吃刀量太大,刀具崩刃损坏工件。

② 应该按照螺纹车削长度及时退刀。退刀过早,使得下次车至末端时背吃刀量突然增大而损坏刀尖,或使螺纹的有效长度不够。退得过迟,会使车刀撞上工件,造成车刀损坏,工件报废,甚至损坏设备。

③ 当工件螺纹的螺距不是丝杠螺距的整数倍时,螺纹车削完毕之前不得随意松开开合螺母。加工中需要重新装刀时,必须将刀头与已有的螺纹槽仔细吻合,以免产生乱扣。

④ 车削精度较高的螺纹时应适当加注切削液,减少刀具与工件的摩擦,降低螺纹表面的粗糙度数值。

7.5　工件的装夹与车床附件

工件在车床上装夹的基本要求是定位准确,夹紧可靠。定位准确,即工件的回转表面的中心与车床主轴中心重合。夹紧可靠就是工件夹牢后能承受切削力,保证定位不变,加工安全。由于车削加工零件的类型、形状多种多样,因此车床上装夹工件的方法也很多。除前述最常用的三爪卡盘外,还常用其他车床附件装夹工件。在大批量生产或加工一些要求较高的特殊零件时,还可用专用夹具装夹工件。

7.5.1　四爪卡盘装夹工件

四爪卡盘的 4 个卡爪分别由 4 个螺杆调节位置,每个卡爪后面的半瓣内螺纹与螺杆啮合,旋转螺杆时,相应的卡爪便单独沿卡盘体上的径向槽移动,故又称单动卡盘,可用来夹持方形、近似于方形、椭圆或不规则形状的工件。同时,因四爪卡盘的夹紧力大,故也用来夹持尺寸较大的圆形工件。

7.5.2　顶尖安装工件

加工长度较长或工序较多的轴类零件时,为了保证每道工序内及各道工序间的加工要求,通常采用工件两端的中心孔作为统一的定位基准,用两顶尖装夹工件。工件装夹在前后两顶尖间,由卡箍、拨盘带动旋转。

7.6　车削加工的工艺和质量分析

在车削实习中要加工出合格的零件,我们必须对切削加工的工艺知识有一定的了解,并制定出正确、合理的车削工艺。

7.6.1 工艺的基本概念

1) 什么叫工艺

工艺包含工艺文件(工艺规程)和工艺过程两方面的内容。

(1) **工艺文件(工艺规程)** 指一个零件(或一批零件)从毛坯制造到加工完毕,用以指导生产的技术资料,机械加工工艺文件一般有以下几种资料组成:

① 零件图纸;

② 机械加工工艺过程综合卡片;

③ 工序卡片;

④ 工序协作卡片;

⑤ 工艺卡片。

另外在一定条件下还需要技术检查卡片,用以指导成品的质量检验工作(如质检卡、产品合格证等),以上技术资料总和成为这一零件的机械加工工艺文件,这些文件称为工艺规程。

(2) **工艺过程** 生产过程中直接改变原材料(毛坯)的形状、尺寸和材料的性能等,使之变成为成品或半成品过程称为工艺过程。用金属切削刀具在机床上加工的过程叫机械加工过程,装配车间中把零件装配成机器的过程称为装配工艺过程。机械加工工艺过程一般由一系列的工序、安装、工步等组成。

① **工序** 指一个工人在一台机床(或一个工作位置上)加工一个或一批零件,从开始直到加工另一种零件之前所完成的那一部分加工称为工序。

例如,加工六角螺母,采用圆棒料,如果批量较大,它的加工工艺过程可分为四道工序,分别在四台车床上完成。第一道工序:钻孔、镗孔、切断;第二道工序:车端面、倒角,车内螺纹;第三道工序:车另一端面并倒角;第四道工序:铣六角,去毛刺。

如果数量较少,可以在一台车床上连续完成。步骤如下:车端面、车外圆、钻孔、镗孔、倒角、车内螺纹、切断。将上述三道车削工序合并为一道工序,再转到铣床铣六角,共用两道工序完成。因此在加工过程中应在保证质量的前提下尽量减少工序。

② **安装** 在一道工序中,零件在加工中可能只要安装一次,也可能需要安装几次,零件在一次装夹中所完成的那部分工艺过程称为安装。从前面的例子中可以看到一个六角螺母在加工过程中可分为四次安装,也可以分为三次安装,因此在加工过程中,我们要在保证质量的前提下尽量减少安装次数。当然,有些要求较高的轴类零件,为了保证质量需要增加安装次数。

③ **工步** 加工表面时,在切削刀具和切削用量中的转速和走刀量都保持不变的情况下所完成的那部分工艺过程称为工步。

如其中一个(或二、三个)因素变化时,则为另一个工步。

例如,在加工的榔头柄的过程中,车端面称一个工步,如果再车外圆又是一个工步,凡零件的位置或尺寸有一点变化都算一个工步。必须说明目前我国单件或成批生产的工厂,为了制定工艺规程方便,往往把一个工种作为一道工序。工序、安装、工步的划分并不十分严格。

2) 基准的初步概念

为了更好的实现工艺规程的要求,我们必须了解一点基准的知识。基准即"根据或依据"的意思,它们是指零件上的一些点、线、面,由这些点、线、面来确定零件的其他点、线、面的位置。例如:加工长轴时,端面就是测量长度和定位的基准面。

基准可分为设计基准、工艺基准等几种。其中工艺基准又可以分为定位基准、测量基准、装配基准。

（1）**设计基准**　设计时在图纸上作为标注尺寸依据的点、线、面。

（2）**工艺基准**　零件在加工、测量、装配中,用来作为依据的点、线、面。

① **定位基准**　零件加工时用来确定被加工零件在车床上相对于刀具的正确位置所依据的点、线、面称定位基准。在使用夹具时,其定位基准就是零件上夹具定位件相接触的表面。例如,加工长轴时,如采用一夹一顶加工方法加工,其定位基准就是轴的外圆和中心孔。

② **测量基准**　用于检验已加工表面尺寸及其相对位置所依据的点、线、面称测量基准。如检验台阶轴的同轴度时,把工件安装在台式中心架的两顶尖之间进行测量,其测量基准为两端中心孔。

③ **装配基准**　参见第 6 章钳工部分。

必须指出,作为工艺基准的点或线,总是以具体表面来体现的,这个表面就称为基准面。

7.6.2　车削工艺分析

1）轴类零件

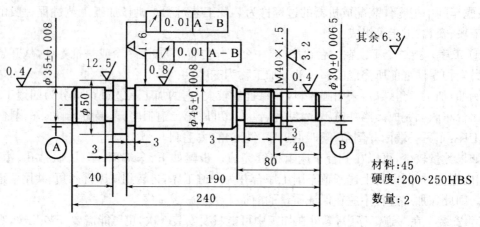

图 7‒58　传动轴

图 7‒58 所示为齿轮箱中的传动轴,该轴的表面由外圆、轴肩、螺纹退刀槽、螺纹、砂轮越程槽等组成。两头轴颈和中间的一段外圆为主要工作表面。轴颈表面与轴承内圈配合,中间的外圆面用于装齿轮等。这三段外圆表面要求有较高的精度和表面粗糙度。中间圆柱面和轴肩对两头轴颈面分别有径向跳动和端面跳动要求。三段主要外圆表面应以磨削作为终加工。由于轴类零件需要有良好的综合力学性能,应进行调质处理。

轴类零件中,对于光轴或直径相差不大的阶梯轴,多采用圆钢为坯料;对于直径相差悬殊的阶梯轴,采用锻件可节省材料,减少机加工工作量,并能提高力学性能。因该轴各外圆直径相差不大,且数量只有两件,选择 ϕ55 的圆钢为毛坯。

该传动轴的加工顺序为:粗车→调质→半精车→磨削。

工件粗车时,切削力大,而精度要求不高,采用卡盘和后顶尖夹;半精车和磨削加工采用双顶尖装夹,统一加工基准,提高各表面的位置精度。

加工所用的刀具为 90°右偏刀、45°弯头刀、车槽刀、螺纹车刀和中心孔钻。

2) 盘类零件

齿轮是典型的盘类零件,如图 7-59 所示。图中表面粗糙度要求为 R_a 值 6.3~1.6 μm,外圆及端面对内孔的跳动量均不超过 0.02 mm。其主要的加工可以在车床上完成。

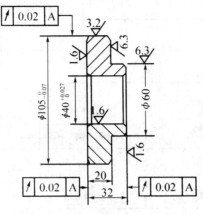

图 7-59 齿轮盘毛坯图

7.6.3 车削的质量检验

由于各种因素的影响,车削加工可能会产生多种质量缺陷,每个工件车削完毕都需要对其进行质量检验。经过检验,及时发现加工存在的问题,分析质量缺陷产生的原因,提出改进措施,保证车削加工的质量。

车削加工的质量主要是指外圆表面、内孔及端面的表面粗糙度、尺寸精度、形状精度和位置精度。

7.7 典型综合件车工实例

7.7.1 榔头头的制作

榔头头零件图如图 7-60 所示。

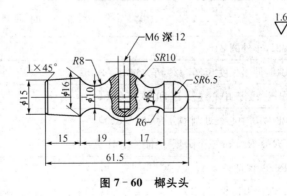

图 7-60 榔头头

榔头头制作步骤如图 7-61、图 7-62 所示。

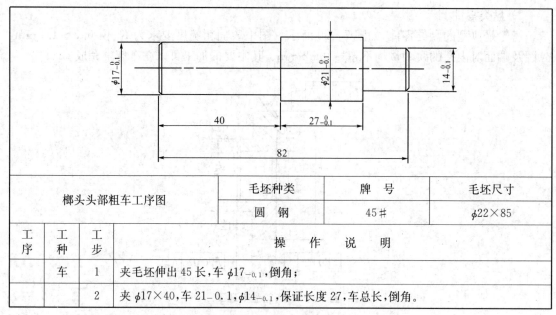

榔头头部粗车工序图			毛坯种类	牌 号	毛坯尺寸
			圆 钢	45#	$\phi22\times85$
工序	工种	工步	操 作 说 明		
	车	1	夹毛坯伸出 45 长,车 $\phi17_{-0.1}$,倒角;		
		2	夹 $\phi17\times40$,车 $21-0.1$,$\phi14_{-0.1}$,保证长度 27,车总长,倒角。		

图 7-61 榔头头部粗车工艺

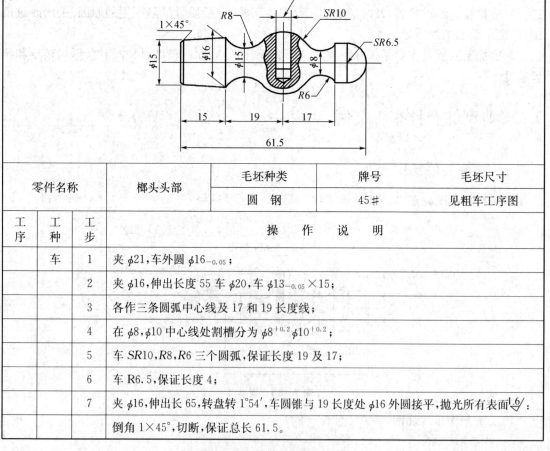

零件名称			榔头头部	毛坯种类	牌 号	毛坯尺寸
				圆 钢	45#	见粗车工序图
工序	工种	工步	操 作 说 明			
	车	1	夹 $\phi21$,车外圆 $\phi16_{-0.05}$;			
		2	夹 $\phi16$,伸出长度 55 车 $\phi20$,车 $13_{-0.05}\times15$;			
		3	各作三条圆弧中心线及 17 和 19 长度线;			
		4	在 $\phi8$,$\phi10$ 中心线处割槽分为 $\phi8^{+0.2}\phi10^{+0.2}$;			
		5	车 $SR10$,$R8$,$R6$ 三个圆弧,保证长度 19 及 17;			
		6	车 $R6.5$,保证长度 4;			
		7	夹 $\phi16$,伸出长 65,转盘转 $1°54'$,车圆锥与 19 长度处 $\phi16$ 外圆接平,抛光所有表面 $\sqrt[6]{}$;			
			倒角 $1\times45°$,切断,保证总长 61.5。			

图 7-62 榔头头部精车工艺

7.7.2　榔头柄的制作

榔头柄零件图如图 7-63 所示。

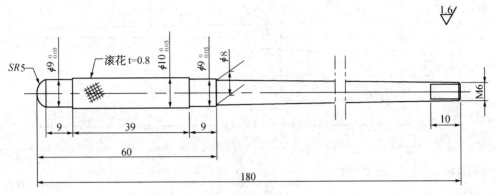

图 7-63　榔头柄

榔头柄制作步骤如图 7-64、图 7-65 所示。

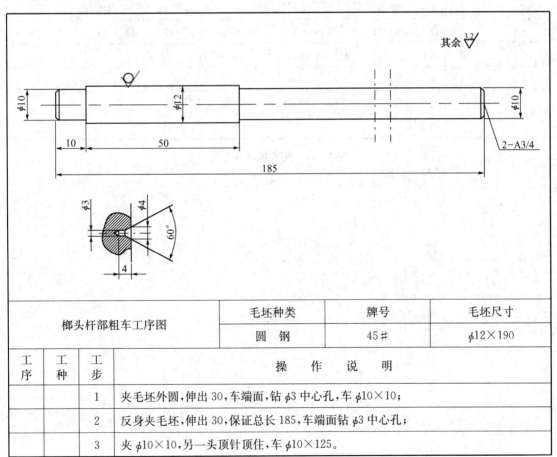

榔头杆部粗车工序图			毛坯种类	牌号	毛坯尺寸
			圆　钢	45#	$\phi12\times190$

工序	工种	工步	操　作　说　明
		1	夹毛坯外圆,伸出 30,车端面,钻 $\phi3$ 中心孔,车 $\phi10\times10$;
		2	反身夹毛坯,伸出 30,保证总长 185,车端面钻 $\phi3$ 中心孔;
		3	夹 $\phi10\times10$,另一头顶针顶住,车 $\phi10\times125$。

图 7-64　榔头柄粗车工艺

128 金工实习

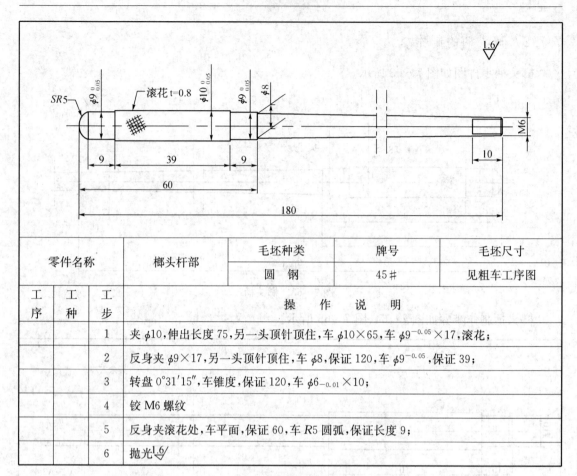

零件名称		榔头杆部	毛坯种类	牌号	毛坯尺寸
			圆 钢	45#	见粗车工序图

工序	工种	工步	操 作 说 明
		1	夹 $\phi10$,伸出长度 75,另一头顶针顶住,车 $\phi10\times65$,车 $\phi9^{-0.05}\times17$,滚花;
		2	反身夹 $\phi9\times17$,另一头顶针顶住,车 $\phi8$,保证 120,车 $\phi9^{-0.05}$,保证 39;
		3	转盘 $0°31'15''$,车锥度,保证 120,车 $\phi6_{-0.01}\times10$;
		4	铰 M6 螺纹
		5	反身夹滚花处,车平面,保证 60,车 R5 圆弧,保证长度 9;
		6	抛光 1.6

图 7-65 榔头柄精车工艺

第8章 铣削、刨削、磨削及其他加工

☞ 扫码可获取
第8章免费资源

8.1 概 述

机械切削加工的方法很多,除了车削加工外,还有铣削、刨削、磨削、镗削、齿轮加工等加工方法,所用的机床分别为铣床、刨床、磨床、镗床和齿轮加工机床等。不同的加工方法有其不同特点,因而适用于有不同要求工件的加工。正确选用加工方法及设备,对提高劳动生产效率和降低成本有着重要的意义。铣削加工的尺寸公差等级一般为 IT7～IT9 级,表面粗糙度为 $R_a=6.3～1.6\ \mu m$,最高可以达到 $0.8\ \mu m$。

8.2 铣削加工

在铣床上用铣刀加工工件的过程叫铣削加工。铣削加工具有加工范围广、生产效率高等特点,在现代机器制造中得到了广泛的应用。铣床的种类很多,常用的是卧式万能升降台铣床、立式升降台铣床、龙门铣床及数控铣床等。

8.2.1 铣床及其附件

1) 铣床

(1) 卧式万能升降台铣床

卧式万能升降台铣床简称万能铣床(如图 8-1),它是铣床中应用最多的一种。它的主轴是水平放置的,与工作台面平行。下面以 X6132 型号为例介绍卧式万能升降台铣床的型号。

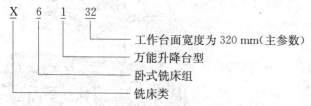

X6132 卧式万能升降台铣床主要组成部分的名称和作用如下:

① **床身** 床身用来支承和固定铣床上所有的部件。床身内部装有主电机、主轴、主轴变速机构、电器控制设备及润滑油泵等部件。顶部有供横梁移动用的水平导轨,下部与底座相连。前壁有燕尾形的直导轨,供升降台上下移动用。

② **横梁** 横梁上装有支架,用来支承刀杆的外端。横梁伸出的长度可根据刀杆的长度进行调整。

③ **主轴** 主轴是用来安装铣刀刀杆并带动铣刀旋转的。主轴是一根空心轴,前端有安装刀杆锥柄的锥孔。

④ **升降台** 它位于工作台、转台、横向工作台的下面,并带动它们沿床身垂直导轨移动,以调整台面到铣刀间的距离。升降台内部装有进给电动机及传动系统。

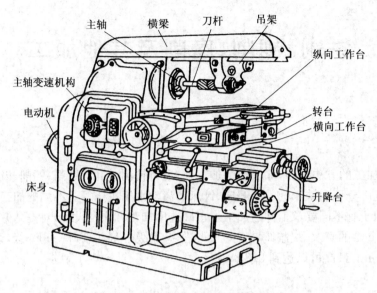

图 8－1　X6132 卧式万能升降台铣床

⑤ **横向工作台**　横向工作台带动纵向工作台沿升降台水平的导轨作横向运动,在对刀时调整工件与铣刀间的横向位置。横向工作台中部装有转台,可使纵向工作台在水平面内转动±45°。

⑥ **纵向工作台**　用来安装工件和夹具,台面上有 T 形槽,通过螺栓来紧固工件或夹具。通过工作台的下部传动,丝杠可带动工件作纵向进给运动。

（2）立式升降台铣床

立式升降台铣床简称立式铣床（如图 8－2）。立式铣床与卧式铣床的主要区别是主轴与工作台台面相垂直。有时根据加工的需要,可以将立铣头（包括主轴）左右扳转一定的角度,以便加工斜面等。以型号 X5032 为例：

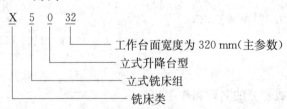

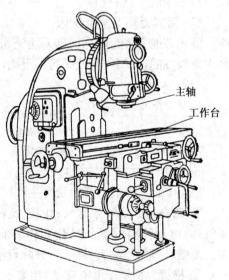

图 8－2　X5032 立式升降台铣床

立式铣床,由于操作时观察、检查和调整铣刀位置等都比较方便,又便于装夹硬质合金端铣刀进行高速铣削,生产率较高,故应用很广。

（3）龙门铣床

龙门铣床主要用来加工大型或较重的工件（如图8－3）。它可以同时用几个铣头对工件的几个表面进行加工,故生产效率高,适合成批大量生产。

龙门铣床有单轴、双轴、四轴等多种形式,图 8－3 是四轴龙门铣床外形图。

（4）数控铣床

数控铣床是综合应用电子、计算机等高新技术的产物。它利用数字信息控制铣床的各种运动，实现对零件的自动加工。主要适用于单件和小批量生产，可加工表面形状复杂、精度要求高的工件。

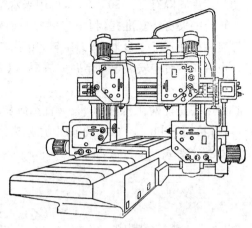

图 8-3　四轴龙门铣床

2）铣床附件

（1）机用平口钳

机用平口钳（又称机用虎钳、简称虎钳），它的结构如图 8-4(a) 所示。钳体 1 和固定钳口 2 是一体的，在钳体的底部有四个缺口，可用 T 型螺钉把它固定在铣床工作台上。虎钳体后部的支座是阻止丝杠 6 轴向移动的。活动钳口 5 可沿导轨 8 滑动，活动钳口内装有螺母。旋转丝杠，可调节活动钳口与固定钳口之间的距离，以及夹紧和松开工件。活动钳口下面的压板 9，是阻止活动钳口向上动的。钳口护片 3 和 4 由淬过火的工具钢制成，使钳口不易磨损。丝杠末端的方榫 7 是套手柄或扳手转动丝杠用的。

图 8-4(b) 所示是回转式机用平口钳。其结构与图 8-4(a) 的机用平口钳基本相同，只是下面多了一个转盘，可使钳口在水平面内转到任意需要的位置。这种虎钳在使用时虽较方便，但由于多了一层结构，其刚性较差。因此，在不需要的时候，可把转盘拆掉。

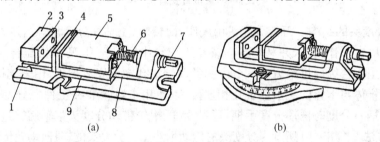

　　　　　　(a)　　　　　　　　　　　　　　　　　　(b)

图 8-4　机用平口钳

（2）回转工作台

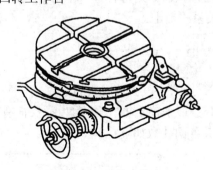

图 8-5　回转工作台

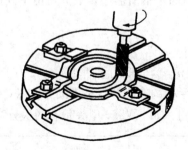

图 8-6　在回转工作台上铣圆弧槽

回转工作台，又称为转盘或圆工作台。它有手动和机动进给两种，主要功用是大工件的分度以及铣削带有圆弧曲线的外表面和圆弧沟槽的工件。手动回转工作台如图 8-5 所示。它的内部有一套蜗轮蜗杆传动机构。摇动手轮，通过蜗杆轴，就能直接带动与转台相连接的蜗轮转动。转台周围有 0°～360°刻度,可用来观察和确定转台位置。拧紧固定螺钉,转台就固定不动。转台中央有一基准孔,利用它可方便地确定工件的回转中心。铣圆弧槽时(如图 8－6),工件装夹在回转工作台上,铣刀旋转,用手均匀缓慢地摇动回转工作台而在工件上铣出圆弧槽来。也可在转台上安装三爪卡盘等夹具,以方便装夹圆柱形工件。

　　(3) 万能分度头

　　分度头是能对工件在水平、垂直和倾斜方向上进行等分或不等分铣削的铣床附件(如图 8－7,图 8－8,图 8－9)。可铣削四方、六方、齿轮、花键和刻线等。分度头有许多类型,最常见的是万能分度头。

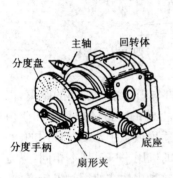

图 8－7　万能分度头

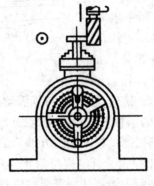

图 8－8　分度头卡盘在垂直位置安装工件

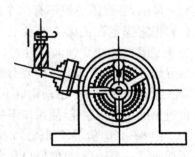

图 8－9　分度头卡盘在倾斜位置安装工件

　　① **万能分度头的结构**　万能分度头由底座、回转体、主轴和分度盘等组成。工作时,它的底座用螺钉紧固在工作台上,并利用导向键与工作台中间一条 T 型槽相配合,使分度头主轴轴心线平行于工作台纵向进给方向。分度头的前端锥孔内可安放顶尖,用来支撑工件;主轴外部有一短定位锥体与卡盘的法兰盘锥孔相连接,以便用卡盘来装夹工件。分度头的侧面有分度盘和分度手柄。分度时摇动分度手柄,通过蜗杆、蜗轮带动分度头主轴旋转进行分度。

　　② **分度方法**　图 8－10 所示为分度头的传动示意图。分度头的蜗杆、蜗轮传动比为 1：40,即当分度手柄通过一对螺旋齿轮(传动比为 1：1)带动蜗杆转动一圈时,蜗轮只带动主轴转过 1/40 圈。如果工件在整个圆周上的分度数 z 为已知数时,则每转过一个等分数,主轴需转过 1/z 圈。这时手柄所需的转数 n 可由下列比例关系式确定:

$$1：40=\frac{1}{z}：n \qquad 即 \qquad n=\frac{40}{z}$$

　　式中:n—为分度的手柄转数;z—为工件的等分数;40—为分度头的定数。

　　分度手柄的准确转数是借助分度盘(如图 8－11)来确定的。分度盘正、反面有许多孔数不同的孔圈。如 FW250 型头备有两块分度盘,其各圈孔数如下:

第一块	正面	24、25、28、30、34、37
	反面	38、39、4l、42、43
第二块	正面	46、47、49、52、53、54
	反面	57、58、59、62、66

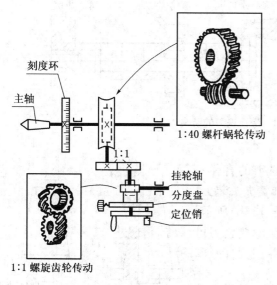
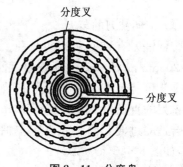

图 8－10　万能分度头的传动系统

图 8－11　分度盘

例如,铣削 $z=32$ 的齿轮,手柄的转数 $n=\dfrac{40}{z}=\dfrac{40}{32}=1\dfrac{1}{4}$ 圈,即每铣一齿,手柄需要转过

$1\dfrac{1}{4}$ 圈。

当 $n=1\dfrac{1}{4}$ 圈时,先将分度盘固定,再将分度手柄的定位销调整到孔数为 4 的倍数的孔圈上,若在孔数为 28 的孔圈上,此时手柄转过 1 圈后,再沿孔数为 28 的孔圈上转过 7 个孔距。

8.2.2　铣刀及其装夹

1) 铣刀

铣刀的种类很多,主要有带孔铣刀和带柄铣刀两大类。其中(a)～(e)为带柄铣刀,(f)～(m)为带孔铣刀。

圆柱铣刀、硬质合金端铣刀一般用于铣削中小型平面;三面刃铣刀用于铣削台阶面、直角沟槽和四方、六方等正多面体的侧面;锯片铣刀用于铣削窄缝或切断;盘状模数铣刀用于铣削齿轮的齿形;单角、双角铣刀用于加工各种角度槽及斜面等;半圆弧铣刀用于铣削内凹和外凸圆弧表面。

2) 铣刀的装夹

(1) 带孔铣刀的装夹

带孔铣刀一般在卧式铣床上使用刀杆安装,如图 8－12 所示。安装时,先将刀杆一端的锥体装入机床前端的锥孔中,并用拉杆螺丝穿过机床主轴将刀杆拉紧使其与主轴锥孔紧密配合。然后将铣刀和套筒的端面擦净,以减少铣刀端面跳动。拧紧刀杆压紧螺母之前,必须先装好吊架,以防刀杆弯曲变形。铣刀装在刀杆上应尽量靠近主轴的前端,以减少刀杆的变形。

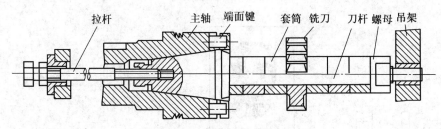

图 8‒12　带孔铣刀的装夹

（2）带柄铣刀的装夹

带柄铣刀有直柄和锥柄两种。直柄铣刀的直径一般在 20 mm 以下,安装直柄铣刀,可使用弹簧夹头装夹,弹簧夹头可装入机床的主轴孔中,如图 8‒13(b)所示。锥柄铣刀的直径为一般在 10～50 mm,安装这类铣刀可选择合适的过渡套筒装入机床主轴孔中并用拉杆螺丝拉紧,如图 8‒13(a)所示。

（3）端铣刀的装夹

端铣刀属于带孔铣刀,安装时,先将铣刀装在如图 8‒14 所示的短刀轴上,再将刀轴装入机床的主轴并用拉杆螺丝拉紧。对于直径大的端铣刀则直接安装在铣床前端面上,用螺栓拉紧。

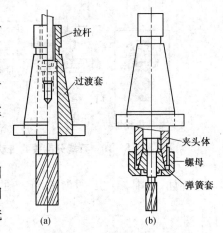

图 8‒13　立铣刀的安装

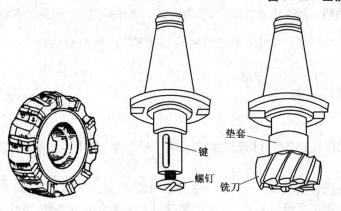

(a) 端铣刀　　　　　(b) 端铣刀的安装

图 8‒14　端铣刀的安装

8.2.3　工件的装夹

1）用附件装夹

（1）用平口钳装夹工件,如图 8‒15(a)。

（2）用压板螺栓装夹工件,如图 8‒15(b)。

（3）用分度头装夹工件,如图 8‒15(c)。

分度头多用于装夹有分度要求的工件。它既可用分度头卡盘(或顶尖)与尾座顶尖一起使用来采装夹轴类零件,也可以只用分度头卡盘直接装夹工件。

（4）用回转工作台装夹，带有圆弧状的工件，可以在回转工作台上进行加工。如前图 8 – 5，图 8 – 6 所示。

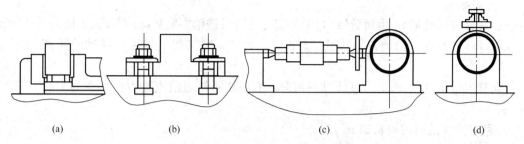

（a）　　　　　　　（b）　　　　　　　（c）　　　　　　　（d）

图 8 – 15　工件在铣床上的常用装夹方法

2）用专用夹具装夹

为了保证零件的加工质量，常用各种专用夹具装夹工件。专用夹具就是根据工件的几何形状及加工方式特别设计的工艺设备。它不仅可以保证加工质量，提高劳动生产率，减轻劳动强度，而且可以使许多通用机床加工形状复杂的工件。

3）用组合夹具装夹

由于工业的迅速发展，产品种类繁多，结构形式变化很快，产品多属中、小批量和试制生产。这种情况要求夹具既能适应工件的变化，保证加工质量的不断提高，又要尽量缩短生产准备时间。

组合夹具是由一套预先准备好的各种不同形状、不同规格尺寸的标准原件所组成。可以根据工件形状和工序要求，装配成各种夹具。当每个夹具用完以后，便可拆开，并经清洗、油封后存放起来，需要时再重新组装成其他夹具。这种方法给生产带来极大的方便。

8.2.4　铣削加工的基本工作

1）铣削用量

铣削用量由铣削速度、铣削宽度、铣削深度及进给量组成（如图 8 – 16）。

（1）铣削速度

铣削速度以铣刀最大直径处的线速度（m/s）表示，可用下式计算：

$$v = \frac{\pi D n}{1\,000 \times 60}$$

式中：D 为铣刀直径（mm）；n 为铣刀转速（r/min）。

（2）铣削深度

铣削深度 a_p 指平行于铣刀轴线方向上切削层的尺寸，单位为 mm。

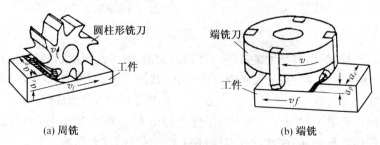

（a）周铣　　　　　　　　　　　　　　（b）端铣

图 8 – 16　铣削用量

（3）铣削宽度

铣削宽度 a_e 指垂直于铣刀轴线方向上切削层的尺寸,单位为 mm。

（4）进给量

① 每分钟进给量 v_f 指每分钟内,工件相对铣刀沿进给方向移动的距离,单位为 mm/min

② 每转进给量 f 指铣刀每转过一转时,工件相对铣刀沿进给方向移动的距离,单位为 mm/r。

③ 每齿进给量 f_z 指铣刀每转过一齿时,工件相对铣刀沿进给方向移动的距离,单位为 mm/z。

三种进给量之间的关系如下:

$$v_f = fn = f_z \cdot Z \cdot n$$

式中:n 为铣刀每分钟转速(r/min);Z 为铣刀齿数。

2）铣平面

卧式铣床和立式铣床均可进行平面铣削。

（1）用圆柱铣刀铣平面

① 顺铣和逆铣

在卧式铣床上用圆柱铣刀的圆周刀齿铣削平面的方法称周铣法,它又可分为顺铣和逆铣(如图8-17)。在切削部位刀齿的旋转方向和工件的进给方向相同时,为顺铣;相反时,为逆铣。

顺铣时,每个刀齿的切削厚度是从最大减小到零,易于切入工件。铣刀对工件的垂直分力 F_v 将工件压向工作台,减少了工件振动的可能性,使铣削平稳。但铣刀对工件的水平分力 F_H 与工件的进给方向一致,有使工作台进给丝杠与固定螺母的工作侧面脱离的趋势(如图8-18)。在水平分力的作用下,工作台会消除间隙向前窜动,使进给量突然增大,造成啃刀现象,甚至引起刀杆弯曲、刀头折断。

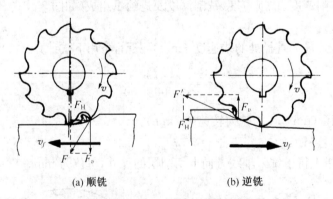

(a) 顺铣　　　　　　　(b) 逆铣

图 8 - 17　顺铣与逆铣

逆铣时,每个刀齿的切削厚度是从零增大到最大值,由于铣刀的切削刃具有一定的圆角半径,所以刀齿接触工件后要滑移一段距离才能切入,摩擦严重,加速刀具磨损,同时也使已加工表面粗糙度增大。而且铣刀对工件的垂直分力 F_v 促使工件产生上抬趋势,易产生振动而影响表面粗糙度。但铣刀对工件的水平分力与工作台进给方向相反,使丝杠和螺母总是在维持进给的那个工作侧面上靠紧,因而使丝杠与螺母的间隙对铣削没有影响。

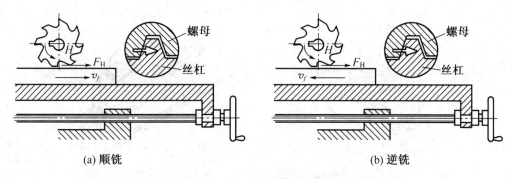

(a) 顺铣   (b) 逆铣

图 8-18 水平切削分力对丝杠、螺母的影响

综上所述,顺铣有利于提高刀具耐用度和已加工表面质量以及增加工件夹持的稳定性,被广泛采用。采用顺铣的铣床必须具备工作台丝杠与螺母的间隙调整机构,并在间隙已调整为零时才能采用顺铣。

② 铣削步骤

(a) 根据工件的形状、加工平面的部位用合适的方法装夹工件。

(b) 选择并安装铣刀。采用排屑顺利、铣削平稳的螺旋齿圆柱铣刀。铣刀的宽度应大于工件待加工表面的宽度,以减少走刀次数。并尽量选用小直径铣刀,以防止产生振动。

(c) 选取铣削用量。根据工件材料、加工余量、工件宽度及表面粗糙度要求等确定合理的切削用量,粗铣时,铣削宽度 $a_e = 2 \sim 8$ mm,每齿进给量 $f_z = 0.03 \sim 0.16$ mm/Z,铣削速度 $v = 15 \sim 140$ m/min。精铣时,铣削速度 $v \leqslant 10$ m/min 或 $v \geqslant 50$ m/min,每转进给量 $f = 0.1 \sim 1.5$ mm/r,铣削宽度 $a_e = 0.2 \sim 1$ mm。

(d) 调整铣床工作台位置。开车使铣刀旋转,升高工作台使工件与铣刀稍微接触。停车,将垂直丝杠刻度盘零线对准。将铣刀退离工件,利用手柄转动刻度盘将工作台升高到选定的铣削深度位置,固定升降和横向进给手柄,调整纵向工作台自动进给挡铁位置。

(e) 铣削操作。先用手动使工作台纵向进给,当工件被稍微切入后,改为自动进给,进行铣削。

铣削平面操作要点:

① 粗铣时,铣削用量选择的顺序是:先选取较大的铣削宽度 a_e,再选取较大的进给量 a_f,最后选取合适的铣削速度 v。

② 精铣时,铣削用量选择的顺序是:先选取较低或较高的铣削速度 v,再选取较小的进给量 a_f,最后根据零件尺寸确定铣削宽度 a_e。

③ 当用手柄转动刻度盘调整工作台位置时,要注意"回间隙"的方法,即如果不小心把刻度盘多转了一些,要反转刻度盘时,必须把手柄倒转 2 周后,再重新仔细地将刻度盘转到原定位置。这是因为丝杠和螺母间存在间隙,仅把刻度盘退到原定刻度线上是不能带动工作台退回到所需位置上的。

(2) 用面铣刀铣平面

用面铣刀铣平面,可在立式铣床上进行(如图 8-19),也可在卧式铣床上进行(如图 8-20)。由于面铣刀的刀杆短,刚性好,铣削中振动小,因而可用较大的切削用量铣平面,以提高生产率。其铣削方法和步骤与圆柱铣刀铣平面相似。

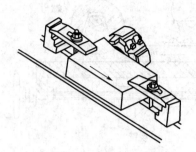

图 8－19　在立式铣床上铣平面　　　　图 8－20　在卧式铣床上铣平面

3）铣台阶面

台阶面可用三面刃盘铣刀、立铣刀等卧式铣床或立式铣床上铣削。如图 8－21(a)为用三面刃盘铣刀在卧式铣床上铣台阶面;也可用大直径的立铣刀在立式铣床上铣削,如图 8－21(b)。在成批生产中,则用组合铣刀在卧铣上同时铣削几个台阶面,如图 8－21(c)。

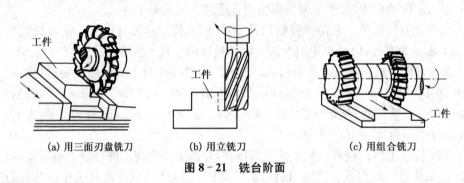

(a) 用三面刃盘铣刀　　　　(b) 用立铣刀　　　　(c) 用组合铣刀

图 8－21　铣台阶面

4）铣削矩形工件

矩形工件要求相对两面相互平行,相邻两面相互垂直。一般加工顺序如图 8－22 所示。

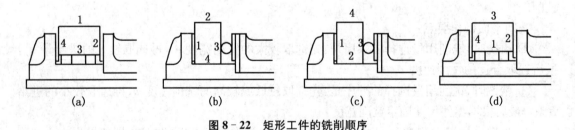

(a)　　　　　　　(b)　　　　　　　(c)　　　　　　　(d)

图 8－22　矩形工件的铣削顺序

5）铣斜面

所谓斜面就是与基准面呈一定倾斜角的平面,斜面的铣削方法主要有以下几种:

(1) 偏转铣刀铣斜面

通常在立式铣床上将立铣头主轴扳转成所需的角度来实现。偏转铣刀铣斜面可采用端铣刀的端面刀刃和利用立铣刀的圆柱刀刃进行铣削这两种方法,如图 8－23 所示。

(2) 转动工件铣斜面

一般情况下先将工件要加工的斜面进行划线,然后按划线在平口钳或工作台上校正工件,夹紧后进行斜面铣削,如图 8－24 所示;也可利用可回转的平口钳、分度头、倾斜垫铁等带动工件转一角度铣斜面。

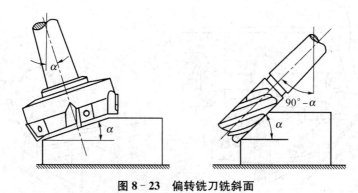

图 8‒23　偏转铣刀铣斜面

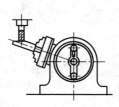

图 8‒24　转动工件铣斜面

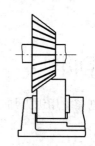

图 8‒25　用角度铣刀铣斜面

（3）用角度铣刀铣斜面

在有角度相符的角度铣刀时，可用来直接铣削斜面，这种方法适合铣削宽度较小的斜面，如图 8‒25 所示。

5）铣键槽（见二维码中补充材料）

6）铣圆弧槽

铣圆弧槽要在回转工作台上进行，见前图 8‒6。工件用压板螺栓直接装夹在圆工作台上或用三爪卡盘装夹在回转工作台上。装夹时，工件上圆弧槽的中心必须与回转工作台的中心重合。摇动回转工作台手轮带动工件作圆周进给运动，即可铣出圆弧槽。

7）铣螺旋槽（见二维码中补充材料）

8）铣成形面、曲面、齿形（见二维码中补充材料）

9）孔加工

在切削加工中，孔的加工是常见的工作之一。一般情况下孔的加工是在车床、镗床、拉床和内圆磨床上进行的。在某些情况下铣削的工件需要有落刀孔等，一般也可在铣床上加工。在铣床上常用的加工孔的方法有钻孔、镗孔等。

10）切断

在铣床上切断工件一般采用薄片圆盘形的锯片铣刀和开缝铣刀（又称切口铣刀）。锯片铣刀一般用来切断工件；开缝铣刀一般用来铣切口和零件上的窄缝，以及切断细小的或薄型的工件，如图 8‒26 所示。

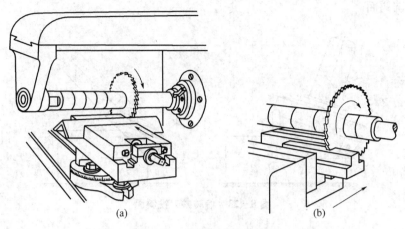

图 8‑26　在铣床上切断工件

8.3　刨削加工

在刨床上用刨刀加工工件的过程称为刨削。刨削类机床一般指牛头刨床、龙门刨床和插床等。

8.3.1　牛头刨床及刨削方法

1) 牛头刨床

牛头刨床是刨削类机床中应用较广的一种。它适于刨削长度不超过 1 000 mm 的中、小型工件,其尺寸精度一般为 IT8～IT10,表面粗糙度 R_a 值一般为 1.6～6.3 μm,最高可以达到 0.8 μm,图 8‑27 为 B6066 牛头刨床的外形。牛头刨床的型号 B6066 中字母与数字的含义如下所示:

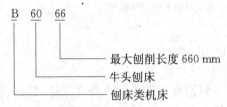

最大刨削长度 660 mm
牛头刨床
刨床类机床

(1) B6066 牛头刨床的组成

① 床身

床身用来支撑刨床各部件,床身的内部有传动机构。其顶面燕尾形导轨供滑枕作往复运动,垂直面导轨供工作台升降用。

② 滑枕

滑枕主要用来带动刨刀作直线往复运动。其前端装有刀架。滑枕往复运动的快慢、行程的长短和位置均可根据加工位置进行调整。

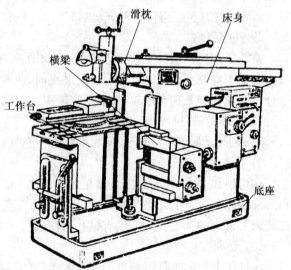

图 8‑27　B6066 牛头刨床

③ 刀架

刀架如图 8-28 所示,用来夹持刨刀,实现垂直和斜向进给运动,其上滑板有可偏转的刀座。抬刀板绕刀座上的轴顺时针抬起,供返程时将刨刀抬离加工表面,减少刨刀与工件间的摩擦。

④ 工作台

工作台用来装夹工件或夹具,它可随横梁升降,亦可沿横梁水平移动,实现间歇进给运动。

(2) 牛头刨床的传动系统及机构调整

牛头刨床的传动系统、各机构的运动及调整详见图 8-29,图 8-30,图 8-31,图 8-32。其中包括下述内容:

① 变速机构(如图 8-29(a));

② 摆杆机构(如图 8-29(b));

③ 调整滑枕起始位置(如图 8-29(c));

④ 调整滑枕行程长度(如图 8-30);

⑤ 滑枕往复直线运动速度的变化(如图 8-31);

⑥ 横向进给机构及进给量的调整(如图 8-32)。

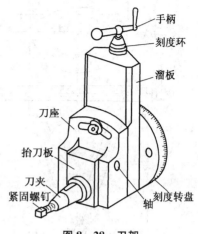

图 8-28 刀架

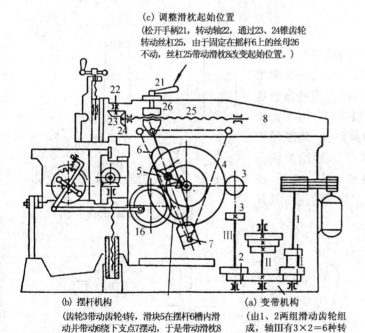

(c) 调整滑枕起始位置
(松开手柄21,转动轴22,通过23、24锥齿轮转动丝杠25,由于固定在摆杆6上的丝母26不动,丝杠25带动滑枕8改变起始位置。)

(b) 摆杆机构
(齿轮3带动齿轮4转,滑块5在摆杆6槽内滑动并带动6绕下支点7摆动,于是带动滑枕8作往复直线运动。)

(a) 变带机构
(由1、2两组滑动齿轮组成,轴Ⅲ有3×2=6种转速使滑枕变速。)

图 8-29 B6066 牛头刨床的传动系统

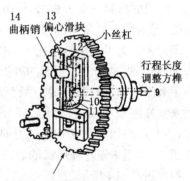

图 8-30 滑枕行程长度调整

注:转动轴 9,锥齿轮 10 和 11,小丝杠 12 的转动使偏心滑块 13 移动,曲柄梢 14 带动滑块 5 改变偏心位置,从而改变滑枕的行程长度。

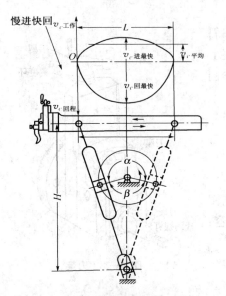

图 8-31　滑枕往复速度的变化

注:滑枕往复运动速度在各点上都不一样(见下图速度曲线)。其工作行程转角为 α,空程为 β,$\alpha>\beta$,因此回程时间较工作行程短,即慢进快回。

(3) 刨刀及其装夹

① 刨刀

刨刀的形状与车刀相似,但由于刨削过程是不连续的,刨削冲击力易损坏刀具,因而刨刀截面通常要比车刀大。为了避免刨刀扎入工件,刨刀刀杆常做成弯头的(如图 8-33)。刨刀的种类很多,其中,平面刨刀用来刨平面;偏刀用来刨垂直面或斜面;角度偏刀用来刨燕尾槽和角度;弯切刀用来刨 T 形槽及侧面槽;切刀及割槽刀用来切断工件或刨沟槽。此外,还有成型刀,用来刨特殊形状的表面。常用的刨刀及其应用如图 8-34 所示。

② 刨刀的装夹

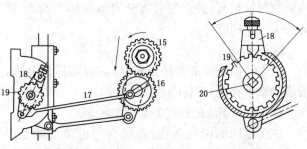

图 8-32　横向进给机构及进给量的调整

注:齿轮 15 与齿轮 4 是一体的,齿轮 15 带动齿轮 16 转动,连杆 17 摆动拨爪 18,拨动棘轮 19 使丝杠 20 转一个角度,实现横向进给,反向时,由于拨爪后面是斜的,爪内弹簧被压缩,拨爪从棘轮齿顶滑过,因此工作台横向自动进给运动是间歇的。

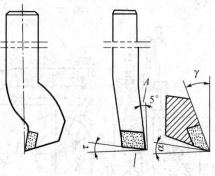

图 8-33　刨刀的形状

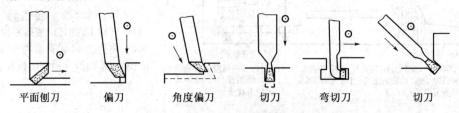

平面刨刀　　偏刀　　角度偏刀　　切刀　　弯切刀　　切刀

图 8-34　常见刨刀的种类及应用

装夹刨刀时刀头不宜伸出过长,否则会免产生振动。直头刨刀的刀头伸出长度为刀杆厚度的一倍半,弯头刀伸出量可长些。装刀和卸刀时,必须一手扶刀,一手用扳手夹紧或放松。无论装或卸,扳手的施力方向均需向下。

（4）工件的装夹

在刨床上的工件装夹方法有：用平口钳装夹；用压板、螺栓装夹；用专用夹具装夹等。

① 用平口钳装夹

平口钳是通用工具，适用于装夹规则的小型工件。使用前先把平口钳固定在工作台上。装夹工件时，先找正工件的位置，然后夹紧。图 8 - 35（a）是用划针按划线找正工件的位置。如果工件的基准面是已加工表面，装夹时，可用手锤轻轻敲击工件，使工件与垫铁贴紧，如图 8 - 35（b）所示。

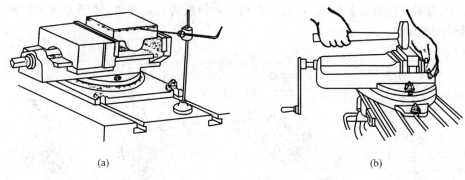

(a)　　　　　　　　　　　　　　(b)

图 8 - 35　平口钳装夹

② 用压板、螺栓装夹

工件也可用压板、螺栓直接装夹在工作台上。图 8 - 36（a）是用压板和压紧螺栓装夹较大型的工件。装夹时压板的位置要安排得当，压力的大小要合适，有时还要增加辅助支撑，如图 8 - 36（b）（c）所示。

用压板、螺栓在工作台上装夹工件时，根据工件装夹精度要求，也用划针、百分表等找正工件或先划好加工线再进行找正。

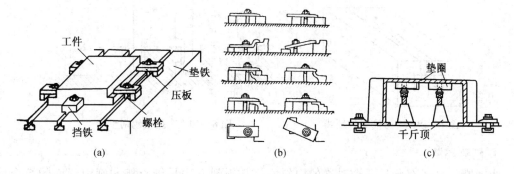

(a)　　　　　　　　　　　(b)　　　　　　　　　(c)

图 8 - 36　用压板、螺栓在工作台上装夹

③ 用专用夹具装夹

专用夹具是根据工件的具体情况而专门设计制造的。用专用夹具装夹的特点是迅速而准确，又不需要找正。适合于批量生产。

（5）刨削加工的基本工作

① 刨水平面

刨水平面的一般顺序是：

a. 根据工件加工表面形状选择和装夹刨刀。

b. 根据工件大小和形状确定工件装夹方法，并夹紧工件。

　　c. 调整刨刀的行程长度和起始位置。

　　d. 调整往复行程次数和进给量。

　　e. 先进行试切,然后停车测量,再调整被切刀量。如工件余量较大时,可分几次切削。当工件表面质量要求较高时,粗刨后还要进行精刨。

　　② 刨垂直面和斜面

　　刨垂直面的方法如图 8-37 所示。此时应采用偏刀,转盘对准零线,以便刨刀能沿垂直方向移动。刀座上端偏离工件(一般为 $10°\sim15°$),以便返回行程时减少刨刀与工件的摩擦。刨斜面的方法与刨垂直面基本相同,只是刀架转盘必须扳转一定角度,使刨刀能沿斜面方向移动,如图 8-38 所示。

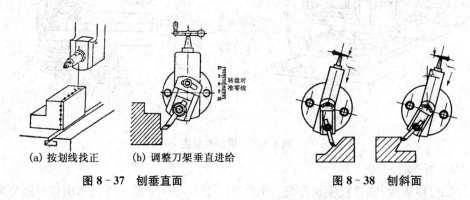

(a) 按划线找正　　　(b) 调整刀架垂直进给

图 8-37　刨垂直面　　　　　　　　图 8-38　刨斜面

　　③ 刨 T 型槽

　　刨 T 型槽前先在工件的上平面和端面划出加工线(如图 8-39)。它的加工步骤如图 8-40。

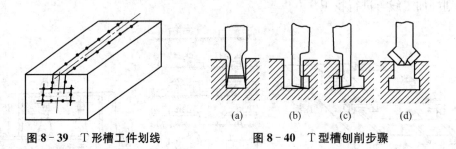

图 8-39　T 形槽工件划线　　　　图 8-40　T 型槽刨削步骤

　　④ 刨燕尾槽

　　燕尾槽的燕尾部分是两个对称的内斜面。其刨削方法是刨直槽和刨内斜面的综合,但需要专门刨燕尾槽的左、右偏刀。在其他各面刨好的基础上可按下列步骤刨燕尾槽(如图 8-41)。

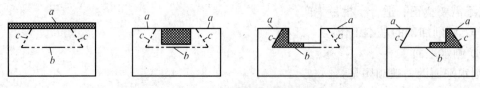

图 8-41　刨燕尾槽的步骤

⑤ 刨矩型工件

矩形工件(如平行垫铁)要求相对两面互相平行、相邻两面互相垂直。这类工件一般可以铣削,也可以刨削。但工件采用平口钳装夹时,无论是铣削还是刨削,精加工1~4个面的步骤要按 1、2、4、3 的顺序进行,如前图 8－23 所示。

8.3.2　龙门刨床

龙门刨床主要用于加工大型工件上长而窄的平面、大平面或同时加工多个小型工件的平面。

8.3.3　插床

插床主要用来加工孔内的键槽、花键等;也可用来加工多边形孔;利用划线还可加工盘形凸轮等特殊形面。

8.4　磨削加工

8.4.1　磨床

1) 磨床分类

磨床按用途不同可分为外圆磨床、内圆磨床、平面磨床、无心磨床、工具磨床、螺纹磨床、齿轮磨床以及其他各种专用磨床等等。

2) 磨床传动原理

液压传动与机械传动相比,具有工作平稳、无冲击、无振动、调速和换向方便以及易于实现自动化等优点,用在以精加工为目的的磨床上尤为适合。工作时,油泵经滤油器将油由油箱中吸出,转变为高压油,经过转阀、节流阀、换向阀、输入油缸的右腔,推动活塞、活塞杆及工作台向左移动。油缸左腔的油则经换向阀流入油箱。当工作台移至行程终点时,固定在工作台前侧面的右行程挡块,自右向左推动换向手柄,并连同换向阀的活塞杆和活塞一起向左移至虚线位置。于是高压油则流入油缸的左腔,使工作台返回。油缸右腔的油也经换向阀流回油箱。如此反复循环,从而实现了工作台的纵向往复运动。

8.4.2　砂轮

1) 砂轮

砂轮是磨削的主要工具,它是由细小而坚硬的磨料加结合剂制成的疏松的多孔体(图8－63)。砂轮表面上杂乱地排列着许多磨粒,磨粒的每一个棱角都相当于一个切削刃,整个砂轮相当于一把具有无数切削刃的铣刀,磨削时砂轮高速旋转,切下粉末状切屑。

砂轮的特性由下列因素决定:磨料、粒度、结合剂、硬度、组织、形状及尺寸。

2) 砂轮的安装及修整

砂轮因在高速下工作,安装前必须经过外观检查,不应有裂纹,并经过平衡试验。大砂轮通过台阶法兰盘装夹;不太大的砂轮用法兰盘直接装在主轴上;小砂轮用螺母紧固在主轴上;更小的砂轮可粘固在轴上。

8.4.3　磨削加工的基本工作

1）磨平面

磨平面一般使用平面磨床。平面磨床工作台通常采用电磁吸盘来安装工件；对于钢、铸铁等导磁工件可直接安装在工作台上，对于铜、铝等非导磁性工件，要通过精密平口钳等装夹。

根据磨削时砂轮工件表面的不同，平面磨削的方式有两种，即周磨法和端磨法。

2）磨外圆

工件的外圆一般在普通外圆磨床或万能外圆磨床上磨削。常用的磨削外圆的方法有纵磨法和横磨法两种。

3）磨内孔和内圆锥面

内圆和内圆锥面可在内圆磨床或万能外圆磨床上用内圆磨头进行磨削。

4）磨外圆锥面

磨外圆锥面与磨外圆的主要区别是工件和砂轮的相对位置不同。磨外圆锥面时，工件轴线必须相对于砂轮轴线偏斜一圆锥斜角。常用转动上工作台或转动头架的方法磨外锥面。

5）磨齿轮

磨齿是在磨齿机上用高速旋转的砂轮对经过淬硬的齿面进行加工的方法。磨齿按其加工原理不同可分为成形法和展成法两种，而展成法又根据所用砂轮和机床的不同，可分为双砂轮磨齿和单砂轮磨齿。

8.5　镗削加工

镗削加工主要在镗床上进行，其中卧式镗床是应用最广泛的一种。

镗床用于对大型或形状复杂的工件进行孔和孔系加工。在镗床上除了能进行镗孔工作外，还能进行钻孔，扩孔，铰孔及加工端面、外圆柱面，内、外螺纹等。由于镗刀结构简单，通用性大，既可粗加工，也可半精加工及精加工，因此特别适用于批量较小的加工中。镗孔的质量（指孔的形状和位置精度）主要取决于机床的精度。

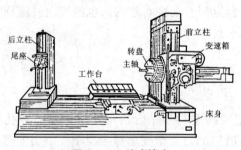

图 8-42　卧式镗床

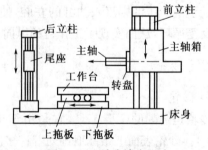

图 8-43　卧式镗床运动

图 8-42 及图 8-43 分别为普通卧式镗床的外形图和各部件的位置关系及运动简图。床身上装有前立柱、后立柱和工作台，装有主轴和转盘的主轴箱装在前立柱上，后立柱上装有可上、下移动的尾座，镗床进行切削加工时，镗刀可以安装在镗刀杆上，也可以安装在主轴箱外端的大转盘上，它们都可以旋转，以实现纵向进给。进给运动可以由工作台带动工件来完成，安放工件的工作台可作横向和纵向的进给运动，还可回转任意角度，以适应在工件不同方向的垂直面上镗孔

的需要。此外镗刀主轴可轴向移动,以实现纵向进给,当镗刀安装在大转盘上时,还可以实现径向的调整和进给。镗床主轴箱可沿立柱的导轨作垂直的进给运动。

当镗深孔或离主轴端面较远的孔时,镗杆长、刚性差,可用尾座支承或镗模支承镗杆。

8.6　齿轮加工

齿轮齿形加工方法有切削加工与无屑加工。无屑加工是近年来发展起来的新工艺,如热轧、冷轧、精锻及粉末冶金等方法形成齿轮。它具有生产效率高,耗材少,成本低等特点。但由于它受材料塑性和加工精度的限制,目前应用还不广泛。对于精度要求低,表面较粗糙的齿轮也可以用铸造方法铸造。

下面仅介绍切削加工齿形的方法。按其加工齿形原理可以分为两大类:

① 仿形法(或称成形法)是用与被切齿轮齿间形状相符的成形铣刀直接铣出齿槽的加工方法,如铣齿等。

② 展成法(俗称范成法)是根据一对齿轮啮合原理,把其中一个齿轮制成齿轮刀具,利用齿轮刀具与被切齿轮的啮合运动(或展成运动)切出齿形的加工方法,如滚齿、剃齿、插齿和展成法磨齿。

8.6.1　铣齿、滚齿、插齿(见二维码中补充材料)

8.6.2　磨齿、剃齿、珩齿、研齿(见二维码中补充材料)

8.7　常见表面的加工方法

在实际生产中,一个零件或其某个表面,一般不是在一台机床用一种工艺方法就可以完成的,往往要经过一定的工艺过程才能完成。

零件是多种多样的,但无论是复杂零件还是简单零件,其形状大多是由外圆面、内圆面(孔)、平面或成型面等构成。下面介绍这些表面加工的工艺方法选用。

8.7.1　外圆面加工

外圆面是轴类、盘类、套类零件以及外螺纹、外花键、外齿轮等坯件的主要表面,因此,外圆面加工在工件加工中占有十分重要的地位。外圆面的技术要求主要有:

① **尺寸精度**　包括外圆直径和长度的尺寸精度。

② **形状及位置精度**　包括圆度、轴线的直线度、圆柱度;与其他表面(或内圆表面)之间的同轴度;与基准面的垂直度;端面圆跳动和径向圆跳动等。

③ **表面质量**　主要指零件表面粗糙度。对于表面层的加工硬化,金相组织变化和残余应力等。

此外,材料性质和热处理情况以及具体生产条件的不同等均在不同程度上影响外圆面的加工过程。

外圆面的主要加工方法是车削和磨削,少量有特殊要求的外圆面也可能用到光整加工或精密加工。

8.7.2 孔的加工

孔也是零件的主要组成表面之一。孔的技术要求与外圆面相近,只是由于受到孔径限制,刀具刚性差,加工时散热、冷却、排屑条件差,测量也不方便。因此,在精度相同的前提下,孔加工要比外圆加工困难些。

孔加工的设备有钻床、镗床、铣床、拉床、磨床等。除了上述设备相应的工艺方法外,还有铰孔、珩孔、研孔及内孔挤压等工艺方法。加工要求不高的非配合孔,如螺栓孔、油孔,通常多在钻床上加工;回转体零件轴线上的孔,如套筒、齿轮等轴心孔,通常多在车床上进行加工以保证其相对于外圆及端面的位置精度(如同轴度、垂直度等);箱体零件上的主要孔,如减速箱、机床主轴箱体上的轴承孔,也要求较高的尺寸精度和位置精度,这类孔通常在镗床上加工;深孔,如车床主轴的通孔等,通常多采用特殊的深孔钻头在深孔钻床上加工。

8.7.3 平面加工

平面是基体类零件(如床身、机架及箱体等)的主要表面,有时也是回转体零件的重要表面之一(如端面及台阶面等)。

平面的加工方法有铣、刨、车、磨、拉及刮削、超级光磨、研磨、抛光等工序。

8.7.4 成形面加工

具有成形面的零件在机械中应用也很多,如机床手柄、凸轮、模具型腔、螺纹、齿轮等。其中螺纹与齿轮加工除在一定程度上应用通用设备外,较多地采用专门化设备。

成形面加工通常采用两种形式:成形刀具加工;用简单刀具使工件与刀具间产生满足加工要求的相对切削运动进行加工。

用成形刀具加工生产率高,操作简单,但刀具刃磨复杂,且工作主切削刃不宜太长。

用简单刀具加工成形面可采用手动进给、靠模装置、数控装置等方式来实现。手动进给适用于单件小批量生产,精度要求不高的成形面。通用机床常采用机械式靠模加工成形面。专门化机床则采用液压靠模、电气靠模,后两者因靠针与靠模的接触力极小,从而可使靠模的制造过程简化,故在成形面加工中应用较多。随着各种数控机床的发展,许多较复杂、精度要求较高、批量不大的成形面的加工变得越来越方便、可靠、经济。

上述均为采用切削加工方法加工成形面。目前成形面的加工已发展到采用特种加工、精密铸造等加工方法。这些方法在不同程度上提高了加工质量和生产率。

第4篇 数控机床加工

第9章 数控机床基础知识

☞ 扫码可获取
第9章补充资源

9.1 数控机床的发展历史

随着社会生产和科学技术的迅速发展,机械产品日趋精密复杂,且需频繁改型。特别是在航天、造船、军事等领域所需的机械零件,精度要求高,形状复杂,批量小。加工这类产品需要经常改装或调整设备,普通机床或专用化程度高的自动化机床已不能适应这些要求。为了解决上述问题,一种新型的机床——数控机床应运而生。这种新型机床具有适应性强、加工精度高、加工质量稳定和生产效率高等优点。它综合应用了电子计算机、自动控制、伺服驱动、精密测量和新型机械结构等多方面的技术成果,是今后机床的发展方向。

1. 数控机床的产生

数控机床的研制最早是从美国开始的。1948年,美国帕森斯公司(Parsons Co.)在研制加工直升机桨叶轮廓用检查样板的加工任务时,提出了研制数控机床的初始设想。1949年,在美国空军部门的支持下,帕森斯公司正式接受委托,与麻省理工学院伺服机构实验室(Serve Mechanism Laboratory of the Massachusetts Institute of Technology)合作,开始从事数控机床的研制工作。经过三年时间的研究,于1952年试制成功世界上第一台数控机床试验性样机。这是一台采用脉冲乘法器原理的直线插补三坐标连续控制铣床,其数控系统全部采用电子管元件,数控装置体积比机床本体还要大,后又经过三年的改进和自动编程研究,于1955年进入实用阶段。一直到20世纪50年代末,由于价格和技术上的原因,数控机床仅局限在航空工业中应用。到了60年代,数控系统由于采用晶体管而使其可靠性提高、体积缩小、价格下降,一些民用工业开始发展数控机床,其中多数是钻床、冲床等点位控制的机床。数控技术不仅在机床上得到实际应用,而且逐步推广到焊接机、火焰切割机等,数控技术应用范围不断地扩展。图9-1、图9-2及图9-3所示为常见的两种类型的数控机床和卧式加工中心外观图。

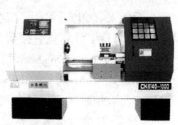

图9-1 数控车床

图 9-2 数控铣床

图 9-3 卧式加工中心

2. 数控机床的发展简况

自 1952 年美国研制成功第一台数控机床以来,随着电子技术、计算机技术、自动控制和精密测量等相关技术的发展,数控机床也在迅速地发展和不断地更新换代,先后经历了五个发展阶段。

第一代数控:1952~1959 年采用电子管元件构成的专用数控装置(简称 NC)。

第二代数控:从 1959 年开始采用晶体管电路的 NC 系统。

第三代数控:从 1965 年开始采用小、中规模集成电路的 NC 系统。

第四代数控:从 1980 年开始采用大规模集成电路的小型通用电子计算机控制的系统(Computer Numerical Control,简称 CNC)。

第五代数控:从 1984 年开始采用微型电子计算机控制的系统(Microcomputer Numerical Control,简称 MNC)。

目前,第五代微机数控系统基本上取代了以往的普通数控系统,形成了现代数控系统。它采用微处理器及大规模或超大规模集成电路,具有很强的程序存储能力和控制功能,这些控制功能是由一系列控制程序(即存储在系统内的管理程序)来实现的。这种数控系统的通用性很强,几乎只需改变软件,就可以适应不同类型机床的控制要求,具有很大的柔性。随着集成电路规模的日益扩大,光缆通信技术应用于数控装置中,使其体积日益缩小,价格逐年下降,可靠性显著提高,功能也更加完善,数控装置的故障已从数控机床总的故障次数中占主导地位降到了很次要的地位。

近年来,微电子和计算机技术日益成熟,它的成果正在不断渗透到机械制造的各个领域中,先后出现了计算机直接数控(Direct Numerical Control,简称 DNC)、柔性制造系统(Flexible Manufacturing System,简称 FMS)和计算机集成制造系统(Computer Integrated Manufacturing System,简称 CIMS)。所有这些高级的自动化生产系统均是以数控机床为基础,它们代表着数控机床今后的发展趋势。

(1) 计算机直接数控系统

所谓计算机直接数控系统(DNC),即使用一台计算机为数台数控机床进行自动编程,编程结果直接通过电缆输送给各台数控机床的数控箱。中央计算机具有足够的内存容量,因此,可统一存储和管理大量的零件程序。利用分时操作系统,中央计算机可以同时完成一群数控机床的管理与控制,因此,也称为计算机群控系统。

目前 DNC 系统中的各台数控机床都各自有其独立的数控系统,并与中央计算机联成网络,实现分级控制,而不再考虑让一台计算机去分时完成所有数控装置的功能。

随着 DNC 技术的发展,中央计算机不仅用于编制零件的程序以控制数控机床的加工过程,而且进一步控制工件与刀具的输送,形成了一条由计算机控制的数控机床自动生产线,它为柔性制造系统(FMS)的发展提供了有利条件。

(2) 柔性制造系统(FMS)

柔性制造系统也叫作计算机群控自动线(Flexible Manufacturing System,简称 FMS),就是将一群数控机床用自动传送系统连接起来,并置于一台主计算机的统一控制之下,形成一个用于制造的整体。其特点是由一台主计算机对全系统的硬、软件进行管理,采用 DNC 方式控制两台或两台以上的数控加工中心机床,对各台机床之间的工件有调度和自动传送功能,利用交换工作台或工业机器人等装置实现零件的自动上料和下料,使机床每天 24 小时均能在无人或极少人的监督控制下进行生产。如日本 FANUC 公司有一条 FMS 由 60 台数控机床、52 个工业机器人、2 台无人自动搬运车、1 个自动化仓库组成,这个系统每月能加工 10 000 台伺服电机。

(3) 计算机集成制造系统(CIMS)

计算机集成制造系统是指用最先进的计算机技术,控制从订货、设计、工艺、制造到销售的全过程,以实现信息系统一体化的高效率的柔性集成制造系统。它是在生产过程自动化,例如计算机辅助设计、计算辅助工艺规程设计、计算机辅助制造、柔性制造系统等发展的基础上,加上其他管理信息系统的发展,逐步完善各种类型的计算机及其软件系统的分析、控制能力,它可把全厂的生产活动联系起来,最终实现全厂性的综合自动化,也称“无人工厂”。

3. 我国数控机床发展概况

我国从 1958 年由北京机床研究所和清华大学等单位首先研制数控机床,并试制成功第一台电子管数控机床。从 20 世纪 80 年代初开始,随着我国的改革开放,各研究机构先后从日本、美国、德国等国家引进先进的数控技术,如北京机床研究所从日本 FANUC 公司引进 FANUC3、5、6、8 系列产品的制造技术,上海机床研究所引进美国 GE 公司的 MTC—1 数控系统等。在引进、消化、吸收国外先进技术基础上,北京机床研究所又开发出 BS03 经济型数控系统和 BS04 全功能数控系统,航空航天部 806 所研制出 MNC864 数控系统等,进而推动了我国数控技术的发展,使我国数控机床在品种、性能以及水平上均有了新的飞跃。我国的数控机床已跨入一个新的发展阶段。

9.2　数控机床的特点和分类

9.2.1　数控机床的特点

1. 对加工对象改型的适应性强

数控机床实现自动加工的控制信息是由纸带提供的,或以手工方式通过键盘,或通过网络传输输入给控制机。当加工对象改变时,除了更换相应的刀具和解决毛坯装夹方式外,只需要重新编制程序,更换一条新的穿孔纸带,或者手动输入程序,或者网络输入程序就能实现对零件的加工。它不同于传统的机床,不需要制造、更换许多工具、夹具和模具,更不需要重新调整机床。它缩短了生产准备周期,而且节省了大量工艺装备费用。因此数控机床可以很快地从加工一种零件转变为加工另一种零件，这就为单件、小批及试制新产品提供了极大便利。

2. 加工精度高

数控机床是按以数字形式给出的指令进行加工的，由于目前数控装置的脉冲当量（即每输出一个脉冲后数控机床移动部件相应的移动量）普遍达到了 0.001 mm，而且进给传动链的反向间隙与丝杠螺距误差等均可由数控装置进行补偿，因此，数控机床能达到比较高的加工精度。对于中、小型数控机床，定位精度普遍可达到 0.03 mm，重复定位精度为 0.01 mm。因为数控机床传动系统与机床结构都具有很高的刚度和热稳定性，所以其制造精度得到了提高，特别是数控机床的自动加工方式避免了生产者的人为操作误差，同一批加工零件的尺寸一致性好，产品合格率高，加工质量十分稳定。对于需要多道工序完成的零件，特别是箱体类零件，使用加工中心一次安装能进行多道工序连续加工，减少了安装误差，使零件加工精度进一步提高。对于复杂零件的轮廓加工，在编制程序时已考虑到控制进给速度，可以做到在曲率变化时，刀具沿轮廓的切向进给速度基本不变，被加工表面就可以获得较高的精度和表面质量。

3. 加工生产率高

零件加工所需要的时间包括机动时间与辅助时间两部分。数控机床能够有效地减少这两部分时间，因而加工生产率比一般机床高得多。数控机床主轴转速和进给量的范围比普通机床的范围大，每一道工序都能选用最有利的切削用量，良好的结构刚性允许数控机床进行大切削用量的强力切削，有效地节省了机动时间。数控机床移动部件的快速移动和定位均采用了加速和减速措施，有很高的空行程运动速度，消耗在快进、快速定位的时间要比普通机床少得多。

数控机床在更换被加工零件时几乎不需要重新调整机床，零件一般都安装在简单的定位夹紧装置中，只需重新编制加工程序，因此可以节省停机进行零件安装调整的时间。

数控机床的加工精度比较稳定，一般只作首件检验或工序间关键尺寸抽样检验，可以减少停机检验时间，因此数控机床的利用系数比普通机床高得多。

在使用带有刀库和自动换刀装置的数控加工中心机床时，在一台机床上实现了多道工序的连续加工，减少了半成品的周转时间，生产效率的提高就更为明显。

4. 减轻劳动强度，改善劳动条件

利用数控机床加工零件，首先，按图样要求编制加工程序，然后输入程序，安装零件，调试程序，观察监视加工过程并拆卸零件。工作人员在零件加工过程中可暂时离开机床，从而能避免切屑乱飞烫伤手、眼等现象。除此之外，不需要进行繁重的重复性手工操作，劳动强度与紧张程度均可大为减轻，劳动条件也因此得到相应的改善。

5. 良好的经济效益

使用数控机床加工零件时，分摊在每个零件上的设备费用是较昂贵的，但在单件、小批生产情况下，可以节省许多其他费用，因此能够获得良好的经济效益。

使用数控机床，在加工之前节省了划线工时，在零件安装到机床之后可以减少调整、加工和检验时间，减少了直接生产费用。另一方面，由于数控机床加工零件不需要手工制作模型、凸轮、钻模板及其他工装夹具，节省了工艺装备费用。另外由于数控机床的加工精度稳定，减少了废品率，使生产成本进一步下降。

6. 有利于生产管理的现代化

利用数控机床加工，能准确地计算零件的加工工时，并有效地简化检验程序和工装夹具、半成品的管理工作，这些特点都有利于实现生产管理的现代化。

虽然数控机床具有以上优点，但初期投资大，维修费用高，要求管理及操作人员素质也较高,因此,应合理地选择及使用数控机床,使企业获得最好的经济效益。

9.2.2　数控机床的应用范围

从经济的角度出发,数控机床适用于加工:

① 多品种小批量零件;

② 结构较复杂、精度要求较高的零件;

③ 需要频繁改型的零件;

④ 价格昂贵,不允许报废的关键零件;

⑤ 要求精密复制的零件;

⑥ 需要最短生产周期的急需零件;

⑦ 要求 100%检验的零件。

图 9-4 表示普通机床、数控机床、专用机床与零件加工批量数和综合费用的关系。

图 9-5 表示机床与零件复杂程度及批量大小的关系。

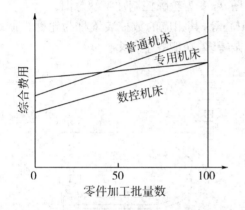 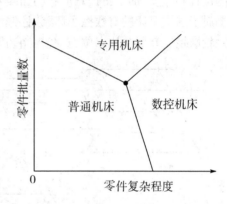

图 9-4　零件加工批量与综合费用的关系　　　　　**图 9-5　数控机床适用范围示意图**

9.2.3　数控机床的分类及用途

目前数控机床的品种很多,结构、功能各不相同,通常可以按以下方法进行分类。

1. 按控制系统的特点分类

(1)点位控制数控机床

点位控制数控机床的特点是只控制移动部件由一个位置到另一个位置的精确定位,而对它们运动过程中的轨迹没有严格要求,在移动和定位过程中不进行任何加工。因此,为了尽可能地减少移动部件的运动时间和定位时间,先是快速移动,接近新的位置,然后进行连续降速或分级降速,使之慢速趋近定位点,以保证其定位精度,如图 9-6 所示。

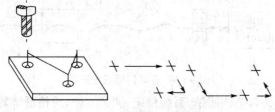

图 9-6　点位控制示意图

这类机床主要有数控镗床、数控钻床、数控点焊机、数控折弯机等,其相应的数控装置称为点位控制装置。

(2) 直线控制数控机床

直线控制数控机床的特点是刀具相对于工件的运动不仅要控制两相关点之间的准确位置(距离),还要控制两相关点之间移动的速度和轨迹,其路线一般由与各轴线平行的直线段组成。它和点位控制数控机床的区别在于当机床的移动部件移动时,可以沿一个坐标轴的方向进行切削加工,而且其辅助功能比点位控制的数控机床多。图9-7为直线控制数控机床加工示意图。

这类机床主要有数控车床、数控磨床、数控镗床和数控铣床等,相应的数控装置称为直线控制装置。

(3) 轮廓控制数控机床

轮廓控制又称连续控制,大多数数控机床具有轮廓控制功能。其特点是能同时控制两个以上的轴联动,具有插补功能。它不仅要控制起点和终点的位置,而且要控制加工过程中每一点的位置和速度,加工出任意形状的曲线或曲面。图9-8为轮廓控制加工示意图。

属于这类机床的有数控车床、数控铣床、加工中心等,其相应的数控装置称为轮廓控制装置。轮廓控制装置要比点位、直线控制装置结构复杂得多,功能齐全得多。

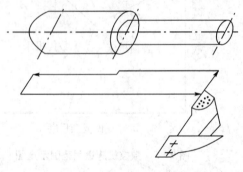

图9-7 直线控制示意图

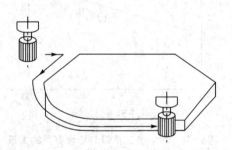

图9-8 轮廓控制示意图

2. 按进给伺服系统的类型分类

(1) 开环进给伺服系统数控机床

开环伺服系统通常不带有位置测量元件,伺服驱动元件一般为步进电机或电液脉冲马达,图9-9所示为步进电机开环进给伺服系统原理图。数控装置发出的指令脉冲通过环形分配器和驱动电路,使步进电机转过相应的步距角,再经过传动系统,带动工作台或刀架移动。移动部件的速度与位移是由输入脉冲的频率和脉冲数决定的,它的定位精度不高,一般可达±0.02 mm,主要取决于伺服驱动元件和机床传动机构的精度、刚度和动态特性。

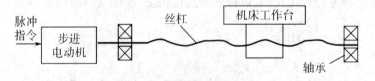

图9-9 开环伺服系统框图

这种开环伺服系统具有结构简单、系统稳定、调试方便、价格低廉等优点,但是由于系统对移动部件的误差没有补偿和校正,所以精度低,一般适用于经济型数控机床和旧机床的数控化改造。

（2）闭环进给伺服系统数控机床

闭环进给伺服系统是指在机床的运动部件上安装位移测量装置，如图 9-10 所示，是用进给伺服电动机驱动的闭环进给伺服系统原理图。它主要是由比较环节、伺服驱动放大器、进给伺服电动机、机械传动装置和直线位移测量装置所组成。

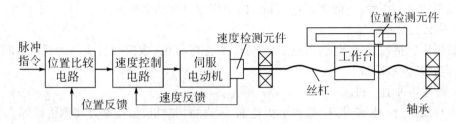

图 9-10　闭环伺服系统框图

闭环系统的工作原理是当数控装置发出位移指令脉冲，经过伺服电动机、机械传动装置驱动移动部件移动时，安装在移动部件上的位置检测装置直接对工作台的位移量进行测量，把检测所得位移量反馈到输入端，与输入信号进行比较，得到的差值再去控制伺服电动机，驱动移动部件向减少差值的方向移动。如果指令脉冲不断地输入，则移动部件就不断地运动，只有差值为零时，移动部件才停止移动，此时移动部件的实际位移量与指令的位移量相等。

由闭环进给伺服系统的工作原理可以看出，系统的精度主要取决于位移检测装置的精度，从理论上讲，它可以完全消除由于传动部件制造中存在的误差给工件加工带来的影响，所以这种控制系统可以得到很高的加工精度。闭环系统的设计和调整都有较大的难度，直线位移检测元件的价格也比较昂贵，主要用于一些精度要求较高的镗铣床、超精密车床和加工中心等。

（3）半闭环进给伺服系统数控机床

图 9-11 是半闭环进给伺服系统的工作原理图，它与全闭环的唯一区别是全闭环的检测元件是直线位移检测器，安装在移动部件上；而半闭环的检测元件是角位移检测器，直接安装在电动机轴上，也有个别的安装在丝杠上，但二者的工作原理完全一样。

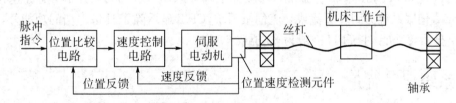

图 9-11　半闭环伺服系统框图

因为半闭环系统的反馈信号取自电动机轴的回转，因此进给系统中的机械传动装置处于反馈回路之外，其刚度、间隙等非线性因素对系统稳定性没有影响，调试方便。同样的理由，机床的定位精度主要取决于机械传动装置的精度，但是现在的数控装置均有螺距误差补偿和间隙补偿功能，不需要将传动装置各种零件精度提得很高，通过补偿就能将精度提高到绝大多数用户都能接受的程度。再加上直线位移检测装置比角位移检测装置贵很多，因此除了对定位精度要求特别高或行程特别长，不能采用滚珠丝杠的大型机床外，目前绝大多数数控机床均可采用半闭环系统。

　3. 工艺用途分类

　（1）切削类数控机床

　这类数控机床包括数控车床、数控钻床、数控铣床、数控磨床、数控镗床以及加工中心。切削类数控机床发展最早，目前种类繁多，功能差异也较大。加工中心都带有一个刀库，可容纳10～100多把刀具，其特点是工件一次装夹可完成多道工序。为了进一步提高生产率，有的加工中心使用两个工作台，一面加工，一面装卸，工作台可自动交换等。

　（2）成形类数控机床

　这类机床包括数控折弯机、数控组合冲床、数控弯管机、数控回转头压力机等。这类机床起步晚，但目前发展很快。

　（3）数控特种加工机床

　如数控线（电极）切割机床、数控电火花加工、火焰切割机、数控激光切割机床等。

　（4）其他类型的数控机床

　如数控三坐标测量机等。

　4. 数控机床的性能分类

　（1）低档数控机床

　也称经济型机床，其特点是根据实际的使用要求，合理地简化系统，以降低产品价格。目前，我国把由单片机或单板机与步进电动机组成的数控系统和功能简单、价格低的系统称为经济型数控系统，主要用于车床、线切割机床以及旧机床的数控化改造等。在我国，这类数控机床有一定的生产批量。

　低档数控机床的技术指标通常为：脉冲当量 $0.01～0.05$ mm，快进速度 $4～10$ m/min，开环步进电机驱动，用数码管或简单 CRT 显示，主 CPU 一般为 8 位或 16 位。

　（2）中档数控机床

　中档数控机床的技术指标通常为：脉冲当量 $0.005～0.001$ mm，快进速度 $15～24$ m/min，伺服系统为半闭环直流或交流伺服系统，有较齐全的 CRT 显示，可以显示字符和图形，进行人机对话、自诊断等，主 CPU 一般为 16 位或 32 位。

　（3）高档数控机床

　高档数控机床的技术指标通常为：脉冲当量 $0.001～0.000\ 1$ mm，快进速度 $15～100$ m/min，伺服系统为闭环直流或交流伺服系统，CRT 显示除了具备中档的功能外，还具有三维图形显示等功能，主 CPU 一般为 32 位或 64 位。

9.3　系统配置简介

　目前数控机床采用的数控系统分为国产的和进口的。国产系统有代表性的是北京帝特玛、广州数控 980T，还有华中数控、华中世纪星 HN-21T 等；进口系统为日本发那科公司生产的 FANUC 系统、德国西门子公司生产的 SIEMENS 系统、西班牙生产的 FAGOR 系统；还有引进技术，如大连的大森系统、大连机床集团的阿贝尔系统等。

　数控系统是数控机床的中枢。目前绝大部分数控机床都采用微型计算机控制，数控装置由硬件与软件组成。硬件由运算器和控制器组成，输入输出接口等软件存放在存储器中，通过通信口、键盘输入，图 9-12 是数控装置结构的框图。伺服系统由伺服控制电路、功率放大电路和伺服电动机组成。数控机床的加工精度和生产效率主要取决于伺服系统的性能。下面以

FANUC-0i 系统和 SIEMENS-802D 系统为例说明。

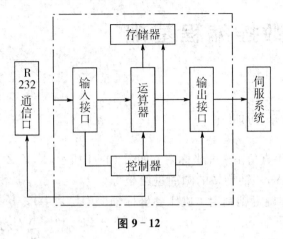

图 9－12

9.3.1　FANUC-0i 系统

该系统包括主机板、I/O 板、操作面板、CRT 显示、伺服驱动及交流伺服电动机。

主机板包括:CPU 运算控制器、存储器、PMC 可编程序控制器、I/O 输入输出接口、伺服控制、主轴控制、内存卡 I/F 等。其中存储器中有系统软件、启动程序、梯形图程序、加工程序、各种参数等。

I/O 板包括:电源印制电路板、DI/DO、阅读穿孔机接口 I/F、MDI 控制、显示控制、手摇脉冲发生器控制。

9.3.2　SIEMENS-802D 系统

该系统由 PCU 单元(Panel Control Unit)、键盘、输入输出模块(PP82/48)、24V 电源、驱动器 Simo Drive 611E、IFK6 系统数字伺服电动机和 1PH8 系列数字主轴电动机组成。PCU 是 802D 的核心,集成了 PROFIBUS 接口、键盘、三个手轮接口以及 PCMUA 接口。各软件和 PLC 全部集成于 PCU 中,系统连接如图 9－13 所示。

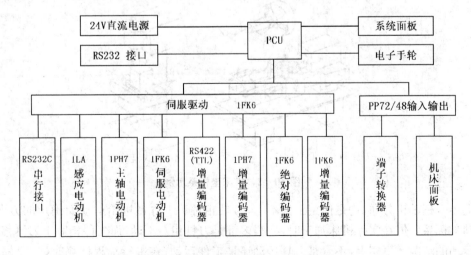

图 9－13　SIEMENS-802D 系统连接图

第 10 章　数控编程基础

10.1　机床坐标系的确定

数控机床采用右手直角笛卡儿坐标系。如图 10-1 所示，X,Y,Z 直线进给坐标系按右手定则规定，而围绕 X,Y,Z 轴旋转的圆周进给坐标轴 A,B,C 则按右手螺旋定则判定。机床各坐标轴及其正方向的确定原则如下：

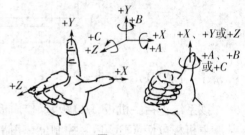

图 10-1

① 先确定 Z 轴。以平行于机床主轴的刀具运动坐标为 Z 轴，若有多根主轴，则可选垂直于工件装夹面的主轴为主要主轴，Z 坐标则平行于该主轴轴线；若没有主轴，则规定垂直于工件装夹表面的坐标轴为 Z 轴。Z 轴正方向是使刀具远离工件的方向，如立式铣床，主轴箱的上、下或主轴本身的上、下即可定为 Z 轴，且是向上为正；若主轴不能上下动作，则工作台的上、下便为 Z 轴，此时工作台向下运动的方向定为正向。

② 再确定 X 轴。X 轴为水平方向且垂直于 Z 轴并平行于工件的装夹面。在工件旋转的机床（如车床、外圆磨床）上，X 轴的运动方向是径向的，与横向导轨平行，刀具离开工件旋转中心的方向是正方向。对于刀具旋转的机床，若 Z 轴为水平（如卧式铣床、镗床），则沿刀具主轴后端向工件方向看，右手平伸出方向为 X 轴正向；若 Z 轴为垂直（如立式铣、镗床，钻床），则从刀具主轴向床身立柱方向看，右手平伸出方向为 X 轴正向。

③ 最后确定 Y 轴。在确定了 X,Z 轴的正方向后，即可按右手定则定出 Y 轴正方向。图 10-2 是卧式车床和立式铣床机床坐标系示例。

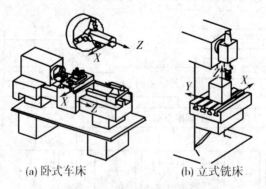

(a) 卧式车床　　　(b) 立式铣床

图 10-2　机床坐标系示例

上述坐标轴正方向，均是假定工件不动，刀具相对于工件做进给运动而确定的方向，即刀具运动坐标系。但在实际机床加工时，有很多都是刀具相对不动，而工件相对于刀具移动实现进给运动的情况。事实上，不管是刀具运动还是工件运动，在进行编程计算时，一律都是假定工件不动，按刀具相对运动的坐标来编程。机床操作面板上的轴移动按钮所对应的正负运动方向,也应该是和编程用的刀具运动坐标方向相一致。

10.2　程序编制的过程及方法

10.2.1　程序编制过程

数控程序的编制应该有如下几个过程:

① 分析零件图纸。要分析零件的材料、形状、尺寸、精度及毛坯形状和热处理要求等,以便确定该零件是否适宜在数控机床上加工,或适宜在哪类数控机床上加工,有时还要确定在某台数控机床上加工该零件的哪几个表面或完成哪些工序。

② 确定工艺过程。确定零件的加工方法(如采用的工夹具、装夹定位方法等)和加工路线(如对刀点、走刀路线),并确定加工用量等工艺参数(如切削进给速度、主轴转速、切削宽度和深度等)。

③ 数值计算。根据零件图纸和确定的加工路线,算出数控机床所需的输入数据,如零件轮廓相邻几何元素的交点和切点,用直线或圆弧逼近零件轮廓时相邻几何元素的交点和切点等。

④ 编写程序单。根据加工路线计算出的数据和已确定的加工用量,结合数控系统的程序段格式编写零件加工程序单。此外,还应填写有关的工艺文件,如数控加工工序卡片、数控刀具卡片、工件安装和零点设定卡片等。

⑤ 程序输入。使用键盘将程序输入数控系统。

⑥ 程序调试和检验。可通过模拟软件来模拟实际加工过程,或将程序输入机床数控装置后进行空运行,或通过首件加工等多种方式来检验所编制出的程序,发现错误则应及时修正,一直到程序能正确执行为止。

10.2.2　程序编制方法

数控程序的编制方法有手工编程和自动编程两种。

1. 手工编程

从零件图样分析及工艺处理、数值计算、书写程序单、制穿孔纸带直至程序的校验等各个步骤,均由人工完成,则属手工编程。

（1）直径与半径编程

由于数控车床加工的零件通常为横截面为圆形的轴类零件,因此数控车床的编程可用直径和半径两种编程方式,用哪种方式可事先通过参数设定或指令来确定。

① 直径指定编程。直径指定是指把图样上给出的直径值作为 X 轴的值来指定。

② 半径指定编程。半径指定是指把图样上给出的半径值作为 X 轴的值来指定。

（2）绝对值与增量值编程

指令刀具运动的方法,有绝对指令和增量指令两种。

① 绝对值编程。绝对值编程是指用刀具移动的终点位置坐标值来编程的方法。

② 增量值编程。增量值编程是指直接用刀具移动量编程的方法。

2. 自动编程

编程工作的大部分或全部由计算机完成的过程称自动编程。

自动编程过程:编程人员只要根据零件图纸和工艺要求,用规定的语言编写一个源程序或者将图形信息输入到计算机中,由计算机自动地进行处理,计算出刀具中心的轨迹,编写出加工程序清单,并自动制成所需控制介质。

10.3 程序中常用的编程指令

10.3.1 准备功能 G 指令

G 指令用来规定刀具和工件的相对运动轨迹(即指令插补功能)、机床坐标系、坐标平面、刀具补偿和坐标偏置等多种加工操作。它由字母 G 及其后面的两位数字组成,从 G00~G99 共有 100 种代码。这些代码中虽然有些常用代码的定义几乎是固定的,但也有很多代码其含义及应用格式对不同的机床系统有着不同的定义,因此,在编程前必须熟悉了解所用机床的使用说明书或编程手册,见表 10 - 1 所示。

表 10 - 1　常用 G 指令代码

G0	快速移动	模态
G1	直线插补	模态
G2	顺时针圆弧插补	模态
G3	逆时针圆弧插补	模态
G4	暂停时间	程序段
G17	X/Y 平面	模态有效
G18	Z/X 平面	模态有效
G19	Y/Z 平面	模态有效
G40	刀尖半径补偿方式的取消	模态
G41	调用刀尖半径补偿刀具在轮廓左面移动	模态
G42	调用刀尖半径补偿刀具在轮廓右面移动	模态
G500	取消零点偏置	模态
G54	第一可设零点偏置	模态
G55—G57	第二、三、四可设零点偏置	模态
G70	英制尺寸	模态有效
G71	公制尺寸	模态有效
G90	绝对尺寸	模态有效
G91	增量尺寸	模态有效
G94	进给率 F,单位:毫米/分	模态有效
G95	主轴进给率 F,单位:毫米/转	模态有效

1. 快速定位(G00)

该功能使刀具以机床规定的快速进给速度移动到目标点,也称为点定位。

指令格式:G00 X_　Y_　Z_;

说明：X_　Y_　Z_ 为绝对值编程时刀具移动的终点坐标值。

执行该指令时，机床以由系统快进速度决定的最大进给量移向指定位置。它只是快速定位，而无运动轨迹要求，不需规定进给速度。

2. 直线插补（G01）

该指令用于直线或斜线运动，可沿 X、Z 方向执行单轴运动，也可以沿 XYZ 平面内任意斜率的直线运动。

指令格式：G01 X_ Y_ Z_ F_；

说明：X_Y_ Z_为绝对值编程时刀具移动终点位置的坐标值。F_为刀具的进给速度。刀具用 F 指令的进给速度沿直线移动到终点，即进给速度由 F 指令决定。F 指令也是模态指令，它可以用 G00 指令取消。

3. 圆弧插补（G02,G03）

G02 顺时针圆弧插补，G03 逆时针圆弧插补。该指令使刀具从圆弧起点沿圆弧移动到圆弧终点。

（1）指定圆心的圆弧插补

指令格式：G02/G03 X_ Z_ I_ K_ F_；

说明：X_ Z_为圆弧终点坐标。I_ K_为圆心在 X、Z 轴方向上相对始点的坐标增量，I、K 的数值是从圆弧始点向圆弧中心看的矢量，用增量值指定。请注意 I、K 会因始点相对圆心的方位不同而带有正、负号。

（2）指定半径的圆弧插补

指令格式：G02/G03 X_ Z_ R_ F_；

说明：X_ Z_为圆弧终点坐标。R_为圆弧半径。当圆弧所对应的圆心角小于等于 180°时，R 取正值；当圆弧所对应的圆心角大于等于 180°时，R 取负值。

圆弧顺、逆的判断方法：观察者站在沿圆弧所在平面（如 XZ 平面）的垂直坐标轴正方向，即 Y 轴的正向（Y＋向指向自己），沿 Y 轴的负方向（Y－）看去，顺时针方向为 G02，逆时针方向为 G03。反之，如果观察者向 Y 轴的正方向看去，顺时针方向为 G03，逆时针方向为 G02，如图 10－3 所示。该法则同样适用于数控铣床。

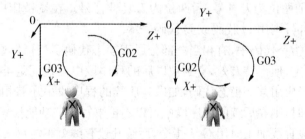

图 10－3　圆弧顺、逆的判断

数控车床的刀架有两种：即刀架在操作者一侧的是前置刀架，而在操作者外侧的是后置刀架。简单的判别方法是：我们常使用的前置刀架车床，顺时针就是 G03，逆时针就是 G02；后置刀架车床则相反，顺时针就是 G02，逆时针就是 G03。

10.3.2　辅助功能 M 指令

M 指令也是由字母 M 和两位数字组成。该指令与控制系统插补器运算无关，一般书写在程序段的后面,是加工过程中对一些辅助器件进行操作控制用的工艺性指令。例如,机床主轴的启动、停止、变换,冷却液的开关,刀具的更换,部件的夹紧或松开等,在 M00～M99 的 100 种代码中,同样也有些因机床系统而异的代码。常用 M 指令代码见表 10-2。

表 10-2　常用 M 指令代码

代码	作用时间	组别	意义	代码	作用时间	组别	意义	代码	作用时间	组别	意义
M00	★	00	程序暂停	M06		00	自动换刀	M19	★		主轴准停
M01	★	00	条件暂停	M07	♯		开切削液	M30	★	00	程序结束并返回
M02	★	00	程序结束	M08	♯	b	开切削液	M60	★	00	更换工件
M03	♯		主轴正转	M09	★		关切削液	M98		00	子程序调用
M04	♯	a	主轴反转	M10		c	夹紧	M99		00	子程序调用
M05	★		主轴停转	M11			松开				

10.3.3　F,S,T 指令

1. F 指令

F 指令为进给速度指令,是刀具轨迹速度,它是所有移动坐标轴速度的矢量和,进给率 F 的单位由 G 功能确定:

① G94,直线进给率,mm/min。

② G95,旋转进给率,mm/r(只有主轴旋转才有意义)。

F 后直线进给率 G94 的数字就是进给速度的大小。如 F100 表示进给速度是 100 mm/min。这种方法为直观,目前大多数数控机床都采用此方法。当进给速度与主轴转速有关(如车螺纹)时,单位为 mm/r。

2. S 指令

为主轴转速指令,用来指定主轴的转速,单位为 r/min。

3. T 指令

为刀具指令,在加工中心机床中,该指令用于在自动换刀时选择所需的刀具。在车床中,常为 T 后跟 4 位数,前两位为刀具号,后两位为刀具补偿号。在铣镗床中,T 后常跟两位数,用于表示刀具号,刀补号则用 H 代码或 D 代码表示。

在上述这些工艺指令代码中,有相当一部分属于模态代码(又称续效代码)。这种代码一经在一个程序段中指定,便保持有效,直到被以后的程序段中出现同组类的另一代码所替代。在某一程序段中,一经应用某一模态代码,如果其后续的程序段中还有相同功能的操作,且没有出现过同组类代码时,则在后续的程序段中可以不再书写这一功能代码。比如,接连几段直线的加工,可在第一段直线加工时用 G01 指令,后续几段直线就不需再书写 G01 指令,直到遇到 G02 圆弧加工指令或 G00 快速空走指令等。

另一部分非模态代码功能只对当前程序段有效,如果下一程序段还需要使用此功能,则还需要重新书写。

第 11 章　数控车床编程和加工

👉 扫码可获取
第 11 章补充资源

11.1　数控车床的类型及基本组成

11.1.1　数控车床的类型

（1）水平床身（即卧式车床）

它有单轴卧式和双轴卧式之分。由于刀架拖板运动很少需要手摇操作，所以刀架一般安放于轴心线后部，其主要运动范围亦在轴心线后半部，可使操作者易接近工件。采用短床身，占地小，宜于加工盘类零件，双轴型便于加工零件正反面。

（2）倾斜式床身

它在水平导轨床身上布置三角形截面的床鞍。其布局兼有水平床身造价低、横滑板导轨倾斜便于排屑和易接近操作的优点。它有小规格、中规格和大规格三种。

（3）立式数控车床

它分单柱立式和双柱立式数控车床。采用主轴立置方式，适用于加工中等尺寸盘类和壳体类零件，便于装卸工件。

（4）高精度数控车床

它分中、小规格两种，适于加工精密仪器、航天及电子行业的精密零件。

（5）四坐标数控车床

四坐标数控车床设有两个 X、Z 坐标或多坐标复式刀架，可提高加工效率，扩大工艺能力。

（6）车削加工中心

车削中心可在一台车床上完成多道工序的加工，从而缩短了加工周期，提高了机床的生产效率和加工精度。若配上机械手、刀库料台和自动测量监控装置则构成车加工单元，用于中小批量的柔性加工。

（7）各种专用数控车床

专用数控车床有数控卡盘车床、数控管子车床等。

11.1.2　数控车床的基本组成

数控车床的整体结构组成基本与普通车床相同，同样具有床身、主轴、刀架及其拖板和尾座等基本部件，但数控柜、操作面板和显示监控器却是数控机床特有的部件。即使对于机械部件，数控车床和普通车床也具有很大的区别。如数控车床的主轴箱内部省掉了机械式的齿轮变速部件，因而结构就非常简单了，车螺纹也不再需要另配丝杆和挂轮了，刻度盘式的手摇移动调节机构也已被脉冲触发计数装置所取代。

11.1.3　数控车床的主要加工对象

数控车床与普通车床一样，也是用来加工轴类或者盘类的回转体零件，但是，由于数控车床具有加工精度高、能做直线和圆弧插补以及在加工过程中能自动变速的特点,因此,其工艺范围较普通车床宽得多,凡是能在数控车床上装夹的回转体零件都能在数控车床上加工。针对数控车床的特点,下列几种零件最适合数控车削加工。

① 精度要求高的回转体零件;
② 表面粗糙度要求高的零件;
③ 表面形状复杂的回转体零件;
④ 带特殊螺纹的回转体零件。

11.2 SIEMENS 系统数控车床编程指令

SIEMENS 系统是德国西门子公司的产品,该公司是生产数控系统的著名厂家,以其较好的稳定性和性价比,在我国数控机床市场上被广泛使用。目前,SIEMENS 系统主要以 SIEMENS 802S/C/D 系列为主。SIEMENS 802S/C 系统常用指令见表 11 - 1 所示。

表 11 - 1 SIEMENS 802S/C 系统常用指令

代码	功能	代码	功能
G00	直线快速定位	G90/G91	绝对/相对尺寸
G01	进给直线插补	G70/G71	英制/公制尺寸
G02/G03	顺时针圆弧/逆时针圆弧插补	G158	可编程零点偏置
G04	程序段暂停	G54—G57,G500,G53	可设定零点偏置
G05	中间点的圆弧插补	G64	连续路径加工
G33	定螺距螺纹加工	G9/G60	准确定位
G75	返回固定点	M00	程序暂停
G74	返回参考点	M02	程序结束
G25	主轴转速下限	M03/M04	主轴正转/反转
G26	主轴转速上限	M05	主轴停止
G96	设定恒速切削速度	CHF/RND	直线倒角/圆弧倒角
G97	取消恒速切削速度	F	进给率
G40	取消刀具半径补偿	S	主轴速度
G41/G42	刀具半径左补/右补	T	刀具功能
G22/G23	半径/直径尺寸	D	刀具补偿

编程实例 11 - 1(如图 11 - 1)

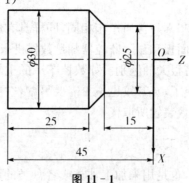

图 11 - 1

```
N010 G23 G94 S500 M03
N020 T1 G00 X50 Z10
N040 G01 X25 Z0 F100
N050 G01 X25 Z-15 F100
N060 G01 X30 Z-20 F100
N070 G01 X30 Z-45 F100
N080 G00 X32 Z50
N090 M05
N100 M02
```

11.3　常用复合循环指令

当车削加工余量较大、需要多次进刀切削加工时,可采用工艺子程序循环加工,这样可减少程序段的数量、缩短编程时间和提高数控机床工作效率。SIEMENS 802S/C 系统常用复合循环指令见表 11-2 所示。

表 11-2　SIEMENS 802S/C 系统常用复合循环指令

循环名称	循环功能	循环名称	循环功能
LCYC82	钻孔、沉孔加工	LCYC93	切槽切削
LCYC83	深孔钻削	LCYC94	退刀槽切削
LCYC840	带补偿夹具内螺纹切削	LCYC95	毛坯切削
LCYC85	镗孔	LCYC97	螺纹切削

下面就以 LCYC95 毛坯切削循环和 LCYC97 螺纹切削循环为例作简单介绍,如图 11-2 所示。

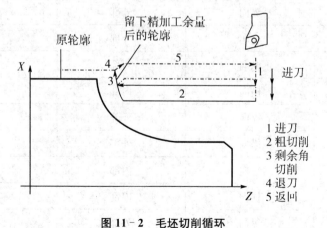

图 11-2　毛坯切削循环

11.3.1　LCYC95 毛坯切削循环

1. 功能

用此循环可以在坐标轴平行方向加工由子程序设置的轮廓,进行纵向和横向加工,也可以进行内外轮廓的加工,可以选择不同的切削工艺方式:粗加工、精加工或者综合加工。只要刀具不会发生碰撞,可以在任意位置调用此循环。调用循环之前,必须在所调用的程序中已经激活刀具补偿参数。

2. 调用 LCYC95 的前提条件

直径编程 G23 指令必须有效。系统中必须已经装入文件 SGUD. DEF。程序嵌套中至多可以从第三级程序界面中调用此循环(两级嵌套)。

3. 参数说明(见表 11-3)

表 11-3

参数	含义,数值范围
R105	加工类型:数值 1,…,12
R106	精加工余量,无符号
R108	切入深度,无符号
R109	粗加工切入角
R110	粗加工时的退刀量
R111	粗切进给率
R112	精切进给率

➢ R105 加工方式参数(见表 11-4)。用参数 R105 确定以下加工方式:纵向加工/横向加工、内部加工/外部加工、粗加工/精加工/综合加工。在纵向加工时进刀总是在横向坐标轴方向进行,在横向加工时进刀则在纵向坐标轴方向进行。

表 11-4

数值	纵向/横向	外部/内部	粗加工/精加工/综合加工
1	纵向	外部	粗加工
2	横向	外部	粗加工
3	纵向	内部	粗加工
4	横向	内部	粗加工
5	纵向	外部	精加工
6	横向	外部	精加工
7	纵向	内部	精加工
8	横向	内部	精加工
9	纵向	外部	综合加工
10	横向	外部	综合加工
11	纵向	内部	综合加工
12	横向	内部	综合加工

➤ R106 精加工余量参数。在精加工余量之前的加工均为粗加工，如果没有设置精加工余量，则一直进行粗加工，直至最终轮廓。

➤ R108 切入深度参数。设定粗加工最大进刀深度，但当前粗加工中所用的进刀深度则由循环自动计算出来。

➤ R109 粗加工切入角。

➤ R110 粗加工时退刀量参数。在坐标轴平行方向，每次粗加工之后均须从轮廓退刀，然后用 G0 返回到起始点，由参数 R110 确定退刀量的大小。

➤ R111 粗加工进给率参数。加工方式为精加工时该参数无效。

➤ R112 精加工进给率参数。加工方式为粗加工时该参数无效。

4. 轮廓定义

在一个子程序中设置待加工的工件轮廓，循环通过变量 _CNAME 名下的子程序名调用子程序。轮廓由直线或圆弧组成，并可以插入圆角和倒角。设置的圆弧段最大可以为 1/4 圆。轮廓的编程方向必须与精加工时所选择的加工方向相一致。

对于加工方式为"端面、外部轮廓加工"的轮廓必须按照从右到左的方向编程。时序过程循环开始之前所到达的位置任意，但须保证从该位置回轮廓起始点时不发生刀具碰撞。该循环具有如下时序过程：

（1）粗切削

用 G00 在两个坐标轴方向同时回循环加工起始点（内部计算），按照参数 R109 下设置的角度进行深度进给，在坐标轴平行方向用 G01 按参数 R111 设定的进给率回粗切削交点，用 G01/G02/G03 按参数 R111 设定的进给率进行粗加工，直至沿着"轮廓＋精加工余量"加工到最后一点，在每个坐标轴方向按参数 R110 中所设置的退刀量（毫米）退刀并用 G00 返回。重复以上过程，直至加工到最后深度。

（2）精加工

用 G00 按不同的坐标轴分别回循环加工起始点，用 G00 在两个坐标轴方向同时回轮廓起始点，用 G01/G02/G03 按参数 R112 设定的进给率沿着轮廓进行精加工，用 G00 在两个坐标轴方向回循环加工起始点。

在精加工时，循环内部自动激活刀尖半径补偿，循环自动地计算加工起始点。在粗加工时，两个坐标轴同时回起始点；在精加工时，则按不同的坐标轴分别回起始点，首先运行的是进刀坐标轴。

"综合加工"加工方式中在最后一次粗加工之后，不再回到内部计算起始点。

编程实例 11 - 2（如图 11 - 3）

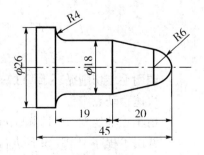

图 11-3

SK06. MPF	程序名
N10 S800 M03 T01 G94	主轴正转转速 800 r/min，选 1 号刀，直径量
N20 G00 X28 Z2	快速移动点定位
_CNAME="JQ01"	轮廓用子程序 JQ01. SPF 定义
R105＝9	纵向外部综合加工
R106＝0.5	精加工余量 0.5
R108＝2	切入深度
R109＝0	粗加工切入角
R110＝2	粗加工时的退刀量
R111＝100	粗切进给率
R112＝80	精切进给率
LCYC95	调用毛坯切削循环 LCYC95 进行粗精加工
N30 G00 X50 Z200	快速移动点定位
N40 M05M30	主轴停止、程序结束
JQ01. SPF	子程序名
G01 X0 Z1	
X0 Z0	
G03 X12 Z-6 CR＝6	
G01 X18 Z-20 零件轮廓	
Z-35	
G02 X26 Z-39 CR＝4	
G01 Z-45	
M02	子程序结束

编程实例 11 - 3（粗、精加工并切断加工）（如图 11 - 3）

SK06. MPF	主程序名
N10 S500 M03 T01 G94	主轴正转转速 500 r/min，选 1 号刀，直径量
N20 G00 X28 Z2	快速移动点定位
_CNAME="JD01"	轮廓用子程序 JD01. SPF 定义
R105＝1 R106＝0.5	
R108＝2.5 R109＝0	
R110＝2 R111＝100	
R112＝0	
LCYC95	调用毛坯切削循环 LCYC95 进行粗加工
N30 G00 X28 Z2	快速移动点定位
N40 S1200 M03 F80	精车主轴速度 S＝1 200 rpm，进给量 F＝80 mm/min
N50 JD01	调用子程序 JD01. SPF 进行精车
N60 G00 X50 Z200	快速移动点定位至换刀点

N70T02 S300 M03	换 2 号刀，主轴转速为 300 r/min
N80 G00 X30	快速移动点定位，先 X 方向
Z-49	再 Z 方向（割刀宽 4 mm）
N90 G01 X0 F30	割断工件
N100 G00 X50	先 X 退刀
Z200	再 Z 退刀
N110 M05	主轴停止
N120 M30	程序结束
JD01. SPF	子程序名
G01 X0 Z1	
X0 Z0	
G03 X12 Z-6 CR＝6	
G01 X18 Z-20	零件轮廓
Z-35	
G02 X26 Z-39 CR＝4	
G01 Z-45	
M02	子程序结束

11.3.2　LCYC97 螺纹切削

1. 功能

用螺纹切削循环可以按纵向或横向加工形状为圆柱体或圆锥体的外螺纹或内螺纹，并且既能加工单头螺纹，也能加工多头螺纹。切削进刀深度可设定。

左旋螺纹/右旋螺纹由主轴的旋转方向确定，它必须在调用循环之前的程序中编入。在螺纹加工期间，进给调整和主轴调整开关均无效。

2. 调用 LCYC97（如图 11-4）

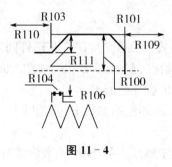

图 11-4

3. 参数说明（见表 11-5）

表 11 - 5

参　数	含 义,数值范围
R100	螺纹起始点直径
R101	纵向轴螺纹起始点
R102	螺纹终点直径
R103	纵向轴螺纹终点
R104	螺纹导程值,无符号
R105	加工类型数值:1,2
R106	精加工余量,无符号
R109	空刀导入量,无符号
R110	空刀退出量,无符号
R111	螺纹深度,无符号
R112	起始点偏移,无符号
R113	粗切削次数
R114	螺纹头数

➤ R100,R101 螺纹起始点直径参数,纵向轴螺纹起始点参数。这两个参数分别用于确定螺纹在 X 轴和 Z 轴方向上的起始点。

➤ R102,R103 螺纹终点直径参数,纵向轴螺纹终点参数。参数 R102 和 R103 确定螺纹终点,若是圆柱螺纹,则其中必有一个数值等同于 R100 或 R101。

➤ R104 螺纹导程值参数。螺纹导程值为坐标轴平行方向的数值,不含符号。

➤ R105 加工方式参数。　R105=1:外螺纹;R105=2:内螺纹。

➤ R106 精加工余量参数。螺纹深度减去参数 R106 设定的精加工余量后剩下的尺寸划分为几次粗切削进给。精加工余量是指粗加工之后的切削进给量。

➤ R109,R110 空刀导入量参数,空刀退出量参数。参数 R109 和 R110 用于循环内部计算空刀导入量和空刀退出量,循环中设置起始点提前一个空刀导入量,设置终点延长一个空刀退出量。

➤ R111 螺纹深度参数。

➤ R112 起始点角度偏移参数。由该角度确定车削件圆周上第一螺纹线的切削切入点位置,也就是说确定真正的加工起始点,范围 0.000 1°～359.999°。如果没有说明起始点的偏移量,则第一条螺纹线自动地从 0°位置开始加工。

➤ R113 粗切削次数参数。循环根据参数 R105 和 R111 自动地计算出每次切削的进刀深度。

➤ R114 螺纹头数参数。确定螺纹头数,螺纹头数应该对称地分布在车削件的圆周上。

4. 纵向和横向螺纹的判别

循环自动判别纵向和横向螺纹。如果圆锥角度小于或等于 45°,则按纵向螺纹加工,否则按横向螺纹加工,调用循环之前必须保证刀具无碰撞地到达编程确定的位置(螺纹起始点+空刀导出量)。

5. 加工实例

编制如图 11 - 5 所示双头螺纹 M24×3(P1.5)的加工程序。空刀导出量 δ_2 = 3 mm, 螺纹牙型深度 = (0.62p×1.5)mm = 0.93 mm, 其加工程序为:

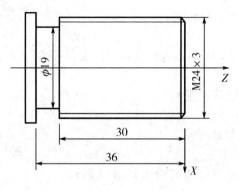

图 11 - 5

N10 G90 G94 F100 T1 S600 M03	绝对坐标,分进给量,主轴正转,1 号刀
N20 G00 X100 Z100	编程的起点位置
R100=24	螺纹起点直径 24
R101=0	螺纹轴向起点坐标 0
R102=24	螺纹终点直径 24
R103=−30	螺纹轴向终点 Z 坐标-30
R104=3	螺纹导程 3
R105=1	螺纹加工类型,外螺纹
R106=0.1	螺纹精加工余量 0.1(半径量)
R109=4	空刀导入量 4
R110=3	空刀导出量 3
R111=0.93	螺纹牙深度 0.93(半径量)
R112=0	螺纹起始点偏移
R113=8	粗切削次数 8
R114=2	螺纹线数
N30 LCYC97	调用螺纹切削循环
N40 G00 X100 Z100	循环结束返回起点
N50 M05	主轴停转
N60 M02	程序结束

11.4　数控车床仿真系统虚拟机床操作

11.4.1　机床面板操作

机床操作面板位于窗口的右下侧,如图 11 - 6 所示,主要用于控制机床的运动和状态,由模式选择按钮、程序运行控制开关等多个部分组成,每一部分的详细说明如下:

1. 置光标于键上,点击鼠标左键,选择模式

MDA 用于直接通过操作面板输入一段数控程序;

AUTO 进入自动循环模式;

JOG 手动方式,手动或点动连续移动台面或者刀具;

REF 手动模式回参考点;

VAR 手动时增量选择;

SINGLEBLOCK 自动加工模式中,单步运行。

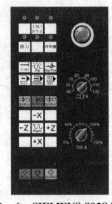

图 11 - 6　**SIEMENS 802S/C 数控车床操作面板**

2. 机床主轴手动控制开关

SPINSTAR 主轴正转;SPINSTAR 主轴反转;SPINSTP 主轴停止。

3. 数控程序运行控制开关

RESET 复位键;CYCLESTAR 循环启动;CYCLESTOP 循环停止。

4. 手动移动机床各轴按钮

RAPID 快速移动;方向键:选择要移动的轴。

5. 紧急停止旋钮

　　遇有撞刀等紧急情况,按下此钮,机床断电停止工作。

6. 进给率/主轴转速倍率调节旋钮

主轴速度调节旋钮;进给速度(F)调节旋钮。

7. 冷却液开关

COOL 按下此键,冷却液开;再按一下,冷却液关。

8. 在刀库中选刀

TOOL 按下此键,刀库中选刀。

11.4.2　数控系统操作

点击窗口切换图标，系统操作键盘会显示在视窗的左上角，其上部分为显示屏，右下部分是编程面板，如图 11-7 所示，用键盘结合显示屏来进行数控系统操作。

图 11-7　数控系统操作面板

下面对各按键作简单介绍。

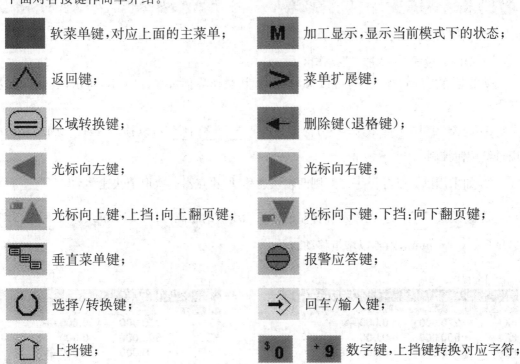

软菜单键，对应上面的主菜单；　　　加工显示，显示当前模式下的状态；

返回键；　　　　　　　　　　　　　菜单扩展键；

区域转换键；　　　　　　　　　　　删除键(退格键)；

光标向左键；　　　　　　　　　　　光标向右键；

光标向上键，上挡：向上翻页键；　　光标向下键，下挡：向下翻页键；

垂直菜单键；　　　　　　　　　　　报警应答键；

选择/转换键；　　　　　　　　　　回车/输入键；

上挡键；　　　　　　　　　　　　　数字键，上挡键转换对应字符；

空格键(插入键)；　　　　　　　　　字母键，上挡键转换对应字符。

11.4.3　手动操作机床

1. 开机

操作步骤：接通机床电源，系统启动以后进入"加工"操作区"JOG"模式，出现"开机窗口界面",如图 11 - 8 所示。

2. 回参考点——"加工"操作区

操作步骤:"回参考点"只有在"JOG"模式下才可以进行。

① 按 [⊕ Ref Poi] 键,按顺序点击 [+X] [+Z],即可自动回参考点。

② 在"回参考点"窗口中会显示该坐标轴是否已回参考点:○ 表示坐标未回参考点,◕ 表示坐标已到达参考点,如图 11 - 9 所示。

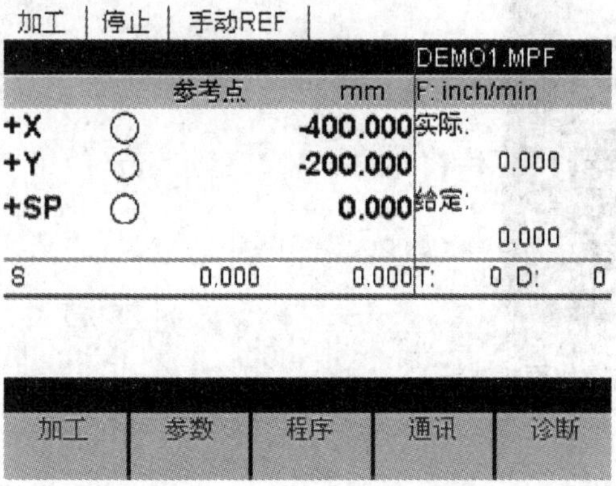

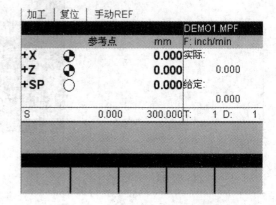

图 11 - 8　开机窗口界面　　　　　　　　　　图 11 - 9　已回参考点状态图

3. "JOG"模式——"加工"操作区

功能是在"JOG"模式中,可以移动两轴,其操作界面如图 11 - 10 所示,具体操作步骤如下:

① 选择 [Jog] "JOG"模式,按方向键 [-X] [-Y] [+X] [+Y] 可以移动两轴。这时,移动速度由进给旋钮控制。

② 如果用鼠标点击 [Rapid] 键,则两轴快速移动,再点击一次取消快速移动。

③ 连续按 [VAR] 键,在显示屏幕左上方显示增量的距离:1INC,10INC,100INC 1000INC,(1INC=0.001 mm),两轴以增量移动。

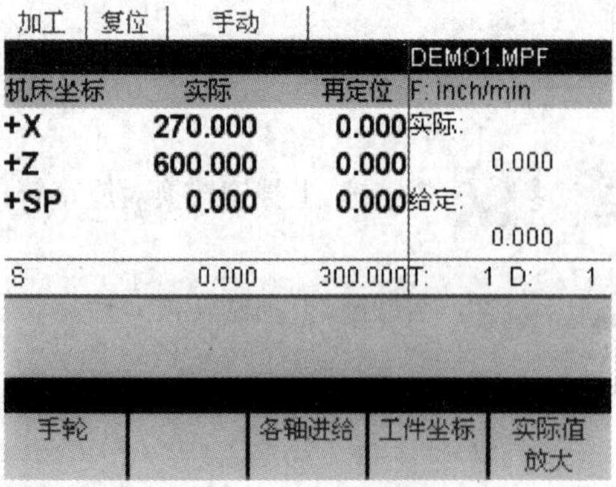

图 11 - 10　"JOG"状态图 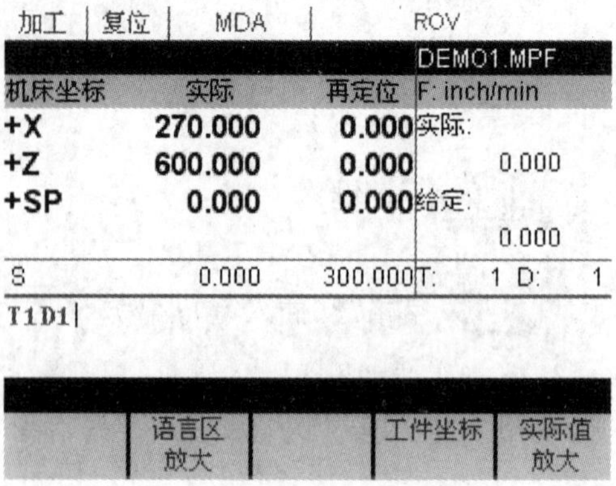　　　　　　　　　　图 11 - 11　"MDA"状态图

4. MDA 模式(手动输入)——"加工"操作区

功能是在"MDA"模式下可以编制一段程序加以执行,但不能加工由多个程序段描述的轮廓。其操作界面如图 11-11 所示,具体操作步骤如下:

① 选择机床操作面板上的 [MDA] 键,再按加工显示 [M] 键。

② 通过操作面板输入程序段(一次只能输入一个程序段)。

③ 按启动键 [CycleStar] 执行输入的程序段。

11.4.4 试切对刀和工件坐标系的建立步骤

1. 建立新工件

工件操作→工件大小,如图 11-12 所示,输入工件毛坯直径和长度,确定。

2. 建立新刀具

机床操作→刀具库,如图 11-13 所示,选取 **001 号外圆车刀→添加到刀盘→1 号刀位→**确定。

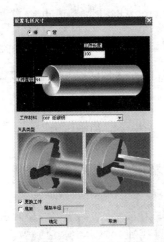

图 11-12 建立工件窗口

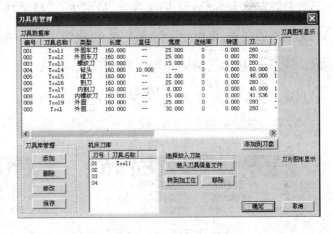

图 11-13 增加刀具窗口

3. 对刀操作

所谓对刀操作,就是采用试切法来得到工件编程原点,即建立工件坐标系的过程。数控车床的对刀的方法有试切对刀和自动对刀。本书介绍试切对刀,对刀方法与普通车床一样。

此操作的前提是只有在"JOG"模式下可以进行,其具体的操作步骤如下:

① 点击 键,出现如图 11-14 所示窗口,根据情况,可以选择把刀尖点放置在工件毛坯的边缘或工件毛坯的中心。如将刀尖点放置在工件毛坯的边缘,在后面参数偏移数值输入时需要输入其毛坯直径(如本图的毛坯直径为 $\phi40$)。点击"OK"键,则出现如图 11-15 所示窗口。

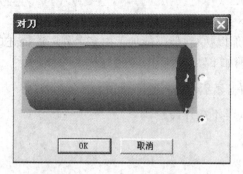

图 11-14 刀尖点位置选择窗口

图 11-15 对刀完成窗口

② 点击 ⊜ 键,出现如图 11-16 所示窗口。按 参数 键,出现如图 11-17 所示窗口。按 刀具补偿 键,出现如图 11-18 所示窗口,按 <<D 、 D>> 和 <<T 、 T>> 键选择正确的刀具号和刀沿号。

③ 点击 > 键,出现如图 11-19 所示窗口。按 对刀 键,出现如图 11-20 所示窗口,此时确定 X 轴坐标,输入的"零偏"数值为:工件毛坯直径 φ40,先按 计算 再按 确认 键,X 轴对刀完毕;再次按 对刀 键,出现图 11-20 所示窗口,此时是为了确定 X 轴坐标,需按 轴+ 键将 X 轴更换为 Z 轴,出现如图 11-21 所示窗口,此时"零偏"为 0,不需要输入,直接先按 计算 再按 确认 键,Z 轴对刀完毕。

④ 对刀完毕后需在"JOG"模式下使刀具远离工件,以防止在加工过程中撞刀。

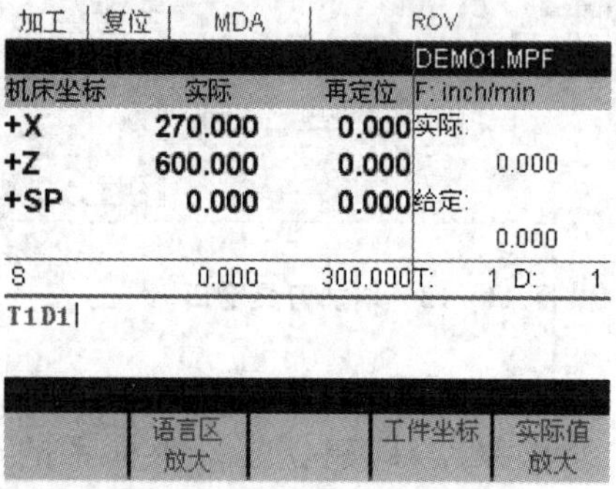

图 11-16

图 11-17

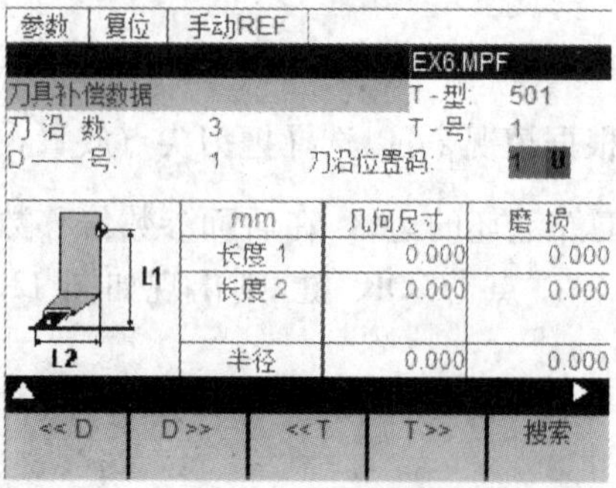

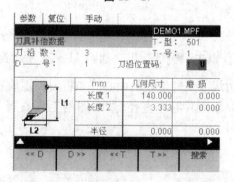

图 11-18

图 11-19

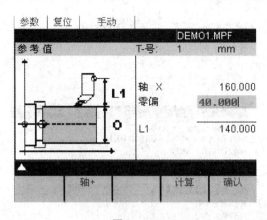

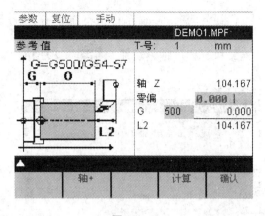

图 11 - 20　　　　　　　　　　　　　图 11 - 21

11.4.5　程序调试和自动加工

1. 输入新程序——"程序"操作区

功能是编制新的零件程序文件,输入零件名称和类型。其操作界面如图 11 - 22 所示,具体操作步骤如下:

① 按　程序　键,显示 NC 中已经存在的程序目录。

② 按　＞　→　新程序　键,出现一对话窗口,在此输入新的程序名称,在名称后输入扩展名(.mpf 或.spf),默认为 * .mpf 文件。注意:程式名称前两位必须为字母。

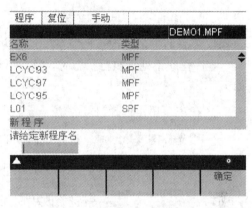

图 11 - 22　输入新程序窗口

③ 按　确定　键确认输入,生成新程序,现在可以对新程序进行编辑。

④ 用关闭键　＞　→　关闭　结束程序的编制,这样才能返回到程序目录管理层。

2. 选择和启动零件程序——"加工"操作区

需要注意的是启动程序之前必须要调整好系统和机床,保证安全。其操作界面如图 11 - 23所示,具体操作步骤如下:

① 按　Auto　键选自动模式。

② 按程序键　程序　打开"程序目录窗口"。

③ 在第一次选择"程序"操作区时会自动显示"零件程序和子程序目录"。用光标键　▲　▼　把光标定位到所选的程序上。

④ 用　选择　键选择待加工的程序,再按　打开　键,则被选择的程序会显示在屏幕区"程序名"下。

3. 程序段搜索——"加工"操作区

程序段搜索的前提条件:程序已经选择。其操作界面如图 11 - 24 所示,具体操作步骤如下:

① 按 搜索 键,根据提示输入内容,自动搜索并显示所需的零件程序。

② 执行程序搜索功能 启动日 搜索 ,关闭搜索窗口。

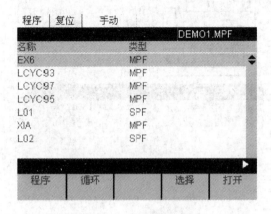

图 11-23 程序打开窗口

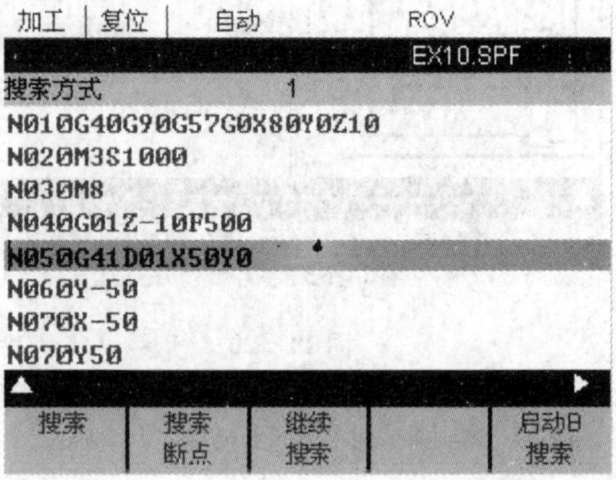

图 11-24 程序段搜索窗口

4. 零件程序的修改——"程序"运行方式

零件程序不处于执行状态时,可以进行编辑。编辑界面如图 11-25 所示,具体操作步骤如下:

① 在主菜单下选择"程序"键 程序 ,出现程序目录窗口。

② 用光标键 ▲ ▼ 选择待修改的程序。

③ 按打开键 打开 ,屏幕上出现所修改的程序,现在可利用 标记 、 删除 、 粘贴 、 拷贝 、 改名 等键修改程序。

④ 用关闭键 ＞ → 关闭 结束程序的修改,这样才能返回到程序目录管理层。

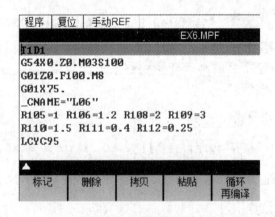

图 11-25 程序编辑界面

5. 自动模式

在自动模式下零件程序可以自动加工工件。具体操作步骤如下:

① 选自动模式,按 Auto 键,如图 11-26 所示。

② 按程序控制键 程序控制 ,出现如图 11 - 27 所示窗口。

③ 通过选择/转换键 ⟳ ,选择控制程序的方式。

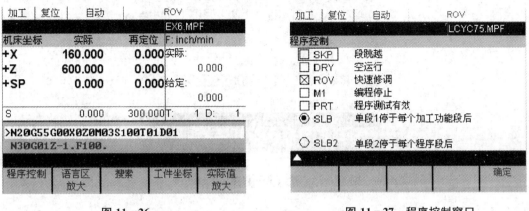

图 11 - 26   图 11 - 27 程序控制窗口

④ 按区域转换键 ⬭ ,回主菜单。

⑤ 按程序键 程序 ,用光标键 ▲ ▼ 选择要加工的程序。

⑥ 按选择键 选择 ,调出加工的程序,按打开键 打开 可编辑修改程序。

⑦ 按单步执行键 ⊡ ,选择单步执行加工。

⑧ 按 ◇ 键,启动加工程序,如图 11 - 28 所示。

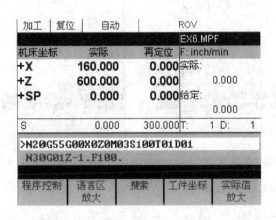

图 11 - 28 自动加工窗口

11.4.6 子程序的输入方法

输入子程序名,子程序是一个新程序。与前面主程序输入一样,在"输入新程序界面"下输入该子程序名(PQ12),由于该程序是子程序,所以其在名称后的扩展名(.spf 或.mpf)也必须一起输入(默认为∗.mpf),如图 11 - 29 所示,输入子程序内容和结束语。利用鼠标或键盘把子程序的内容和结束语输入至机床。打开主程序 LF10.MPF,子程序 PQ12.SPF 在主程序的运行中自动调用。

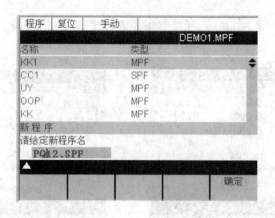

图 11 - 29　输入该子程序名 L12. SPF

11.4.7　固定循环的输入方法

输入方法有键盘直接输入、人机对话输入两种。键盘直接输入和普通程序的输入相同,在此不再重复讲解了。

下面介绍人机对话输入法。以 LCYC95 毛坯切削循环为例。

① 输入主程序名。"输入新程序界面"下输入该程序名。

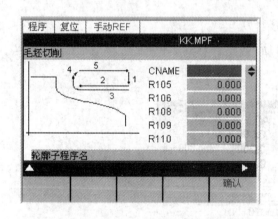

图 11 - 30　参数待输入窗口　　　　　　　　图 11 - 31　参数输入窗口

② 输入程序内容至毛坯切削循环的起点 G00 X27 Z2,开始 LCYC95 毛坯切削循环输入。点击 LCYC95 键,出现如图 11-30 所示窗口。将 R 参数后对应的数值输入,输完一个,光标下移,直至输入所有正确的参数,如图 11 - 31 所示。点击 确定 键,LCYC95 毛坯切削循环输入完毕,如图 11 - 32 所示(所有的功能模块都要注意,输完参数一定不能忘记按 确定 键)。点击 确定 键后光标回到原有程序,将余下的程序输入,按 > → 关闭 ,关闭正在输入的程序,再输入相对应的子程序后并关闭。利用 ▲ 和 ▼ 键,选择程序,按 选择 主程序,如图 11 - 33 所示。再安装工件,对刀,点击 Auto 键,按 CycleStar 键,启动加工程序。

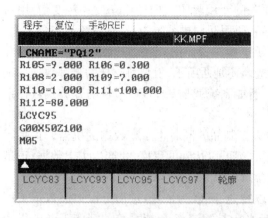

图 11-32　程序输入完毕窗口

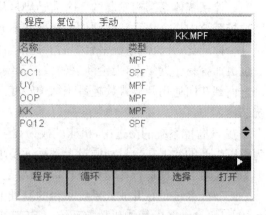

图 11-33　选择打开程序

西门子系统车床面板说明和车床对刀、程序调试、加工可见本章二维码补充资源中的视频。

11.5　i5 系统数控车床

11.5.1　i5 数控系统介绍

i5 数控系统是由沈阳机床股份有限公司自行研发的、具有自主知识产权的数控系统。i5 是指 industry、information、internet、integrate、intelligent，即工业化、信息化、网络化、集成化、智能化。在此基础上推出的智能机床作为基于互联网的智能终端，实现了智能补偿、智能诊断、智能控制、智能管理。搭载 i5 数控系统的机床产品操作更便捷、编程更轻松、维护更方便、管理更简单。i5 智能系统具有改变工业模式和制造方式的潜力，它深度贴合着以信息技术与制造业加速融合为主要特征的智能制造行业发展方向，符合"中国制造 2025"国家发展战略。同时，i5 智能系统的技术创新历程也充分映射了我国产业升级"创新、协调、绿色、开放、共享"的理念。

数控是数字控制（Numerical Contml）的简称，它是一种借助数字化信息对机械运动及加工过程进行控制的方法。数控系统是指为实现数字控制功能而设计的一套解决方案，一般数控系统由三大部分组成一控制系统、伺跟系统和位置测量系统。控制系统是数控机床的"大脑"，是一个具有计算能力的控制元件或者计算机，负责向伺服系统发送运动控制指令。位置测量系统负责检测机械的运动位置和速度，并将信息反馈到控制系统和伺服系统、达到高精度控制的目的。何服系统将来自控制系统的控制指令和测量系统的反馈信息进行比较和调节后，通过控制电流驱动伺眼电动机，再由何服电动机驱动机床部件运动，所以伺服是将电能转化为机械运动的过程。控制系统和何跟系统之间由总线连接，总线负责传递信息数据，是整个系统的"神经网塔"，如图 11-34 所示。

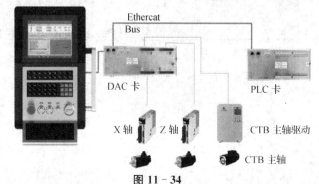

图 11-34

数控系统体系结构发展的一个大趋势是从原来的专用封闭式向通用开放式转变,专用封闭数控系统中指令体系和软硬件的标准互不兼容。通用开放式系统中、控制系统与平台无关、是一个标准化、开放的系统平台。后者比前者更便于操作者使用、系统的升级、维护和二次开发也更加容易。近年来,无论新兴的数控系统制造商还是西门子、发那科这样的老牌数控系统制造商都在向通用开放式数控系统结构转变。i5 智能系统就是基于 PC 平台的开放式数控系统结构。

在 i5 智能系统的演进中,机床就成为在生产人工制品的同时也生产数据的机器。正是因为机床生产的数据在数量和质量上都远远超越了人工可以达到的程度,才产生了大数据;正是因为需要对大数据进行存储和分析,才需要云平台。

i5 智能系统是在开放式系统平台的基础上,以智能、互联为依托,进而可以拓展数字工厂系统/云平台业务的智能化数控系统。iSESOL 云平台是配套 i5 智能系统的智能工业工程和服务平台(Smart Engineering & Services Online),主要功能是生产能力调配与协调、制造支持、产品定制化、机床租货、制造人才培训、交互式智能制造等。i5 智能系统的智能、互联性质展现出一个无限可能的前景。

11.5.2　i5 智能系统的特点

i5 智能系统的特点是以用户为中心的智能化和互联。这里的智能化是系该产品中心原则,这种智能并不是从学术角度描述的具有感知能力、自学习、自诊断、自判断等高、精、尖的智能功能,而是从客户角度描述的以给客户带来使利、让事情变得单为出点的样化功能,主要包括:图形引导、三维仿真、工艺支持、特征编程、图形运断等。其概括起来就是具有操作智能化、编程智能化、维修智能化和管理智能化四大特点。

11.5.3　i5 系统数控车床编程

i5 系统数控车床编程指令和西门子系统相仿,但各种参数更加细化,具体指令如下,可见本章二维码补充资源中的视频。

11.5.4　i5 系统数控车床基本操作

11.5.5　i5 系统数控车床对刀原理及操作

11.5.6　i5 系统数控车床　毛坯切削 CYCLE95 指令及加工实例

11.5.7　i5 系统数控车床　螺纹切削 CYCLE97 指令及加工实例

第 12 章　数控铣削编程和加工

☞ 扫码可获取
第 12 章补充资源

数控铣床是一种功能强大的机床,它的加工范围较广,工艺也很复杂,涉及的技术问题较多。目前迅速发展的加工中心、柔性制造系统等都是在数控铣床的基础上生产和发展起来的。

数控铣床主要用于平面和曲线轮廓等的表面形状加工,也可以加工一些复杂的型面,如模具、凸轮、样板、螺旋槽等,还可以进行一系列孔的加工,如钻、扩、镗、铰孔和锪孔加工。另外,在数控铣床上还可以加工螺纹。

12.1　数控铣床的分类

根据主轴的不同位置,数控铣床也像普通铣床那样分为立式(如图 12-1)、卧式(如图 12-2)、立卧两用式数控铣床以及龙门数控铣床(如图 12-3)等。立式数控铣床一般适合加工平面、凸轮、样板、形状复杂的平面或立体零件以及模具的内外表面等,卧式数控铣床适合加工箱体、泵体、壳体类零件。

根据系统进行分类,有经济型(如图 12-4)和全功能型的数控铣床。

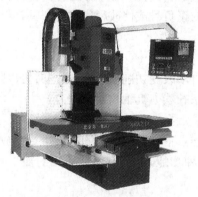

图 12-1　立式数控铣床

图 12-2　卧式数控铣床

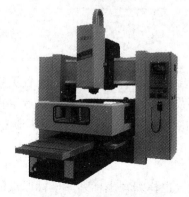

图 12-3　龙门数控铣床

图 12-4　经济型数控铣床

12.2　数控铣床的功能

各类数控铣床由于其配置的操作系统不同,其功能也不尽相同。以下内容以 SIEMENS 系统为例进行介绍。

1. 点位控制

利用这一功能,数控铣床可以进行只需要点位控制的钻孔、扩孔、铰孔、镗孔、锪孔等表面的加工。

2. 轮廓控制

数控铣床利用直线插补和圆弧插补的方式,可以进行刀具运动轨迹的连续轮廓控制,加工出由直线和圆弧两种几何要素构成的各种轮廓。对于一些非圆曲线,如椭圆、双曲线、抛物线等二次曲线及螺旋线和列表曲线等构成的轮廓,在经过直线和圆弧逼近后,也可以加工。

3. 刀具半径自动补偿

利用这一功能,在编程时可以很方便地按工件的实际轮廓形状和尺寸进行编程计算,在实际加工中,刀具的中心会自动偏离工件轮廓一个距离,这个距离(称为刀具半径补偿量)可以根据实际需要自由设定,从而加工出符合要求的轮廓表面。利用这种功能,即使使用不同半径的刀具,也不需要修改程序,都可以加工出相同的轮廓;也可以利用该功能,通过修改刀具半径补偿量的方法来弥补铣刀制造的尺寸精度误差,扩大刀具半径选用范围及刀具半径返修刃磨的允许误差;还可以利用改变刀具半径补偿值的方法,以同一程序实现分层铣削和粗、精加工或用于提高加工精度。另外,通过改变刀具半径补偿值的正负号或修改程序里的刀具补偿方向,可以用来加工某些需要配合的工件。

4. 刀具长度补偿

在无须修改加工程序的情况下,利用该功能可以自动改变切削平面高度,同时可以降低在制造与返修时对刀具长度尺寸的精度要求,也可以用来补偿刀具轴向对刀误差。

利用旋转功能,可将程序编制的基本形状沿着基准点在 360° 内任意旋转加工。

利用缩放功能,可将程序编制的基本形状沿着基准点根据各轴的不同比例进行缩放加工。

特别指出的是,操作者不仅可以单独使用上述各种功能,也可以根据实际的加工需要灵活、综合地运用这些功能。

12.3　数控铣床基本编程指令及规则

1. 坐标系

(1) 机床坐标系(MCS)

机床坐标系有三根坐标轴:X、Y、Z,各轴位置符合右手笛卡儿坐标系的位置关系。轴的正负方向为刀具相对于工件的运动方向(刀具不一定做绝对运动);坐标系的原点定在机床零点,是所有坐标轴的零点位置,该点作为参考点,位置由机床制造厂家确定。机床通电后,一般各轴须执行回参考点的操作,从而建立机床坐标系。

(2) 工件坐标系(WCS)

工件坐标系是为了方便编写程序而设定的坐标系,也称编程坐标系。坐标原点的位置由编程人员根据加工的实际需要自由设定,各坐标轴的方向与机床坐标系应保持一致。实际加工时,工件坐标系是要建立在机床坐标系基础上的,如果机床坐标系的零点发生漂移,工件坐标系的零点位置也会同步变化。

可设定的零点偏置指令:G54(G55,G56,G57,G58,G59),用该组指令建立工件坐标系与机床坐标系的关系,如图 12-5 所示。

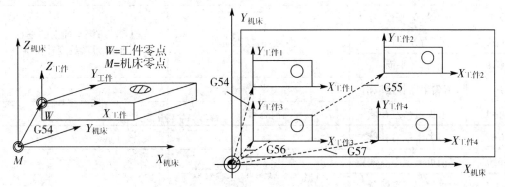

图 12-5　工件坐标系与机床坐标系的关系

西门子系统用 G54~G59 建立的工件坐标系,只有在程序运行了此指令后才会激活该层工件坐标系,若运行 M02 指令或按动 RESET(复位)键便会关闭该层工件坐标系。

2. 程序名称

(1)主程序

例如,RAHMEN32(.mpf),开始的两个字符必须是字母,其后的符号可以是字母、数字或下划线,最多为 16 位字符,不得使用分隔符。

(2)子程序

例如,L888(.spf),子程序名为 L1~L9999999,主程序中调用子程序的格式为 L…P…(P 为 1~9999),P 为循环次数。

3. 程序结构

NC 程序由各个程序段组成,每个程序段执行一个加工步骤,程序段由若干个字组成,最后一个程序段包含程序结束符 M02。

4. 基本编程指令(见表 12-1)

表 12-1　SIEMENS 系统指令表

地址	含义	说明	编程格式
D	刀具补偿号	用于某个刀具 T 的补偿参数;D0 表示补偿值=0	D…
F	进给率	对应 G94 或 G95,单位分别为 mm/min 或 mm/r	F…
G	G 功能(准备功能)	一个程序段中只能有一个 G 功能组中的一个 G 功能生效	G…
G00	快速移动	运动指令	G00 X…Y…Z…
G01	直线插补	(插补方式)	G1 X…Y…Z…F…
G02	顺时针圆弧插补	(插补方式)	G2 X…Y…I…J…F…;圆心和终点 G2 X…Y…CR=…F…;圆心和半径
G03	逆时针圆弧插补		同上

(续表)

地址	含义	说明	编程格式
G33	恒螺距的螺纹切削	模态有效	S···M···;主轴转速方向 G33 Z···
G4	暂停时间	特殊运行,程序段方式有效	G4 F··· 或 G4 S···;单独程序段
G17*	X/Y 平面		G17···;该平面上的垂直
G18	Z/X 平面	平面选择,模态有效	轴为刀具长度补偿轴
G19	Y/Z 平面		
G40*	刀尖半径补偿取消	刀尖半径补偿	
G41	刀尖半径左补偿	模态有效	
G42	刀尖半径右补偿		
G500*	取消可设定零点偏置	可设定零点偏置,模态有效	
G54~G59	可设定零点偏置		
G70	英制尺寸	英/公制尺寸	
G71*	公制尺寸	模态有效	
G94	进给率 F	单位:mm/min,模态有效	
G95		单位:mm/r	
L	子程序名及调用	单独程序段	L··· P··· ;P 为调用次数
M0	程序停止	按**循环启动**键加工继续执行	
M1	程序有条件停止	仅在专门信号出现后生效	
M2	程序结束	在程序的最后一段写入	
N	程序段号	0···9999 9999 整数	比如 N30

表中"＊"号上标表示默认指令。

12.4 刀具半径补偿功能

12.4.1 刀具补偿

　　我们已经知道,因为铣刀具有一定的半径,所以刀具中心(刀心)轨迹和工件轮廓相差一个刀具半径。若始终使用这种方法进行编程,当零件轮廓较复杂时,刀具中心(刀心)轨迹数值计算就会相当复杂;而且当刀具磨损、重磨、换新刀等导致刀具直径变化时,必须重新计算刀心轨迹,修改程序,这样既繁琐,又不易保证加工精度。当数控系统具备刀具半径补偿功能时,编程只需按工件轮廓线进行,如图 12‑6 所示,数控系统会自动计算刀心轨迹坐标,使刀具偏离工件轮廓一个补

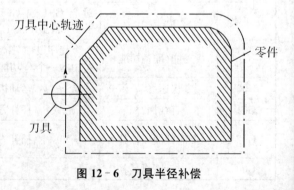

图 12‑6　刀具半径补偿

偿值,即进行半径补偿。

12.4.2 刀具半径补偿的方法

刀具半径补偿就是将刀具中心轨迹过程交由数控系统执行,编程时假设刀具的半径为零,直接根据零件的轮廓形状进行编程,而实际的刀具半径则存放在一个可编程刀具半径偏置寄存器中,在加工过程中,数控系统根据零件程序和刀具半径自动计算出刀具中心轨迹,完成对零件的加工。当刀具半径发生变化时,不需要修改零件程序,只需修改存放在刀具半径偏置寄存器中的补偿值或选用另一个刀具半径偏置寄存器中的补偿值即可。

G41 指令为刀具半径左补偿(左刀补),G42 指令为刀具半径右补偿(右刀补),G40 指令为取消刀具半径补偿。

指令格式:

```
G17 G00/G01 G41/G42 X_ Y_ H_ (或 D_)(F_)
G17 G00/G01 G40 X_ Y_ (F_)
```

说明:

① G41 为左偏刀具半径补偿,是指沿着刀具运动方向看(假设零件不动),刀具位于零件左侧的刀具半径补偿。这时相当于顺铣,如图 12-7(a)所示。

G42 为右偏刀具半径补偿,是指沿着刀具运动方向看(假设零件不动),刀具位于零件右侧的刀具半径补偿。此时为逆铣,如图 12-7(b)所示。

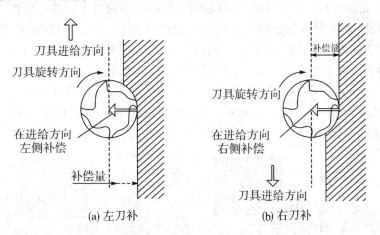

(a) 左刀补　　　　　　(b) 右刀补

图 12-7　刀具补偿方向

② 使用刀具半径补偿时必须选择工作平面(G17,G18,G19),如选用工作平面 G17 指令,当执行 G17 指令后,刀具半径补偿仅影响 X,Y 轴移动,而对 Z 轴没有作用。

③ 当主轴顺时针旋转时,使用 G41 指令铣削方式为顺铣,使用 G42 指令铣削方式为逆铣。而数控机床在精加工时,为提高加工表面质量,经常采用顺铣,即 G41 指令。

④ 建立和取消刀补时,必须与 G01 或 G00 指令搭配使用。当出现与 G02 或 G03 指令组合使用时,机床会报警。在实际编程时与 G00 指令组合使用必须谨慎。

⑤ G40 为刀具半径补偿取消,使用该指令后,使 G41,G42 指令无效。G17 在 XY 平面内指定,G18,G19 虽然指定的平面不一样,但原则一样。X,Y 为建立与撤销刀具半径补偿直线段的终点坐标值。H 或 D 为刀具半径补偿寄存器的地址字,在对应刀具补偿号码的寄存器中存有刀具半径补偿值。

12.4.3 刀具半径补偿的过程

1. 具体步骤

分为三步,如图12-8所示。

① 刀补的建立:在刀具从起点接近切入点时,刀心轨迹从与编程轨迹重合过渡到与编程轨迹偏离一个偏置量。

② 刀补进行:刀具中心始终与编程轨迹相距一个偏置量,直到刀补取消。

③ 刀补取消:刀具离开工件,刀心轨迹要过渡到与编程轨迹重合。

2. 注意事项

① 使用刀具半径补偿时必须选择工作平面(G17,G18,G19),G17工作平面为缺省值。当执行G17指令后,刀具半径补偿仅影响X,Y轴移动,而对Z轴没有作用。

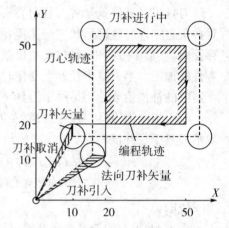

图 12-8 刀具半径补偿的过程示意图

② 只有在G00或G01的运动方式下,才能正确建立或取消刀补,在G02/G03运动方式下不能建立或取消刀补。

③ 在建立或取消刀补的过程中,刀具必须在补偿平面内发生位移。例如,对G17平面而言,指令格式中的X,Y值所确定的刀具位置必须有别于上一个程序段X,Y值所确定的刀具位置。只有Z方向发生位移而在X,Y平面没有位置变化时,是不能正确加入或取消刀补的。例如,G41 Z-4 F50 或 G00 G40 Z50,这些程序格式都不正确。

④ 应该在刀具进入零件轮廓时(或之前),完整加上刀补;在刀具切完零件轮廓时(或之后),才能开始取消刀补,如图12-9所示。建立和取消刀补时,刀具的移动量一定要大于刀具的半径。

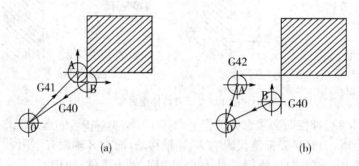

(a)   (b)

图 12-9 刀补加入、取消位置示意图

⑤ 刀具切入时,下刀点的位置应该选取在刀具切入处的零件轮廓线的沿走刀方向的切线的零件侧反方向的适当位置,否则,将可能发生过切现象。切出点的位置,应该选取在刀具切出处零件轮廓线的沿走刀方向的切线的零件侧反方向的适当位置。

12.4.4 机床基本操作

1. 开机

接通机床电源,旋动机床背面的开关,使其处于"ON"状态。按下机床操作面板上的机"

绿色按钮。等待启动画面,直至显示机床坐标。

在开机前,应先检查机床润滑油是否充足,电源柜门是否关好,操作面板各按键是否处于正常位置,否则将可能影响机床正常开机。

2. 机床回参考点

CNC 机床上有一个确定机床位置的基准点,这个点叫作参考点。一般在参考点处进行换刀和设定坐标值。通常上电后,机床要回参考点。手动回参考点就是用操作面板上的开关或按钮将刀具移动到参考点位置。

操作步骤如下:将操作模式旋钮旋至回零模式;将快速倍率旋钮旋至最大倍率 100%;依次按+Z、+X、+Y 轴进给方向键(必须先按"+Z"键,确保回零时不会使刀具撞上工件),待CRT 显示屏中各轴机械坐标值均为零或机床控制面板上各轴回零指示灯亮时,回零操作成功。

机床回参考点操作应注意以下几点:

① 当机床工作台或主轴当前位置接近机床零点或处于超程状态时,此时应采用手动模式,将机床工作台或主轴移至各轴行程中间位置,否则无法完成回零操作。

② 机床正在执行回零动作时,不允许旋动操作模式旋钮,否则回零操作失败。

③ 回零操作做完后将操作模式旋钮旋至手动模式,依次按住各轴选择键"—X""—Y"—Z",给机床回退一段约 100 mm 的距离。

④ 不同数控系统回零方向有所不同,操作前请仔细阅读说明书。

3. 关机

将工作台移至合适位置。按下机床操作面板上的"关机"红色按钮,关闭屏幕。旋动机床背面的开关,使其处于"OFF"状态,断开机床电源。

注意:关机后应立即清扫加工现场,并进行机床的清理与保养。

4. 手动模式操作

(1) 手动移动刀具

操作模式旋钮旋至手动模式,通过调节进给倍率旋钮,选择进给速度。若同时按快速移动键,则可快速进给。按下"X"键(指示灯亮),再按住"+"键或"-"键,X 轴产生正向或负向连续移动;松开"+"键或"-"键,X 轴减速停止。依同样方法,按下"Y"键,再按住"+"键或"-"键,或按下"Z"键,再按住"+"键或"-"键,使 Y、Z 轴产生正向或负向连续移动。

(2) 手动控制主轴

将模式选择旋钮旋到手动模式。按正转按钮,此时主轴按系统指定的转速顺时针转动;若按反转按钮,此时主轴按系统指定的转速逆时针转动。按停止按钮,主轴停止转动。

注意:若机床当前转速为零,将无法通过手动方式启动主轴,此时必须进入 MDI 方式,通过手动数据输入方式启动主轴。

(3) 手动开关冷却液

将模式选择旋钮旋到手动模式,按冷却开关键,此时冷却液打开,若再按一次该键,冷却液关闭。

5. 手轮模式操作

将模式选择旋钮旋至手轮挡,系统处于手轮运行方式。选择要移动的轴和移动倍率,根据移动方向,使手轮顺时针旋转或逆时针旋转。为了方便操作,通常数控机床上配置有手持式手轮。

数控铣床开关机床和操作面板使用可见本章节二维码补充资源中的视频。

12.5 数控铣床加工——对刀

12.5.1 对刀

数控铣床在加工前都需要对刀,即把刀具底部中心点移至编程坐标系原点,并计算到数控系统内。数控铣床的对刀内容包括基准刀具的对刀和各个刀具相对偏差的测定两部分。对刀时,先从某零件加工所用到的众多刀具中选取一把作为基准刀具,进行对刀操作;再分别测出其他各个刀具与基准刀具刀位点的位置偏差值,如长度、直径等,这样就不必对每把刀具都去进行对刀操作。如果某零件的加工仅需一把刀具就可以的话,则只要对该刀具进行对刀操作即可。如果所要换的刀具是加工暂停时临时手工换上的,则该刀具的对刀也只需要测定出其与基准刀具刀位点的相对偏差,再将偏差值存入刀具数据库。当工件以及基准刀具(或对刀工具)都安装好后,可按下述步骤进行对刀操作。

先将方式开关置于"回参考点"位置,分别按$+X$,$+Y$,$+Z$方向按键令机床进行回参考点操作,此时屏幕将显示对刀参照点在机床坐标系中的坐标。若机床原点与参考点重合,则坐标显示为$(0,0,0)$。

1. 以毛坯孔或外形的对称中心为对刀位置点

(1) 以定心锥轴找小孔中心

根据孔径大小选用相应的定心锥轴,手动操作使锥轴逐渐靠近基准孔的中心,手压移动Z轴,使其能在孔中上下轻松移动,记下此时机床坐标系中的X,Y坐标值,即为所找孔中心的位置。

(2) 用百分表找孔中心

用磁性表座将百分表粘在机床主轴端面上,手动或低速旋转主轴。然后,手动操作使旋转的表头依X,Y,Z的顺序逐渐靠近被测表面,用步进移动方式,逐步降低步进增量倍率,调整移动X,Y位置,使得表头旋转一周时,其指针的跳动量在允许的对刀误差内(如0.02 mm),记下此时机床坐标系中的X,Y坐标值,即为所找孔中心的位置。

(3) 用立铣刀找毛坯对称中心

将立铣刀装夹在主轴上,点动使立铣刀与工件表面处于极限接触,即认为定位到工件表面的位置处。先后定位到工件正对的两侧表面,记下对应的X1,X2,Y1,Y2坐标值,则对称中心在机床坐标系中的坐标应是$((X1+X2)/2,(Y1+Y2)/2)$。

2. 以毛坯相互垂直的基准边线的交点为对刀位置点

3. 刀具Z向对刀

当对刀工具中心(即主轴中心)在X,Y方向上的对刀完成后,进行Z向对刀操作。Z向对刀点通常都是以工件的上表面为基准的,若以工件上表面为$Z=0$的工件零点,则当刀具低表面与工具上表面接触时,刀具在工件坐标系中的坐标应为$Z=0$。

在实际操作中,当需要用多把刀具加工同一工件时,常常是在不装刀具的情况下进行对刀的。这时,常以刀座底面中心为基准刀具的刀位点先进行对刀;然后,分别测出各刀具实际刀位点相对于刀座底面中心的位置偏差,填入刀具数据库即可;执行程序时由刀具补偿指令功能来实现各刀具位置的自动调整。

12.5.2　对刀操作步骤

数控铣床对刀和软件模拟对刀具体操作可见本章节二维码补充资料中的视频。

12.6　编程实例

编程实例 12 - 1（如图 12 - 10）

加工程序：

```
N010 G90 G94 T10
N020 G54 S500 M03
N030 G00 X0 Y0 Z2
N040 G01 Z-2 F50
N050 G42 G01 X10 Y10 F100
N060 G02 X10 Y-10 I0 J-10
N070 G01 X-10 Y-10
N080 G02 X-10 Y10 I0 J10
N090 G01 X10 Y10
N100 G40 G01 X0 Y0
N110 G00 Z2
N120 G00 X-60 Y60
N130 G01 Z-2 F60
N140 G91
N150 G42 G01 X10 Y-10 F80
N160 G01 X7.5 Y-40
N170 G02 X0 Y-20 I0 J-10
N180 G01 X0 Y-25
N190 G03 X10 Y-10 I10 J0
N200 G01 X67.5 Y0
N210 G02 X10 Y10 I0 J10
N220 G01 Y68
N230 G03 X-12 Y12 I-12 J0
N240 G01 X-23 Y0
N250 G02 X-20 Y0 I-10 J0
N260 G01 X-40 Y5
N270 G40 G01 X-10 Y10
N280 G90 G00 Z50
N290 M05 M02
```

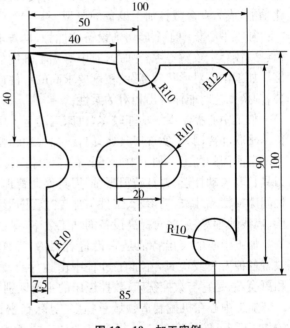

图 12 - 10　加工实例

扫码可获取
第 13 章补充资源

第 13 章　加　工　中　心

13.1　加工中心概述

13.1.1　加工中心的特点和用途

加工中心又称多工序自动换刀数控机床,是现代机械制造业使用最广泛的一种功能较全的金属切削加工设备。

加工中心综合了现代控制技术、计算机应用技术、精密测量技术以及机床设计与制造等方面的最新成就,具有较高的科技含量。与普通机床相比,它简化了机械结构,加强了数字控制化功能,成为众多数控加工设备的典型。

加工中心集中了金属切削设备的优势,具备多种工艺手段,能实现工件一次装卡后的铣、镗、钻、铰、锪、攻丝等综合加工,对中等加工难度的批量工件,其生产效率是普通设备的5~10倍。加工中心对形状较复杂、精度要求高的单件加工或中小批量生产更为适用,而且还节省工装,调换工艺时能体现出相对的柔性。

加工中心控制系统功能较多,机床运动至少用三个运动坐标轴,多的达十几个。最少可进行两轴联动控制,以实现刀具运动直线插补和圆弧插补,多的可进行五轴联动、六轴联动,完成更复杂曲面的加工。加工中心还具有各种辅助机能,例如,加工固定循环、刀具半径自动补偿、刀具长度自动补偿、刀具破损报警、刀具寿命管理、过载超程自动保护、丝杠螺距误差补偿、丝杠间隙补偿、故障自动诊断、工件与加工过程图形显示、人机对话、工件在线检测和加工自动补偿、离线编程等,这些对提高设备的加工效率、保证产品的加工精度和质量等都起到保证作用。

加工中心的突出特征是它设置有刀库,刀库中存放着各种刀具或检具,在加工过程中由程序自动选用和更换,这是它与数控铣床、数控镗床的主要区别。

加工中心在机械制造领域承担多工序、精密、复杂的加工任务,按给定的工艺指令自动加工出所需几何形状的工件,完成大量依靠人工直接操作普通设备所不能胜任的加工工作,现代化机械制造工厂已经离不开加工中心。加工中心既可以单机使用,也能在计算机辅助控制下多台同时使用,构成柔性生产线,还可以与工业机器人、立体仓库等组合成无人工厂。随着21世纪现代制造业的技术发展,机械加工的工艺与装备在数字化基础上正向智能化、信息化、网络化方向迈

图 13-1　加工中心机床

进,而作为前沿工艺装备的先进数控设备大量取代传统机加工设备将是必然趋势。

为使加工中心高效生产运行,培养一大批具有较高素质的操作人员尤为重要,而对于这些高素质操作人员的要求不仅要具有扎实的知识基础,而且要有较强的操作技能,熟练地掌握生

产一线先进设备的性能,并操作使用的得心应手,从而使生产效率大幅度提高,使新产品研制和改型换代的时间和费用大量节省,同时也体现出现代企业技术能力和工艺水平,提高企业的市场竞争能力。

13.1.2 自动换刀装置

1. 自动换刀装置的形式

自动换刀装置的结构取决于机床的类型、工艺范围及刀具的种类和数量等。自动换刀装置主要有回转刀架和带刀库的自动换刀装置两种形式。

(1) 回转刀架

回转刀架换刀装置的刀具数量有限,但结构简单,维护方便,如数控车床上的回转刀架。

(2) 带刀库的自动换刀装置

带刀库的自动换刀装置由刀库和机械手组成,是多工序数控机床上应用最广泛的换刀装置。其整个换刀过程较复杂,首先把加工过程中需要使用的全部刀具分别安装在标准刀柄上,在机外进行尺寸预调后,按一定的方式放入刀库,换刀时先在刀库中进行选刀,并由机械手从刀库和主轴上取出刀具,在进行刀具交换之后,将新刀具装入主轴,把旧刀具放回刀库。存放刀具的刀库具有较大的容量,它既可以安装在主轴箱的侧面或上方,也可以作为独立部件安装在机床以外。

2. 刀库的形式

刀库的形式很多,结构各异。加工中心常用的刀库有鼓轮式和链式刀库两种:

① 鼓轮式刀库的结构简单、紧凑,存放刀具少,应用较多。

② 链式刀库多为轴向取刀,适用于要求刀库容量较大的数控机床。

3. 换刀过程

自动换刀装置的换刀过程由选刀和换刀两步组成。选刀即刀库按照选刀命令(或信息)自动将要用的刀具移动到换刀位置,完成选刀过程,为下面换刀做好准备;换刀即把主轴上用过的刀具取下,将选好的刀具安装在主轴上。

4. 刀具的选择方法

数控机床常用的选刀方式有顺序选刀方式和任选方式两种。顺序选刀方式是将加工所需要的刀具按预先确定的加工顺序依次安装在刀座中,换刀时,刀库按顺序转位,这种方式的控制及刀库运动简单,但刀库中刀具排列的顺序不能错;任选方式是对刀具或刀座进行编码并根据编码选刀,它可分为刀具编码和刀座编码两种方式。

刀具编码方式是利用安装在刀柄上的编码元件(如编码环、编码螺钉等)预先对刀具编码后,再将刀具放入刀座中,换刀时通过编码识别装置根据刀具编码选刀。采用这种方式编码的刀具可以放在刀库的任意刀座中,刀库中的刀具不仅可在不同的工序中多次重复使用,而且换下来的刀具也不必放回原来的刀座中。

刀座编码方式是预先对刀库中刀座进行编码,并将与刀座编码相对应的刀具放入指定的刀座中,换刀时根据刀座编码选刀。如程序中指定为 t12 的刀具必须放在编码为 12 的刀座中,使用过的刀具也必须放回原来的刀座中。

13.1.3 适宜采用加工中心加工的主要任务

① 中小批量、周期性地进行加工,每批品种多变,并有一定复杂程度的零件。

② 具有多个不同位置的平面和孔系需加工的箱体或多棱体零件。

③ 零件上不同类型表面之间有较高的位置精度要求,更换机床加工时很难保证要求的零件。

④ 加工精度一致性要求较高的零件。

⑤ 切削条件多变的零件,如某些零件由于形状特点需切槽、镗孔、攻螺纹等。

⑥ 形状虽简单,但同类型或不同类型零件可成组安装在工作台夹具上,进行多品种加工的零件。

⑦ 结构或形状复杂,普通加工时操作复杂困难、工时长、加工效率低的零件。

⑧ 镜像对称加工的零件。

⑨ 成组加工中的系列零件或零件族。

13.1.4 不宜采用加工中心加工的任务

① 形状过于简单,使用加工中心并不能显著缩短工时、提高生产率的零件。

② 简单平面的铣削,特别是大平面的铣削,加工中刀具单一,不能发挥自动换刀(ATC)的功能,类同于普通铣床加工。

③ 批量很大的零件,因为大批量的专业化生产选择专用机床、流水生产设备或组合机床更经济合理。

加工中心在设计时已考虑到工艺包容性问题,如机床的加工精度、刚度、功能、扭矩、进给拖力等参数的允许范围较广,以机床功能考虑,可以进行各种铣削、钻削、镗削、铰削、攻丝、切螺纹等加工,粗、精加工均可在加工中心上完成。但是加工中心的台时费用高,在考虑工序负荷时,不仅要考虑机床加工的可能性,还要考虑加工的经济性。例如,用加工中心可以进行复杂的曲面加工,但如果企业数控机床类型较多,有多坐标联动的数控铣床,则在加工复杂的成形表面时应优先选择数控机床;有些成形表面加工时间很长,刀具单一,在加工中心上加工并不是最佳选择,具体要视企业拥有的数控设备类型、功能及加工能力,具体分析后再作决定。

13.2 CAD/CAM 自动编程

13.2.1 CAD/CAM 自动编程软件简介

1. 自动编程软件简介

前面已经介绍了数控铣床手工编程的一些知识,通过前面的学习已经对数控铣床有了一定的了解,数控铣床的每一个动作都需要执行一个指令或程序段。对于一些简单的图形,只包括直线、圆弧的二维图形,可以直接用手工编程的方法编制加工程序;对于一些复杂的二维图形或三维图形组成的零件、模具,只能使用自动编程软件来完成编程工作。

自动编程软件一般由 CAD 造型部分和 CAM 加工部分组成,所以自动编程软件又称 CAD/CAM 软件,CAD/CAM 技术广泛应用于工业生产,特别是 CAM 数控加工技术的应用,极大地提高了产品质量和生产效益,降低了设计制造成本。CAM 技术的应用使人们能从繁琐的简单重复劳动中解放出来,最大限度地运用自己的智慧来完成设计和生产工作。目前用于数控自动加工编程的 CAM 软件较多,比较常用的有 UGNX,CATIA,Pro/E,Mastercam,Cimatron,Surfcam,Powermill 等。

2. Mastercam 9.0 简介

Mastercam 是美国 CNC Software 公司推出的基于 PC 平台的 CAD/CAM 集成系统，Mastercam 以其强大的功能和稳定的性能成为应用最广泛的 CAD/CAM 软件之一，其主要应用于机械、汽车、航空等行业，尤其是在模具制造业应用最广。国内外许多学校也选用 Masteream 软件进行 CAM 教学。

（1）文件管理

包括打开文件、查阅文件、存储文件、编辑文件、系统规划、性能设置及编辑等。

（2）几何造型

包括绘制二维图形，点、直线、圆弧、矩形、椭圆、多边形、曲线以及输入文字；图形编辑、删除、转换、修改及形状标注；三维造型、面造型、实体造型；三维图形编辑、修改等。

（3）机械加工

包括二维外形铣削加工、挖槽加工、钻孔加工；三维曲面粗、精加工，切削方式包括平行加工、放射加工、等高加工、投影加工、清根加工、清除残料加工等；多轴加工、线框加工等。

13.2.2 Mastercam 9.0 实例介绍

下面通过实例简单介绍一下几何造型和机械加工，为了便于讲解和学习选用了 Mastercam 9.0 的汉化版。

用鼠标双击计算机桌面上 Mill9 快捷方式，启动 Mastercam 9.0，进入 Mastercam 9.0 主界面，如图 13-2 所示。主界面的顶部是一行快捷工具键；下面是顶部提示区，对每个操作系统给出提示；左侧的上方是主菜单，主要有绘图、文件管理、刀具路径等；左侧的下方是辅助菜单，主要有颜色的设定、Z 轴深度设定、图层管理、线形设定、构图平面及视角设定；底部是操作提示区，显示系统数据和各种输入的数据及主菜单中的提示。

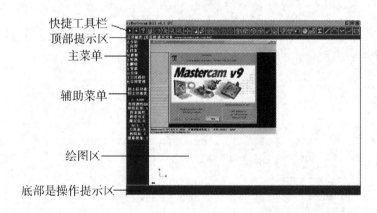

快捷工具栏
顶部提示区
主菜单

辅助菜单

绘图区

底部是操作提示区

图 13-2 Mastercam 9.0 主界面

13.2.3 CAD/CAM 自动编程软件应用

文字雕刻是雕刻印章，图型由学生自行设计，在规定范围内（ϕ34）完成印章的设计和造型，外形可以是矩型、正方型、圆型、不规则图型等。还可以采用不同字体、图案。通过文字输入，再经过镜相、平移、缩放、旋转、修改等编辑功能，完成对印章的设计。如图 13-3 所示是学生自行设计一些作品,毛坯材料为铝合金。

图 13 - 3   学生自行设计作品

印章设计、仿真加工和后处理的自动编程过程可见本章节二维码补充资源中的视频。

第 5 篇　特种加工

第 14 章　特种加工的基本知识

☞ 扫码可获取
第 14 章补充资源

14.1　概　述

　　特种加工是指那些不属于传统加工工艺范畴的加工方法,它不同于使用刀具、磨具等直接利用机械切除多余材料的传统加工方法。特种加工是近几十年发展起来的新工艺,是对传统加工工艺方法的重要补充与发展,目前仍在继续研究开发和改进。可以直接利用电能、热能、声能、光能、化学能和电化学能,有时也结合机械能对工件进行加工。特种加工中以采用电能为主的电火花加工和电解加工应用较广,泛称电加工。20 世纪 40 年代发明的电火花加工开创了用软工具、不靠机械力来加工硬工件的方法。50 年代以后先后出现电子束加工、等离子弧加工和激光加工,这些加工方法不用成型的工具,而是利用密度很高的能量束流进行加工。对于高硬度材料和复杂形状、精密微细的特殊零件,特种加工有很大的适用性和发展潜力,在模具、量具、刀具、仪器仪表、飞机、航天器和微电子元器件等制造中得到越来越广泛的应用。特种加工的发展方向主要是:提高加工精度和表面质量,提高生产率和自动化程度,发展几种方法联合使用的复合加工,发展纳米级的超精密加工等。

14.2　特种加工特点

　　① 不用机械能,与加工对象的机械性能无关,有些加工方法,如激光加工、电火花加工、等离子弧加工、电化学加工等,是利用热能、化学能、电化学能等,这些加工方法与工件的硬度、强度等机械性能无关,故可加工各种硬、软、脆、热敏、耐腐蚀、高熔点、高强度、特殊性能的金属和非金属材料。

　　② 非接触加工,不一定需要工具,有的虽使用工具,但与工件不接触,因此,工件不承受大的作用力,工具硬度可低于工件硬度,故使刚性极低元件及弹性元件可得以加工。

　　③ 微细加工,工件表面质量高,有些特种加工,如超声、电化学、水喷射、磨料流等,加工余量都是微细进行,故不仅可加工尺寸微小的孔或狭缝,还能获得高精度、极低粗糙度的加工表面。

④ 不存在加工中的机械应变或大面积的热应变,可获得较低的表面粗糙度,其热应力、残余应力、冷作硬化等均比较小,尺寸稳定性好。

⑤ 两种或两种以上的不同类型的能量可相互组合形成新的复合加工,其综合加工效果明显,且便于推广使用。

⑥ 特种加工对简化加工工艺、变革新产品的设计及零件结构工艺性等方面产生积极的影响。

14.3　特种加工工艺

特种加工工艺是直接利用各种能量,如电能、光能、化学能、电化学能、声能、热能及机械能等进行加工的方法。

① "以柔克刚",特种加工的工具与被加工零件基本不接触,加工时不受工件的强度和硬度的制约,故可加工超硬脆材料和精密微细零件,甚至工具材料的硬度可低于工件材料的硬度。

② 加工时主要用电、化学、电化学、声、光、热等能量去除多余材料,而不是主要靠机械能量切除多余材料。

③ 加工机理不同于一般金属切削加工,不产生宏观切屑,不产生强烈的弹、塑性变形,故可获得很低的表面粗糙度,其残余应力、冷作硬化、热影响度等也远比一般金属切削加工小。

④ 加工能量易于控制和转换,故加工范围广,适应性强。

第 15 章　数控电火花加工

☞ 扫码可获取
第 15 章补充资源

电火花加工又称放电加工,它是利用在一定的绝缘介质中,通过工具电极和零件电极之间脉冲放电时的电腐蚀作用对零件进行加工的一种工艺方法,在加工过程中可以看到火花,故称为电火花加工。该技术的研究开始于 20 世纪 40 年代。电火花成形加工适合于用传统机械加工方法难以加工的材料或零件,如加工各种高熔点、高强度、高纯度、高韧性材料,可加工特殊及复杂形状的零件,如模具制造中的型孔和型腔的加工。在电火花加工中根据工具电极形式的不同,又分为电火花加工和线切割加工。图 15-1 是数控电火花成型机床,图 15-2 是数控电火花线切割机床。

图 15-1　数控电火花成型机床

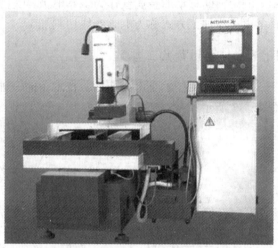

图 15-2　数控电火花线切割机床

15.1　电火花加工的原理

电火花加工是基于在绝缘的工作液中工具和零件(正、负电极)之间脉冲性火花放电局部、瞬时产生的高温,使零件表面的金属熔化、气化、抛离零件表面的原理,来去除多余的金属,以达到零件尺寸、形状及表面质量预定的加工要求。利用电火花对零件进行加工时,必须创造有利于加工的外界条件。首先,工具电极和零件被加工表面之间必须保持一定的放电间隙。然后,为使加工稳定进行,并使放电所产生的热量不至于很快散失,火花放电必须是瞬时脉冲性放电。最后,火花放电必须在像煤油、皂化液或去离子水等绝缘性好的液体介质(工作液)中进行。

电火花加工原理可见本章二维码补充资源中的视频。

15.2　电火花加工的特点

电火花加工与常规的金属切削比较具有以下特点:

① 电火花加工属于非接触加工,工具电极和零件之间不直接接触,而是有一个火花放电间隙(0.01~0.1 mm),间隙中充满工作液。

② 加工过程中没有宏观的切削力,火花放电时,局部、瞬时爆炸力的平均值很小,不足以引起零件的变形和位移。

③ 由于电火花加工直接利用电能和热能来去除金属材料,与零件材料的强度和硬度等关系不大,因此可用软的工具电极加工硬的零件,实现"以柔克刚"。

④ 电火花加工范围相当广泛,可以加工任何难加工的金属材料和其他导电材料,可以加工形状复杂的表面,可以加工薄壁、弹性、低刚度、微细小孔、异形小孔、深小孔等有特殊要求的零件。

15.3　电火花线切割加工机床

利用轴向移动的金属丝作为工具电极,工件按所需形状和尺寸做轨迹运动,以切割导电材料的电火花加工方式称为电火花线切割加工。

15.3.1　线切割加工原理

线切割加工技术是电火花加工技术中的一种类型,简称线切割加工。线切割加工原理如图 15-3 所示。

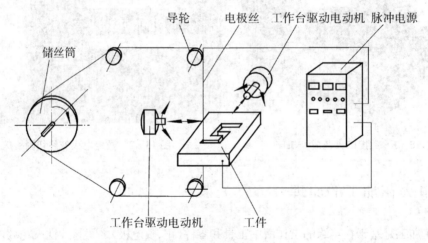

图 15-3　线切割加工原理

线切割机床采用钼丝或硬性铜丝(主要用 0.02~0.30 mm 的钼丝)作为电极丝。被切割的工件为工件电极,电极丝为工具电极。脉冲电源发出连续的高频脉冲电压,加到工件电极和工具电极上(电极丝)。在电极丝和工件之间加有足够的、具有一定绝缘性能的工作液,当电极丝和工件之间的距离小到一定程度时,工作液介质被击穿,电极丝和工件之间形成瞬间电火花放电,产生瞬间高温,生成大量热量,使工件表面的金属局部熔化,甚至汽化,再加上工件液体介质的冲洗作用,使得金属被腐蚀下来。

工件放在机床坐标工作台上,按数控装置或微机程序控制下的预定轨迹进行加工,最后得到所需形状的工件。由于储丝筒带动工具电极,即电极丝做正、反向交替的高速运动,所以电极丝基本上不被蚀除,可以较长时间使用。

15.3.2 线切割加工工艺特点

1. 主要优点

① 线切割加工可以对一般切削方法难以加工或者无法加工的形状复杂的工件进行加工，如冲模、凸轮、样板、外形复杂的精密零件及窄缝等。电极损耗小，提高了加工精度，尺寸精度可达 $0.01\sim0.02$ mm，表面粗糙度 R_a 可达 1.25 μm。

② 线切割加工可以对一般切削方法难以加工或者无法加工的金属材料或者半导体材料的零件进行加工，如淬火钢、硬质合金钢、高硬度金属等，但无法实现对非金属导电材料的加工。

③ 线切割加工直接利用线电极电火花进行加工，可以方便地调整加工参数，如调节脉冲宽度、脉冲间隔、加工电流等，提高线切割加工精度，也可通过调节实现加工过程的自动化控制。

④ 省掉了成型电极，大大降低了工具电极的设计与制造费用，缩短了生产周期，对新品的试制有重要意义。

⑤ 去除量小，对贵重金属的加工有特别意义。

2. 局限性

① 线切割加工效率较低，成本较高，所以，能用金属切削方法加工的零件一般不考虑使用电加工，线切割加工也不适合加工形状简单的批量零件。

② 被加工的工件只能是导电材料。

③ 加工表面有变质层。如不锈钢和硬质合金表面的变质层对使用有害，需要处理掉。

④ 加工过程必须在工作液中进行，否则会引起异常放电。

15.3.3 数控电火花线切割机床

1. 线切割机床分类

电火花线切割机床依运丝速度快慢不同分三大类：一类是高速走丝电火花线切割机床（WEDM-HS），这类型机床的电极丝做高速往复运动，一般速度为 $8\sim10$ m/s，这是我国生产和使用的主要机型，也是我国独创的电火花线切割加工模式；另一类是低速走丝电火花线切割机床（WEDM-LS），这类机床的电极丝做低速单向运动，一般速度低于 0.2 m/s，这是国外生产和使用的主要机型；再一类是中速走丝电火花线切割机床。

2. 中速走丝电火花线切割机床

（1）优点

数控低速走丝线切割机床与高速走丝线切割机床相比，据有高精度、低表面粗糙度值的优势。高速走丝线切割机床由于受到电极丝损耗、机械部分的结构与精度、进给系统的开环控制、加工中乳化液导电率的变化、加工环境的温度变化及机床本身加工的特点（如运丝速度快、振源较多、导轮磨损大）等因素影响，其加工精度、工艺指标、自动化程度等与低速走丝线切割机床相比都有明显的差距，加工效率差距也很大，但缺点是价格昂贵。低速走丝线切割机床能达到很好的加工精度及其他技术指标的根本原因是采用了多次切割工艺。中速走丝电火花线切割机床实际上就是具有多次切割功能的高速走丝电火花线切割机床，在中速走丝多次切割中，第一次切割加工，即粗加工时，采用高速走丝加工，提高加工效率；再次加工，即精加工时，采用较低的走丝速度，以提高加工精度和表面粗糙度，在保证较高的加工效率的同时,极大地提高切割工件的表面的质量和精度。它体现了目前我国线切割发展的一种趋势。

(2)中速走丝多次切割电参数选择原则

① 根据切割工件粗糙度要求选择切割次数。

② 根据切割工件厚度和材质选择偏移量。

③ 根据切割工件次数和厚度选择变频速度。

④ 根据钼丝半径和放电间隙选择补偿量。

⑤ 根据切割工件厚度和偏移量选择短路电流。

⑥ 根据切割工件粗糙度和切割次数选择脉宽、脉间。

总之,根据电参数选择原则在加工中的运用,总结经验,建立专家库,把不同的加工参数进行组合,存在专家库中,以备之后加工调用。

3. 机床基本结构

一台数控电火花线切割机床基本由机床主体、脉冲电源、控制系统、工作液及润滑系统、机床附件等组成。其中,机床主体(或者叫做机床本体)由坐标工作台、线架、储丝筒、立柱、运丝机构、工作液循环系统、床身等部分组成,其外形如图15-4所示。

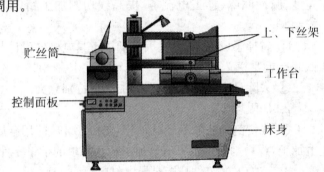

图 15-4 线切割机床外形

(1)床身

床身是安装坐标工作台、线架及运丝装置的基础,要有较好的刚性,以保证机床的加工精度。机床床身既能起支撑和连接坐标工作台、运丝装置和线架等部件的作用,又起安装机床电器、存放工作液的作用。

(2)坐标工作台

主要由工作台上拖板、中拖板、下拖板、滚珠丝杠等部件组成。工作台传动系统主要是 X 轴和 Y 轴方向传动。

(3)线架

安装在工作台和储丝筒之间。电极丝运转系统主要是由储丝筒旋转,带动电极丝做正反向交替运动。排丝轮导轮保持电极丝整齐地排列在储丝筒上,经过线架做来回高速移动,进行切割加工。

(4)运丝装置

由储丝筒、储丝筒拖板、拖板座及传动系统组成。储丝筒由薄壁管制成,具有重量轻、惯性小、耐腐蚀等优点。运丝装置的传动系统主要是指机床行程开关,其作用就是控制储丝筒的正反转向。

(5)工作液循环系统

由工作液、工作液箱、工作液泵和循环导管组成,工作液起绝缘、排屑、冷却等作用。

(6)高频脉冲电源

又称脉冲电源,是进行线电极切割的能源。由于受表面粗糙度和电极丝允许承载电流的限制,线切割加工脉冲电源的脉宽较窄,一般为 $2\sim60\ \mu s$。单个脉冲能量、平均电流一般较小,所以线切割加工总是采用正极性加工。

（8）微机控制系统

一般由中央处理器（CPU）、存储器、输入和输出电路组成。输入设备有键盘、光电机等，输出设备有数码显示器 LED、液晶显示器 LCD 和 CRT 显示器，接口电路采用可编程并行 I/O 接口芯片、键盘/显示接口芯片等。

15.4　中走丝线切割机床编程和机床仿真切割加工

1. 单次切割加工绘制加工图形和仿真切割加工

具体操作可见本章二维码补充资源中的视频。

2. 多次切割加工自动编程和仿真切割加工

具体操作可见本章二维码补充资源中的视频。

第 16 章　激光加工

扫码可获取
第 16 章补充资源

16.1　激光加工概述

激光技术是 20 世纪 60 年代最重要的科技成就之一。它的出现，几乎对整个科技领域的发展都起了重大的地改革和推动作用。目前激光的应用已经遍及科技、经济、军事和社会发展的许多领域，例如信息光电子技术、激光医疗与光电子生物学、激光加工技术激光检测与计量技术、激光全息技术、非线性光学、激光光谱分析技术、超快激光学、激光化学、激光制导、激光雷达、激光武器、激光可控核聚变等。

16.1.1　激光发展历史

1916 年爱因斯坦描述了原子的受激辐射与自发辐射的关系，1958 年，汤斯、肖洛提出将微波量子放大器的原理推广到光波段，设计了激光器。1960 年美国科学家梅曼利用高强闪光灯来刺激红宝石，由此产生了 0.694 3 微米的世界上第一束激光，激光因此从科学理论阶段进入到实验物理阶段，并从实验物理阶段进入到应用阶段，被誉为 20 世纪四大发明之一，现如今的日常工业生产过程中已经无法脱离激光技术衍生出来的激光加工设备，成了一种重要的加工工具，覆盖到军工、航空航天、汽车制造、医疗、电子制造、光伏生产等多领域当中。

16.1.2　激光的特性

激光具有高亮度、高方向性、高单色性和高相干性四大特性，因此就给激光加工带来一些其它加工方法所不具备的特性。由于它是无接触加工，对工件无直接冲击，因此无机械变形；激光加工过程中无"刀具"磨损，无"切削力"作用于工件；激光加工过程中，激光束能量密度高，加工速度快，并且是局部加工，对非激光照射部位没有或影响极小。由于激光束易于导向、聚焦、实现方向变换，极易与数控系统配合、对复杂工件进行加工，因此它是一种极为灵活的加工方法；生产效率高，加工质量稳定可靠，经济效益和社会效益好。已广泛用于打孔、切割、焊接、电子器件微调、表面处理以及信息存储等许多领域。

16.1.3　激光的应用

由于激光器具备的种种突出特点，因而被很快运用于工业、农业、精密测量和探测、通讯与信息处理、医疗、军事等各方面，并在许多领域引起了革命性的突破。激光在军事上除用于通信、夜视、预警、测距等方面外，多种激光武器和激光制导武器也已经投入实用。

1）激光用作热源。激光光束细小，且带着巨大的功率，如用透镜聚焦，可将能量集中到微小的面积上，产生巨大的热量。比如，人们利用激光集中而极高的能量，可以对各种材料进行加工，能够做到在一个针头上钻 200 个孔；激光作为一种在生物机体上引起刺激、变异、烧灼、汽化等效应的手段，已在医疗、农业的实际应用上取得了良好效果。

2）激光测距。激光作为测距光源，由于方向性好、功率大，可测很远的距离，且精度很高。

3) 激光通信。在通信领域,一条用激光柱传送信号的光导电缆,可以携带相当于 2 万根电话铜线所携带的信息量。

4) 受控核聚空中的应用。将激光射到氘与氚混合体中,激光所带给它们巨大能量,产生高压与高温,促使两种原子核聚合为氦和中子,并同时放出巨大辐射能量。由于激光能量可控制,所以该过程称为受控核聚变。

16.2　激光加工简介

激光加工系指激光束作用于物体的表面而引起物体形状的改变,或物体性能的改变的加工过程。

按光子能量的大小,可将激光加工分为热加工和冷加工。热加工是基于热效应,将具有较高能量密度的激光束,照射到在被加工材料表面上,材料表面吸收激光能量,在照射区域内发生热激发,进而使材料表面温度上升,产生变态、熔融、烧蚀、蒸发等现象。冷加工具有很高负荷能量的(紫外)光子,能够打断材料(特别是有机材料)或周围介质内的化学键,致使材料发生非热过程破坏。

16.2.1　激光切割

激光切割是利用经聚焦的高功率密度激光束照射工件,使被照射的材料迅速熔化、汽化、烧蚀或达到燃点,并形成孔洞,且光束与工件相对移动,同时借助与光束同轴的高速气流吹除熔融物质,从而实现将工件割开。根据激光不同波长,可切割各种金属材料和非金属材料。

16.2.1.1　激光切割的分类

1. 汽化切割:利用高能量密度的激光束加热工件。在短的时间内汽化,形成蒸气。在材料上形成切口。材料的汽化热一般很大,所以激光汽化切割时需要大的功率和功率密度。激光汽化切割多用于极薄金属材料和非金属材料(如纸、布、木材、塑料和橡皮等)的切割。

2. 熔化切割:激光熔化切割时,用激光加热使金属材料熔化,喷嘴喷吹非氧化性气体(Ar、He、N 等),依靠气体的强大压力使液态金属排出,形成切口。所需能量只有汽化切割的 1/10。激光熔化切割主要用于一些不易氧化的材料或活性金属的切割,如不锈钢、钛、铝及其合金等。

3. 氧气切割:是用激光作为预热热源,用氧气等活性气体作为切割气体。喷吹出的气体一方面与切割金属作用,发生氧化反应,放出大量的氧化热;另一方面把熔融的氧化物和熔化物从反应区吹出,而切割速度远远大于激光汽化切割和熔化切割。激光氧气切割主要用于碳钢、钛钢以及热处理钢等易氧化的金属材料。

4. 划片与控制断裂:激光划片是利用高能量密度的激光在脆性材料的表面进行扫描,使材料受热蒸发出一条小槽,然后施加一定的压力,脆性材料就会沿小槽处裂开。激光划片用的激光器一般为 Q 开关激光器和 CO_2 激光器。控制断裂是利用激光刻槽时所产生的陡峭的温度分布,在脆性材料中产生局部热应力,使材料沿小槽断开。

16.2.2　激光打标

1. 热加工打标法:利用高能量密度的激光对工件进行局部照射,使表层材料汽化或发生颜色变化的化学反应,从而留下永久性标记的一种打标方法。例如:光纤打标机和 CO_2 激光打标机。广泛用于是集成电路芯片、电脑配件、工业轴承、钟表、电子及通讯产品、航天航空器件、光纤打标机可加工各种汽车零件、家电、五金工具、模具、电线电缆、食品包装、首饰、烟草以及军用事等众多领域图形和文字的标记，以及大批量生产线作业。CO_2 激光打标机可加工多种非金属材料。用于服装辅料、医药包装、酒类包装、建筑陶瓷、饮料包装、织物切割、橡胶制品、外壳铭牌、工艺礼品、电子元件、皮革等。

2. 冷加工打标法：采用具有很高负荷能量的光子（紫外、绿光），对材料或周围介质内的修改，使材料发生非热过程破坏，被加工表面的里层和附近区域不产生加热或热变形。并留下永久性标记的一种打标方法。例如：绿光打标机和紫外激光打标机。主要用于超精细打标、雕刻，特别适合用于食品、医药包装材料打标、打微孔、玻璃材料的高速划分及对硅片晶圆进行复杂的图形切割等应用领域。

16.2.3　激光焊接

激光焊接是一种以聚焦的激光束作为能源轰击焊件所产生的热量进行焊接的方法。由于激光具有折射、聚焦等光学性质，使得激光焊非常适合于微型零件和可达性很差的部位的焊接。激光焊还有热输入低，焊接变形小，不受电磁场影响等特点。已广泛运用到汽车工业、造船及海洋工程、飞机制造和医学等领域。

16.2.4　激光表面处理

利用激光扫描过程中材料自身的组织结构变化或引入其他材料实现工件表面性能的改善，该技术能选择性地处理工件表面，有利于在工件整体保持足够的韧性和强度的同时，表面获得较高的、特定的使用性能，如耐磨、耐蚀和抗疲劳、抗氧化等。根据表面处理目的不同，分为表面改性处理（包括激光上釉、激光重熔、激光合金化、激光涂敷）和去除处理（如激光清洗）。

16.2.5　激光内雕

通过专用点云转换软件，将二维或三维图像/人像转换成点云图像，然后根据点的排列，通过激光控制软件控制水晶的位置和激光的输出，在水晶处于某一特定位置时，聚焦的激光将在水晶内部打出一个个的小爆破点，大量的小爆破点就形成在水晶内的图像/人像的加工过程。激光内雕可在水晶、玻璃等透明材料内雕刻平面或三维立体图案。可雕刻 2D/3D 人像、人名手脚印、奖杯等个性化礼品纪念品，也可批量生产 2D/3D 动物、植物、建筑、车、船、飞机等模型产品和 3D 场景展示。

16.3　激光加工的发展趋势

1. 数控化和综合化：把激光器与计算机数控技术、先进的光学系统以及高精度和自动化的工件定位相结合，形成研制和生产加工中心，已成为激光加工发展的一个重要趋势。

2. 小型化和集成化：可进行几种工艺研制和生产加工的激光加工系统，已成为激光加工的另一发展趋势。国外已把激光切割和模具冲压两种加工方法组合在一台机床上，制成激光冲床，它兼有激光切割的多功能性和冲压加工的高速高效的特点，可完成切割复杂外形、打孔、打标、划线等加工。

3. 高频度和高可靠性：激光加工系统的可靠性是实现稳定加工的关键技术和前提条件。目前，国外 YAG 激光器的重复频度已达 2 000 次/s，二极管阵列泵浦的 Nd：YAG 激光器的平均维修时间已从原来的几百小时提高到 1～2 万 h。

16.4 激光实训加工实例

16.4.1 激光打标加工

实习训练作品要求：在 85×55 的金属卡片上自行设计并加工完成作品。

1. 运用 CorelDRAW14 软件在 85×55 的范围内设计一图形（包括文字、图形）并保存。

2. 在激光打标机上读取设计图形，并换成 PLT 格式文件，再用机床控制软件导入，经填充修饰处理，红光定位卡片位置后，打标加工出作品。

3. 卡片设计要求：图形大小必须是 85×55，设计内容（文字和图形）都在 85×55 矩形框内，插入图形必须为矢量图，其他类型图形、图片均不可加工，矩形框外面不能有任何文字和图形，保存文件名为姓名和学号，以 CorelDRAW12.0 版本保存。

激光打标作品设计和加工可见本章二维码补充资源中的视频。

16.4.2 激光雕刻和切割

激光雕刻加工是利用数控技术为基础，激光为加工媒介。加工材料在激光雕刻照射下瞬间的熔化和气化的物理变性，能使激光雕刻达到加工的目的。

激光切割的过程非常简单，就如同使用电脑和打印机在纸张上打印。在加工前利用多种图形处理软件（AutoCad、CorelDraw 等）进行图形设计之后，将图形传输到激光切割机中，激光切割机就可以将图形轻松地切割到任何材料的表面，并按照设计的要求进行边缘轨迹切割。雕刻和切割的加工原理一样，就是加工方法不一样，雕刻酷似高清晰度的点阵打印。激光头左右摆动，每次雕刻出一条由一系列点组成的一条线，然后激光头同时上下移动雕刻出多条线，最后构成整版的图象或文字。扫描的图形，文字及矢量化图必须使用点阵雕刻才能加工。

实习创作内容：

1. 创意胸牌制作如图 16-1 所示。

图 16-1

（1）使用 CorelDraw 或 AutoCad 设计作品要求：

① 绘制胸牌外形框，范围 55×35，必须无尖角封闭图形。

② 在外形框内绘制胸牌需加工字样和矢量图等元素。注意图素和文字不能太多和太小，加工出作品无法辨认，影响效果。

（2）加工参数设置：将胸牌内图素设置为红色，加工方式为雕刻，设置的雕刻参数；将胸牌外形框设置为黑色，加工方式为切割，设置的切割参数。设置切割和雕刻顺序时，为保证图形最终输出为完整的作品，一般将切割模式设置在最后一步完成。

2．创意设计三维模型，使用 AutoCad 绘制平面图，保存为 DXF 格式，在雕刻机控制软件中导入数据，设置为切割，激光切割机床进行切割加工，完成后进行作品装配验证。

激光雕刻切割加工操作可见本章二维码补充资源中的视频。

16.4.3　激光内雕加工

实习创作内容

1．平面作品加工（照片加工）

作品设计要求：

1）水晶尺寸为 $70\times110\times20$ mm

2）加工图片的要求：

分辨率一百万像素以上，主体与背景颜色对比高的图片，图片尺寸与加工尺寸相符合。

曝光过度和光线不足的图片，不具备有立体感强，轮廓不清晰的图片都不能加工出满意的作品。

3）操作步骤：在机床控制软件中设置水晶毛坯大小的范围，等比例缩放图片的大小，并通过移动、旋转编辑图形，加入合适的文字，并将每个图素物料高度设置为水晶厚度，转换成点云图形，进行雕刻。

平面激光内雕加工操作可见本章二维码补充资源中的视频。

2．水晶 3D 作品加工

1）3D 扫描和图形处理

➤ 数据获取

将蓝色背景布贴到平整墙面上，人离墙 20 公分处坐直，眼镜摘掉；启动扫描软件，点击：投对焦线，然后前后上下调整相机位置，使人头部位于相机中心，对焦线位于鼻梁处。启动 winmoire 软件，依次点击：文件—新文件—名称：……，OK。在拍摄窗口中，点击：取图—执行，相机自动取图，并解析出三维数据。

➤ 数据处理

（1）数据导入及删除

启动 CaMega.exe 程序，打开拍摄的.xyz 文件，将头顶、肩膀两侧数据裁剪，调整为左、右视图，观察人体前后是否有飞的数据，如果有，选择后删除；之后，根据激光内雕机打点密度及水晶大小调整参数设置选项，然后点击："生成点云"。

（2）分层设置

然后调整每层的亮度、对比度，第 1 层到第 4 层，数据一层比一层多，以面部效果为准，但不要出现头发；第 5 层用于调整头发。调整后，点击"预览效果"，查看效果。

（3）保存 dxf 打印数据

点击：保存，以 DXF 格式保存即可，数据可直接用于水晶人像雕刻。

2）3D 模型内雕加工

水晶毛坯尺寸：$80\times50\times50$ mm，

加工步骤：输入三维 *.dxf 点云图形，和 jpg，pdf 等格式平面图形，各种字体的文字，在水晶毛坯大小的范围内，编辑图形的空间位置，设置物料高度，并全部生成点云图形，返回起点后进行雕刻加工。

3D 相机扫描操作和图形处理及水晶内雕加工可见本章二维码补充资源中的视频。

第 17 章　快速原型制造

　　快速原型制造技术是 20 世纪 80 年代发展起来的一项先进制造技术,是为制造业企业新产品开发服务的一项关键共性技术,对促进企业产品创新、缩短新产品开发周期、提高产品竞争力有积极的推动作用。自该技术问世以来,已经在发达国家的制造业中得到了广泛应用,并由此产生一个新兴的技术领域。

17.1　快速原型制造概述

17.1.1　快速原型制造的基本原理

　　快速原型制造(Rapid Prototyping Manufacturing,简称 RPM)技术,又简称为快速成形技术(Rapid Prototyping,简称 RP)技术,作为一门新兴的制造技术,其基本原理可概括为:"离散原型"→"分层制造"→"逐层叠加"。

　　快速原型制造技术由 CAD 模型直接驱动,可快速制造任意复杂形状的三维物理实体,即由 CAD 软件设计出所需零件的计算机三维模型;然后在 Z 向将其按一定厚度进行离散(习惯称为分层或切片),把物体的三维模型变成一系列的二维层片;再根据每个层片的轮廓信息,自动生成数控代码;最后由成形机接受控制指令,制造一系列层片并自动将它们联接起来,得到一个三维物理实体。快速原型制造过程中三维模型、二维层片、三维物理实体之间的转化过程如图 17 - 1 所示。

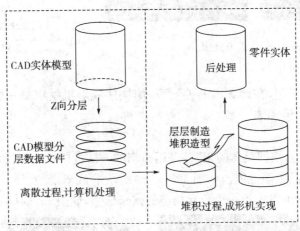

图 17 - 1　快速原型制造的转化示意图

17.1.2　快速成形制造的基本过程

　　1. 三维 CAD 模型设计

　　由于 RP 系统是由三维 CAD 模型直接驱动的,因此,我们首先要构建所加工零件的三维 CAD 模型。我们可以利用 CAD 辅助设计软件(如常用三维造型软件:Pro/E,Solidworks,

UG,CAXA 等）直接构建，也可以将已有产品的二维图样进行转换而形成三维模型，或对一些复杂的零件、产品进行激光扫描、CT 断层扫描，得到点云数据，然后再利用反求工程来构造零件的三维 CAD 模型。

2. 三维 CAD 模型的近似处理

为了便于分层切片软件求得截面的交点，我们需要对得到的三维 CAD 模型进行近似处理。如图 17-2 所示，这种近似处理方法是用 STL 文件格式进行数据转换，将三维实体表面用一系列相连的小三角形面片逼近，从而得到一个 STL 格式的三维近似模型文件。STL (Stereo Lithography)是一种在 CAD 系统与 RP 系统之间交换数据的格式化文件，它格式简单，对三维建模方法无特定要求，因此，STL 数据格式作为 CAD 系统与 RP 系统之间的交换格式已成为一个事实上的工业标准。

3. 对 STL 文件切片处理

用分层切片软件，在三维模型上以层片的方式，沿成形的垂直方向，每隔一定的间隔进行切片处理，如图 17-3 所示，以提取界面的轮廓。无论零件的形状多么复杂，对每一层来说却是简单的平面矢量扫描组，轮廓线代表了片面的边界。一般切片间隔取 0.05～0.5 mm，间隔越小，成形精度越高，但成形时间越长，效率越低。

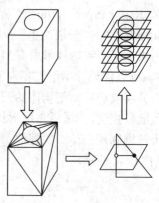

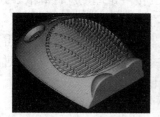

图 17-2　近似处理　　　　　　　　　　　　　图 17-3　分层切片

4. 逐层制造

选用具体的成形工艺，在计算机的控制下，用快速成形机制作每一层，自下而上，层层叠加，成为一个完整的三维实体。

5. 后处理

得到了 RP 原型后，根据具体的工艺，采用适当的方法进行后处理，例如，通过打磨、抛光、涂挂等方法来改善样品表面性能。如图 17-4(a)所示的汽车模型，经过后处理，将模型的表面刷上漂亮的颜色，就可以得到一个非常精美的汽车模型，如图 17-4(b)所示。

(a)　　　　　　　　　　　(b)

图 17-4　后处理改善样品表面性能

17.1.3 快速原型制造技术的特点

1. 材料添加式制造

将材料单元采用一定方式堆积、叠加成形,是一种基于"加法"式原理的制造,有别于车削等基于材料去除式原理、"减法式"的传统加工工艺。

2. 直接 CAD 模型制造

CAD 模型通过接口软件直接驱动快速成形设备,接口软件完成 CAD 数据向设备数据指令的转化和成形过程的工艺规划,成形设备则完成了零件的三维输出,实现了设计与制造一体化。

3. 实体自由成形式制造

快速成形技术无需专用的模具或夹具,零件的形状和结构不受任何约束,用逐层变化的截面来制造三维形体,在制造每一层片时都和前一层自动实现联接,使制造成本完全与批量无关。

4. 高度柔性和适应性

快速成形技术具有高度柔性,在计算机管理和控制下使所制造的零件的信息过程和物理过程并行发生,把可重编程、重组、连续改变的生产装备用信息方式集成到一个制造系统中。仅需改变 CAD 模型,重新调整和设置参数即可生产出不同形状的零件模型。

5. 技术的高度集成

RP 技术是计算机、数控、激光、材料和机械技术的综合集成,只有在计算机技术、数控技术、激光器件和功率控制技术高度发展的今天才可能诞生快速成型技术,因此,快速成型技术带有鲜明的时代特征。

6. 快速响应性

从 CAD 设计到原型(或零件)的加工完毕,只需几个小时至几十个小时,复杂、较大的零部件也可能达到几百小时,但从总体上看,速度比传统的成形方法要快得多。

7. 材料的广泛性

快速成型技术可以制造树脂类、塑料类原型,还可以制造出纸类、石蜡类、复合材料以及金属材料和陶瓷材料的原型。

17.1.4 快速原型制造技术的应用

随着 RP 技术的成熟和发展,目前已广泛应用于航空航天、汽车、机械、电子、电器、医学、建筑、玩具和工艺品等领域。

1. 新产品开发

目前 RP 技术的发展水平而言,在国内主要是应用于新产品(包括产品的更新换代)开发的设计验证和模拟样品的试制上,即完成从产品的概念设计(或改型设计)→造型设计→结构设计→基本功能评估→模拟样件试制这段开发过程。对某些以塑料结构为主的产品还可以进行小批量试制,或进行一些物理方面的功能测试,甚至将产品小批量组装先行投放市场,达到投石问路的目的。通过快速制造出物理原型,可以尽早对设计进行评估,缩短设计反馈的周期,方便而又快速地进行多次反复设计,可提高产品开发的成功率,降低开发成本,缩短开发时间。

2. 单件、小批量和特殊复杂零件的直接生产

快速成型制造的成本与批量无关,因此,尤其适用于单件、小批量和特殊复杂零件的直接

生产。对于高分子材料的零部件,可用高强度的工程塑料直接快速成型,满足使用要求;对于复杂金属零件,可通过快速铸造或直接金属件成型获得,该项应用对航空、航天及国防工业有特殊意义,如图 17-5 所示。

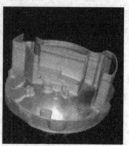

图 17-5　复杂零件的直接生产

3. 快速模具制造

由于传统模具制作过程复杂、耗时长、费用高,母模的制造往往成为设计和制造的瓶颈。RP 技术的出现大大简化了母模的制造过程。

常用的基于 RP 技术的快速模具制造技术有以下几种方法:基于 RP 原型的精密铸造模具法、喷涂法、熔模铸造法、直接制造金属模具法等,如图 17-6 所示。

图 17-6　基于 RP 技术的快速模具制造

通过各种转换技术将 RP 原型转换成各种快速模具,如低熔点合金模、硅胶模、金属冷喷模、陶瓷模等,进行中小批量零件的生产,满足产品更新换代快、批量越来越小的发展趋势。

4. 生物医学及组织工程领域

RP 技术在生物医学及组织工程领域具有极大的应用前景。根据 CT 或 MRI 的数据重构三维 CAD 模型后,可以快速制造出人体的骨骼(如颅骨、牙齿)和软组织(如肾)等模型,如图 17-7 所示。在康复工程上,采用 RP 技术制造人体假肢具有最快的成形速度,假肢和肢体的结合部位能够做到最大程度的吻合,这样可以减轻假肢使用者的痛苦。

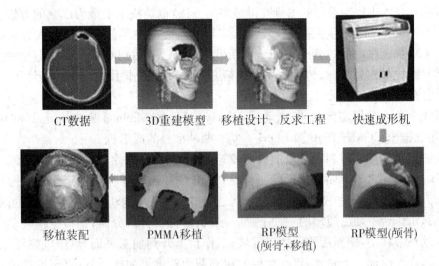

CT数据　　　3D重建模型　　　移植设计、反求工程　　　快速成形机

移植装配　　　PMMA移植　　　RP模型　　　RP模型(颅骨)
　　　　　　　　　　　　　　(颅骨+移植)

图 17 - 7　在人体颅骨的移植手术中的应用

17.2　快速原型制造工艺方法简介

　　RP 技术自 1986 年出现至今,短短二十几年,世界上已有大约二十多种不同的成形方法和工艺,而且新方法和工艺不断地出现。目前已出现的 RP 技术的主要工艺有:立体光刻(Stereo Lithography,简称 SL)工艺、分层实体制造(Laminated Object Manufacturing,简称 LOM)工艺、选择性激光烧结(Selected Laser Sintering,简称 SLS)工艺、熔融沉积成形(Fused Deposition Modeling,简称 FDM)工艺等。

　　1. 立体光刻(Stereo Lithography,SL)工艺

　　SL 工艺,由 Charles Hull 于 1984 年获美国专利。1986 年美国 3D Systems 公司推出商品化样机 SLA—1,这是世界上第一台快速原型制造系统。在此之后,SLA 系列成形机占据着 RP 设备市场的较大份额。

　　SL 工艺是基于液态光敏树脂的光聚合原理工作的。这种液态材料在一定波长(325 或 355 nm)和强度(10~400 mW)的紫外光的照射下能迅速发生光聚合反应,分子量急剧增大,材料也就从液态转变成固态。图 17 - 8 为 SL 工艺原理图。液槽中盛满液态光固化树脂,激光束在偏转镜作用下,能在液态表面上扫描,扫描的轨迹及激光均由计算机控制,光点扫描到的地方,液体就固化。成形开始时,工作平台在液面下一个确定的深度,液面始终处于激光的焦平面,聚焦后的光斑在液面上按计算机的指令逐点扫描,即逐点固化。当一层扫描完成后,未被照射的地方仍是液态树脂。然后升降台带动平台下降一层高度,已成形的层面上又布满一层树脂,刮平器将粘度较大的树脂液面刮平,然后再进行下一层的扫描,新固化的一层牢固地粘在前一层上,如此重复,直到整个零件制造完毕,得到一个三维实体模型。

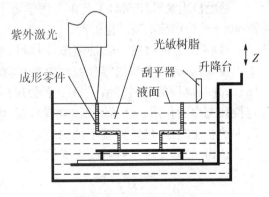

图 17 - 8　SL 工艺原理图

SL 方法是目前 RP 技术领域中研究得最多的方法，也是技术上最为成熟的方法。一般层厚在 0.1～0.15 mm，成形的零件精度较高。多年的研究改进了截面扫描方式和树脂成形性能，使该工艺的加工精度能达到 0.1 mm，现在最高精度已能达到 0.05 mm。但这种方法也有自身的局限性，比如需要支撑、树脂收缩导致精度下降、光固化树脂有一定的毒性等。

2. 分层实体制造(LOM)工艺

LOM 工艺称为分层实体制造，由美国 Helisys 公司的 Michael Feygin 于 1986 年研制成功。该公司已推出 LOM—1050 和 LOM—2030 两种型号的成形机。

LOM 工艺采用薄片材料，如纸、塑料薄膜等，片材表面事先涂覆上一层热熔胶。加工时，热压辊热压片材，使之与下面已成形的工件粘接；用 CO_2 激光器在刚粘接的新层上切割出零件截面轮廓和工件外框，并在截面轮廓与外框之间多余的区域内切割出上下对齐的网格；激光切割完成后，工作台带动已成形的工件下降，与带状片材(料带)分离；供料机构转动收料轴和供料轴，带动料带移动，使新层移到加工区域；工作台上升到加工平面；热压辊热压，工件的层数增加一层，高度增加一个料厚，再在新层上切割截面轮廓。如此反复，直至零件的所有截面粘接、切割完，得到分层制造的实体零件，如图 17-9 所示。

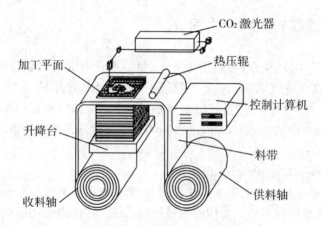

图 17-9　LOM 工艺原理图

LOM 工艺只需在片材上切割出零件截面的轮廓，而不用扫描整个截面，因此成形厚壁零件的速度较快，易于制造大型零件，零件的精度较高(<0.15 mm)。工件外框与截面轮廓之间的多余材料在加工中起到了支撑作用，所有 LOM 工艺无需加支撑。

3. 熔融挤出成形(FDM)工艺

熔融挤出成形(FDM)工艺由美国学者 Dr. Scott Crump 于 1988 年研制成功，并由美国 Strata-sys 公司推出商品化机器。

FDM 工艺的材料一般是热塑性材料，如蜡、ABS、PC、尼龙等，以丝状供料。材料在喷头内被加热熔化，喷头沿零件截面轮廓和填充轨迹运动，同时将熔化的材料挤出，材料迅速固化，并与周围的材料粘结。每一个层片都是在上一层上堆积而成，上一层对当前层起到定位和支撑的作用。随着高度的增加，层片轮廓的面积和形状都会发生变化，当形状发生较大的变化时，上层轮廓就不能给当前层提供充分的定位和支撑作用，这就需要设计一些辅助结构——"支撑"，对后续层提供定位和支撑，以保证成形过程的顺利实现，如图 17-10 所示。

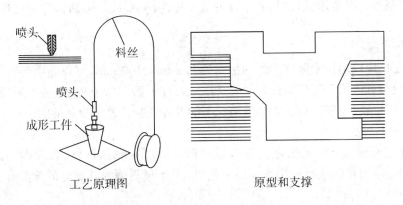

工艺原理图　　　　　　　　　　原型和支撑

图 17 - 10　FDM 工艺原理图

4. 选择性激光烧结(SLS)工艺

SLS 工艺又称为选择性激光烧结,由美国得克萨斯大学奥斯汀分校的 C. R. Dechard 于 1989 年研制成功。SLS 工艺是利用粉末状材料(金属粉末或非金属粉末)成形的。将材料粉末铺洒在已成形零件的上表面,并刮平;用高强度的 CO_2 激光器在刚铺的新层上扫描出零件截面;材料粉末在高强度的激光照射下被烧结在一起,得到零件的截面,并与下面已成形的部分粘接;当一层截面烧结完后,铺上新的一层材料粉末,选择性地烧结下层截面,如图 17 - 11 所示。

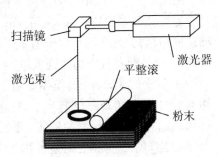

图 17 - 11　SLS 工艺原理图

SLS 工艺最大的优点在于选材较为广泛,如尼龙、蜡、ABS、树脂裹覆砂(覆膜砂)、聚碳酸酯(poly carbonates)、金属和陶瓷粉末等都可以作为烧结对象。粉床上未被烧结部分成为烧结部分的支撑结构,因而无需考虑支撑系统(硬件和软件)。SLS 工艺与铸造工艺的关系极为密切,如烧结的陶瓷型可作为铸造的型壳、型芯,蜡型可做蜡模,热塑性材料烧结的模型可做消失模。

17.3　熔融挤压工艺的特点

这种工艺不用激光,使用、维护简单,成本较低。用蜡成形的零件原型,可以直接用于失蜡铸造。用 ABS 制造的原型因具有较高强度而在产品设计、测试与评估等方面得到广泛应用,近年来又开发出 PC,PC/ABS,PPSF 等更高强度的成形材料,使得该工艺有可能直接制造功能性零件。由于这种工艺具有一些显著优点,因而发展极为迅速,目前 FDM 系统在全球已安装快速成形系统中的份额大约为 30%。MEM 设备未来将向桌面化发展,在金属零件直接快速制造中也会得到越来越多的应用,另外,快速制造技术与传统工业、微纳制造、生物医学制造领域的结合应用将更加普及和深入。

17.3.1　熔融挤压工艺的优点

1. 运行费用最低

MEM 熔融挤压工艺是国内外现有设备中运行成本最低的,此种工艺的设备不需要激光器,不仅在初期投入时费用低,而且能够省去激光器、振镜系统更换所需的二次投入的大量费用。

2. 精度比较高

熔融挤压快速成形技术能够达到的精度为 0.2 mm/100 mm,可以制造各种复杂的模型,制作出来的模型可以用于装配验证。熔融挤压成形件打磨非常方便,打磨后可以实现间隙配合或过赢配合。其成形精度对于大多数情况下的设计经验证是完全足够的。

3. 成形材料种类较多

MEM 工艺对成形材料的要求是熔融温度低、粘度低、粘结性好、收缩率小。ABS,PC,PP 等材料均可应用在熔融挤压快速成形工艺中,ABS 材料因为其良好的强度和弹韧性,使用率比较高。

4. 材料的利用率高

MEM 工艺可以很方便地将零件的内部做成网状结构。对于一些大型实体件,如果用户只是需要验证零件的外形,在用 MEM 工艺制作样件时可以通过参数设置将零件的内部做成稀疏网格结构,这样既可以节省成形材料,又可以大大减少造型时间。

5. 设备配套软件功能强大

配套软件 Aurora 集模型查看、修复、检查、分层及设备控制于一体,用户不需要频繁切换软件即可实现三维打印。Aurora 软件提供了一键打印的功能,可以非常方便地进行打印;软件集成了数个参数集,普通用户无需要费神单独对参数进行设置;同时提供高级设定功能,用户可自行调整各项工艺参数,以便针对特异零件获得更优的成形效果。

17.3.2　熔融挤压工艺作品展示

MEM 工艺可以实现薄壁件的制作。如图 17-12(a)所示,帆船的旗杆尖端和帆的厚度仅为 1 mm,MEM 工艺可以使各种具有细薄部分的物件的设计得到很好的实现,可以将新的概念、设想很快实现,得到模型,缩短设计的时间;可以制作表面效果良好的作品,如图 17-12(b)所示,玩偶各个曲面均呈现良好的光滑的效果,玩偶的每一弧度均可以精细地表现出来;可以实现模型的活动,如图 17-12(c)所示,铲土机的轮子和铲子都是可以自由活动的。

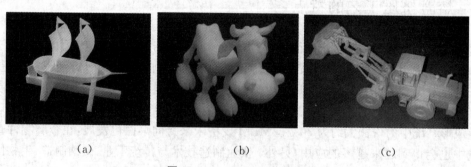

(a)　　　　　　　　　(b)　　　　　　　　　(c)

图 17-12　MEM 工艺作品

17.4　快速原型制造实习加工实例

下面我们以熔融沉积成形工艺为例,利用熔融挤压成形设备 UPmini 和快速成形软件

Aurora 来介绍一个实例的制作过程。

1. 三维 CAD 模型的设计

我们来制作一个世博会的吉祥物——海宝的模型。加工之前应使用 Pro/E，SolidWorks 等三维造型软件设计实验样件的三维 CAD 模型，并将样件的输出格式保存为 STL 格式。

2. 制造原型

1）UP mini 设备的准备工作

（1）接通电源。接通总电源按钮，系统将成型室温度逐步升至 80℃。

（2）数控系统初始化。启动"初始化"命令，对数控系统执行初始化操作，初始化后检查设备 XYZ 轴是否在正常位置。

（3）喷头初始化。打开温控开关，上电加热，当材料温度到达 248℃后，喷头开始吐丝，将喷头中老化的丝材完全吐完，直到 ABS 材料光滑。

2）打印数据的准备

（1）加载 STL 文件

运行快速成形软件 Aurora，载入事先准备好的 STL 模型，系统读入 STL 文件后，在屏幕最左端的状态条显示已读入模型信息：面片数、顶点数、体积和尺寸等信息。读入模型后，系统自动更新，显示 STL 模型。

（2）坐标变换

在 ⬤ 图标中，先点击自动摆放，Aurora 软件会自动将原型放在工作台中心。为了取得更好的表面成形效果，可以利用图标中各功能键，对加工模型进行适当的变形，旋转和移动一定的角度、距离，以在加工获得更好的表面质量和效果。再点击自动摆放，使加工模型自动摆至合适位置。

（3）打印设置

点击 ⬛ 进行打印设置，选择层片厚度、填充方式、质量、封闭、支撑和其他等设置，点击打印预览，可预览打印过程，系统也可保存分层结果的 CLI 文件。符合加工要求后，点击打印，进行打印传输。

3）打印模型

控制软件把打印数据传输到打印机中，即可开始打印模型。打印模型时软件显示的工作状态：加工的总层数、所加工层数、加工时间和所需材料等情况。

成形开始时应注意观察样件与工作台的粘接情况，如支撑明显粘接不牢，证明前面的对高操作不准确，应及时取消打印，重新进行对高确定起始造型高度。如粘接良好，则可以等待成形完成，无须人工干预。

3D 打印机操作可见本章二维码补充资源中的视频。

4）后处理

原型制作完毕后，首先关闭温控按钮，然后下降工作台，将原型留在成形室内，避免过早取出发生翘曲变形。保温 10 分钟后，用小铲子小心地取出模型，再关闭系统其他按钮和电源，关闭计算机。最后进行原型后处理，用小钳子小心地去除支撑，用砂纸打磨台阶效应比较明显处，用小刀处理多余部分，用填补液处理台阶效应造成的缺陷，还可用少量丙酮溶液给原型表面上光。以上工作完成后，即可得到精度和表面粗糙度达到要求的原型零件。

第 18 章　其他加工方法

18.1　水喷射加工

水喷射加工(Water Jet Machining)又称水射流加工、水力加工或水刀加工。它是利用超高压水射流及混合于其中的磨料对各种材料进行切割、穿孔和表层材料去除等加工。其加工机理是综合了由超高速液流冲击产生的穿透割裂作用和悬浮于液流中磨料产生的游离磨削作用,故称之为磨料水喷射(Abrasive Water Jet)技术,简写为 AWJ 技术。

20 世纪 50 年代在前苏联已出现了利用纯水淹的高压射流进行煤层开采和隧道开挖的技术,但在机械加工领域还是于 70 年代后期解决了高压喷射装置的性能和可靠性后才首先在美国的飞机和汽车行业中得到应用,主要用于复合材料的切割和缸体毛刺的去除。由于水喷射加工具有下列优点,因而自 80 年代末起得到了迅速的发展。

① 几乎适用于加工所有的材料,除钢铁、铝、铜等金属材料外,还能加工特别硬脆、柔软或尘屑飞扬的非金属材料。例如,塑料、皮革、纸张、布匹、化纤、木材、胶合板、石棉、水泥制品、玻璃、花岗岩、大理石、陶瓷和复合材料等。

② 切口平整,无毛边和飞刺,也可用其去除阀体、燃油装置和医疗器械中的孔缘、沟槽、螺纹、交叉孔和盲孔上的毛刺。

③ 切削时无火花,对工件不会产生任何热效应,也不会引起其表层组织的变化。这种冷加工很适于加工易爆易燃物件。

④ 加工清洁,不产生烟尘或有毒气体,减少了空气污染,可以提高操作人员的安全性。

⑤ 减少了刀具准备、刃磨和设置刀偏量等工作,并能显著缩短安装调整时间。

20 世纪 90 年代通过优化水喷射工艺参数和改善控制系统性能,使其能以较高的效率和精度进行加工,其技术经济效果可与等离子和激光加工相媲美。

18.2　电解加工(电化学加工)

电解加工 ECM(Electrochemical Machining)就是利用金属在外电场作用下的高速局部阳极溶解过程,实现金属成型加工的工艺,其原理如图 18-1 所示。

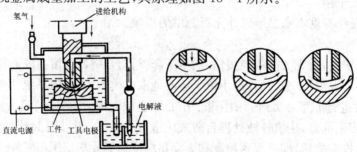

图 18-1　电解加工原理图

1. 电解加工的特点

① 能加工各种硬度与强度的金属材料。

② 生产率高,其加工速度约为电火花加工的 5～10 倍,约为机械切削加工的 3～10 倍。

③ 加工中无切削力,不产生残余应力、飞边与毛刺;表面质量高,R_a 为 1.25～0.2 mm。

④ 加工过程中工具阴极无损耗。

2. 电解加工的弱点和局限性

① 加工稳定性不高,不易达到较高的加工精度。

② 电解液过滤、循环装置庞大,占地面积大,电解液对设备有腐蚀作用。

③ 电解液及电解产物容易污染环境。

附　　录

根据下列图形编写数控车床加工程序

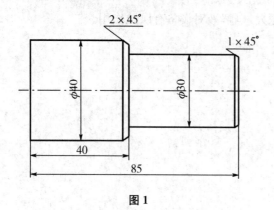

图 1

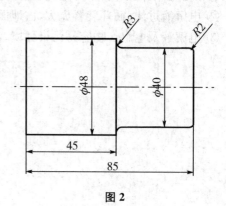

图 2

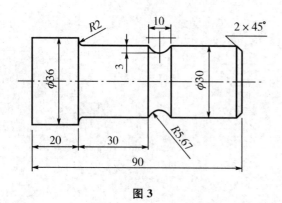

图 3

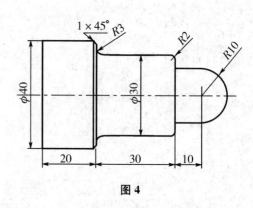

图 4

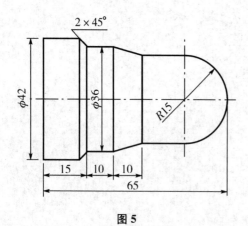

图 5

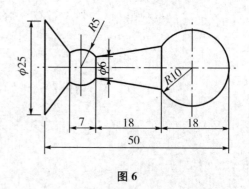

图 6

铣削编程练习

1. 如图 7,用刀具补偿功能编制铣外轮廓、内轮廓程序。毛坯 95×85 mm,铣刀直径 φ10 mm。

2. 如图 8,编程序铣凸台阶,钻孔,用刀具补偿功能编程,刀具直径 φ10 mm,毛坯 80× 80×10 mm,调整铣床,加工零件。

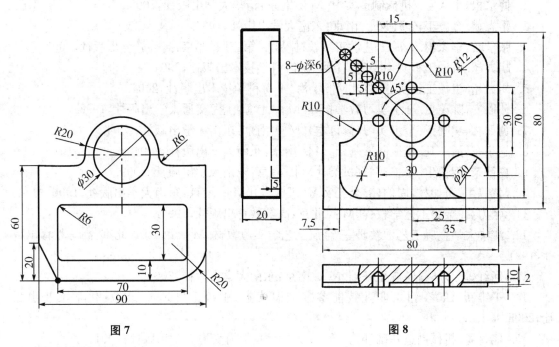

图 7   图 8

线切割编程练习

运用 AutoCut For AutoCAD 绘制图 9、图 10 的图形并编制加工程序。

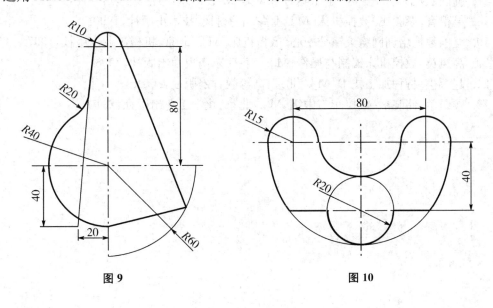

图 9   图 10

参 考 文 献

1. 傅水根,李双寿. 机械制造实习[M]. 北京:清华大学出版社,2009.
2. 骆志斌. 金属工艺学[M]. 南京:东南大学出版社,1994.
3. 张学政,李家枢. 金属工艺学实习教材[M]. 第三版. 北京:高等教育出版社,2003.
4. 胡大超. 机械工程实训[M]. 上海:上海科学技术出版社,2004.
5. 胡大超. 机械工程实训报告[M]. 上海:上海科学技术出版社,2004.
6. 孙以安,陈茂贞. 金工实习教学指导[M]. 上海:上海交通大学出版社,1998.
7. 黄如林,樊曙天. 金工实习(修订本)[M]. 南京:东南大学出版社,2004.
8. 赵小东,潘一凡. 机械制造基础[M]. 南京:东南大学出版社,2004.
9. 夏德荣,贺锡生. 金工实习(机类)[M]. 南京:东南大学出版社,1999.
10. 贺锡生,黄如林,周伯伟. 金工实习(机械类)[M]. 南京:东南大学出版社,1996.
11. 张力真. 金属工艺学教程[M]. 北京:高等教育出版社,1992.
12. 清华大学金属工艺学教研室. 金属工艺学实习教材[M]. 第二版. 北京:高等教育出版社,1994.
13. 何红媛. 金属材料成型基础[M]. 南京:东南大学出版社,2000.
14. 王维新,江龙. 钳工职业技能鉴定培训读本(中级工)[M]. 北京:化学工业出版社,2005.
15. 鞠鲁粤. 机械制造基础[M]. 第二版. 上海:上海交通大学出版社,2001.
16. 柳秉毅. 金工实习(上册)[M]. 北京:机械工业出版社,2002.
17. 韩国敏,李莹,李玉峰. 金工实习习题集[M]. 山东:石油大学出版社,1993.
18. 吴祖育,秦鹏飞. 数控机床[M]. 上海:上海科学技术出版社,1990.
19. 全国数控培训网络天津分中心. 数控机床[M]. 北京:机械工业出版社,1997.
20. 高凤英. 数控机床编制与操作[M]. 南京:东南大学出版社,2008.
21. 赵万生. 特种加工技术[M]. 北京:高等教育出版社,2001.
22. 顾佩兰,储晓猛. 数控车工中级[M]. 北京:化学工业出版社,2010.